普通高等教育"十二五"规划教材

PLC实训与工程实践

主　编　王贵锋　傅龙飞

副主编　吴小所　魏祥林　杨永清

主　审　王永顺

中国水利水电出版社

www.waterpub.com.cn

内 容 提 要

本书以西门子 S7—200 系列 PLC 为例，在简要介绍指令、梯形图和编程技巧的基础上，将 PLC 的开关量逻辑控制、模拟量控制、运动控制、过程控制、数据处理、通信及联网等应用技术融合到典型的工业控制工程训练中。

本书共分 5 篇 12 章，特点在于由浅入深、实例和技巧贯穿全书，以能力培养为核心，以实践教学为主、理论教学为辅，突出理论与实践的结合。本书可作为指导本科院校电气信息类、自动化类、机电类专业及非机电类专业学生实践教学的教材，也可作为从事 PLC 应用开发工程技术人员的培训用书。

图书在版编目（ＣＩＰ）数据

PLC实训与工程实践 / 王贵锋，傅龙飞主编. -- 北京：中国水利水电出版社，2013.3(2022.12 重印)
普通高等教育"十二五"规划教材
ISBN 978-7-5170-0681-7

Ⅰ. ①P… Ⅱ. ①王… ②傅… Ⅲ. ①plc技术—高等学校—教材 Ⅳ. ①TM571.6

中国版本图书馆CIP数据核字(2013)第043262号

书　　　名	普通高等教育"十二五"规划教材 **PLC 实训与工程实践**
作　　　者	主　编　王贵锋　傅龙飞 副主编　吴小所　魏祥林　杨永清 主　审　王永顺
出 版 发 行	中国水利水电出版社 （北京市海淀区玉渊潭南路 1 号 D 座　100038） 网址：www.waterpub.com.cn E - mail：sales@mwr.gov.cn 电话：(010) 68545888（营销中心）
经　　　售	北京科水图书销售有限公司 电话：(010) 68545874、63202643 全国各地新华书店和相关出版物销售网点
排　　　版	中国水利水电出版社微机排版中心
印　　　刷	北京市密东印刷有限公司
规　　　格	184mm×260mm　16 开本　16 印张　380 千字
版　　　次	2013 年 3 月第 1 版　2022 年 12 月第 5 次印刷
印　　　数	12501—15500 册
定　　　价	**51.00** 元

前 言
QIANYAN

在经济活动全球化、科学技术国际化的形势下，整个社会对人才的需求发生着深刻的变化，我国从劳动密集型产业向技术密集型产业转化，需要大批技术型、工程型人才。社会对学生有什么样的要求，学校就应培养学生什么样的能力；就业方式的转变和就业环境中的激烈竞争，要求着重培养大学生交流、动手、创新和适应社会的能力。高等学校教育的一个重要目标是将理工类大学生培养成工程技术人才，学校开设实训课程是为实现该目标而采取的最重要的培养手段和过程。而综合型的实训环节是交流能力、创新意识、实践能力和创业精神的重塑和验证环节。

目前，专门针对综合训练的教材不多，学生对综合训练的目的、过程和实施了解得不多，影响了学校和对学生能力的培养。为顺利完成综合训练，培养学生的工程意识和全面发展的能力，本书是以提高工程素质、培养创新精神为目的，遵循实践教学的特点而编写的。

（1）在内容和插图上从工程的系统性和设计顺序特征进行编排，避免不必要的重复，使内容更合理和简练，力求注重实际、生动易懂、图文并茂，以利于学生自学和实践。

（2）为了排除"畏惧设计"的心理因素，走"依葫芦画瓢"的路线，然后由浅入深，逐步进入工程技术系统设计。

（3）在编写过程中采用国家最新标准，力求取材新颖、结合实际。

本书以西门子可编程控制器 S7—200 为核心，以突出应用为特点，与生产实际联系紧密，知识的覆盖面较宽，是强电与弱电的结合，是机、电的结合。书中包含有大量的操作内容，通过这些实际操作加深对相关内容的认识和理解，使学生真正掌握课程内容实质，尽快把理论知识转化为解决实际问题的能力，以此作为真正工程设计和科研的开端。

全书共分 5 篇 12 章，第 1 篇是基础篇，简要介绍 PLC 的系统原理及指令；第 2 篇是提高篇，是指令的应用和典型的电气控制设计训练；第 3 篇是实战篇，结合实际工程应用，进行系统设计训练；第 4 篇为拓展篇，进行 PLC 的功能指令应用训练、PLC 与变频器的应用及通信训练；第 5 篇是综合工程应用篇，主要涉及由 PLC 构建的集散控制和监控系统等网络应用训练。

本书由王贵锋、傅龙飞任主编，吴小所、魏祥林、杨永清任副主编。其中，王贵锋编写了第 3 章及第 8 章，傅龙飞编写了第 10 章及第 11 章，吴小所编写了第 6 章及第 12 章，魏祥林编写了第 5 章，杨永清编写了第 9 章，赵中玉编写了第 1 章，林冠吾编写了第 2 章，任继锋编写了第 4 章并完成了书中大部分图表，陈天胜编写了第 7 章。全书由傅龙飞等编稿。

本书在编写过程中得到了兰州理工大学技术工程学院的大力支持，王永顺教授任主审，对送审稿提出了许多建设性和具体的意见，王瑞祥研究员对全书编写工作以及书稿内容提出了许多指导性的意见，谢黎明教授对送审稿提出了许多宝贵意见和建议，任宗义教授也对本书的编写给予了支持与帮助，副教授张晋平博士对本书进行了大量文字校对工作，一些兄弟院校老师对本书的编写也提出了不少宝贵意见。这些意见和建议对提高本书质量有着重要意义，在此，编者谨向他们表示诚挚的谢意。

由于编者学识有限，时间仓促，书中疏误或不当之处也在所难免，恳请广大读者批评指正。

目 录
MULU

第1篇 基　础　篇

在基础篇中，没有涉及 PLC 及其指令系统的详细介绍与说明，旨在通过一些简单而有趣味的实例，引导 PLC 初学者逐步掌握 PLC 的基础。

第1章　S7—200 PLC 基础实训

1.1　S7—200 PLC 硬件认识及使用

1. 目的与要求

认识 S7—200 PLC 基本单元的结构。它包括输入端子、输出端子，CPU 的工作方式开关（STOP/RUN）和状态 LED 指示灯、存储器卡及通信电缆等。另外还有相应的输入设备、控制对象等。

2. 所需设备、工具及材料

(1) S7—200 CPU224 PLC 及通信电缆 1 套。

(2) 安装有 STEP 7—Micro/WIN 软件的计算机（编程器）1 台。

(3) 直流稳压电源、导线、螺丝刀等。

3. 内容与操作

(1) 观察 S7—200 CPU224、CPU224XP 实物并注意区别两者的异同，如图 1.1 所示。

(2) 区分 PLC 的供电方式：S7—200 PLC 有交流、直流两种供电方式，具体型号不同，供电方式也不同，如图 1.1 所示。

(3) 按图 1.2 连接好 PC 与 PLC，观察 PLC 上的 LED 指示灯的状态，将开关置于 STOP/RUN 位置，观察 LED 灯的状态变化。仔细观察 RS—232/PPI 编程电缆的结构，并找出设置通信速率的位置，学会设置某一通信速率。将其与编程计算机连接，并在编程软件中找到对通信的相关参数的设置位置。学会设置其与编程计算机的通信速率的设置。

(4) 逐一观察 S7—200 PLC 的常用扩展模块，如 EM235 等，初步了解不同模块的功能。

4. 小结

(1) 熟悉 CPU224 及 CPU224XP 各部分的功能。

(2) 写出设置 PLC 通信速率参数和通信端口选择的步骤，如何确认 PC/PLC 已经建

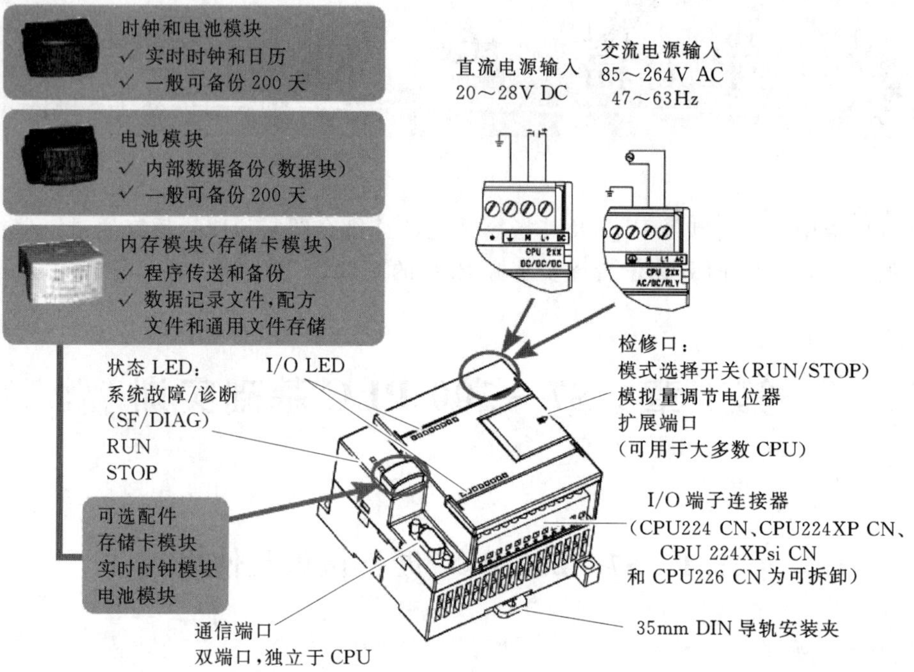

时钟和电池模块
✓ 实时时钟和日历
✓ 一般可备份 200 天

电池模块
✓ 内部数据备份(数据块)
✓ 一般可备份 200 天

内存模块(存储卡模块)
✓ 程序传送和备份
✓ 数据记录文件,配方
文件和通用文件存储

直流电源输入
20~28V DC

交流电源输入
85~264V AC
47~63Hz

状态 LED:
系统故障/诊断
(SF/DIAG)
RUN
STOP

I/O LED

检修口:
模式选择开关(RUN/STOP)
模拟量调节电位器
扩展端口
(可用于大多数 CPU)

可选配件
存储卡模块
实时时钟模块
电池模块

I/O 端子连接器
(CPU224 CN,CPU224XP CN、
CPU 224XPsi CN
和 CPU226 CN 为可拆卸)

通信端口
双端口,独立于 CPU

35mm DIN 导轨安装夹

(a)

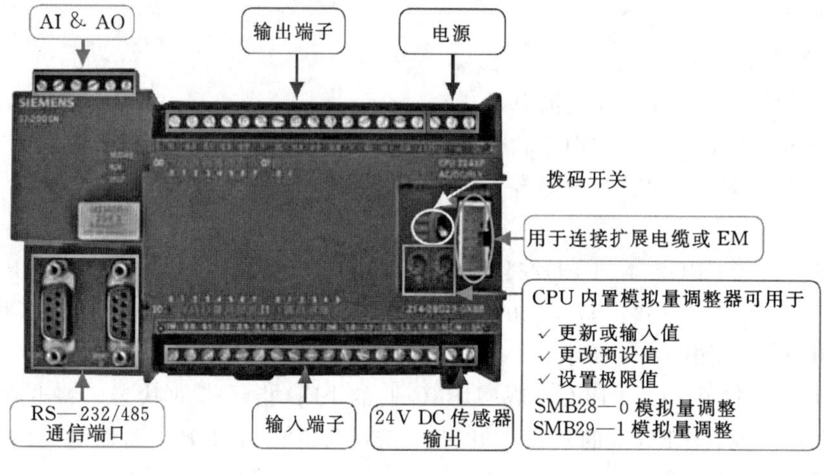

AI & AO

输出端子

电源

拨码开关

用于连接扩展电缆或 EM

CPU 内置模拟量调整器可用于
✓ 更新或输入值
✓ 更改预设值
✓ 设置极限值
SMB28—0 模拟量调整
SMB29—1 模拟量调整

RS—232/485
通信端口

输入端子

24V DC 传感器
输出

(b)

图 1.1　CPU224 和 CPU224XP

(a) CPU224;(b) CPU224XP

立了连接。

5. 思考题

(1) 根据你所了解的 PLC 类型,你认为所有的 PLC 的结构和通信参数的设置一样吗?

(2) CPU224 和 CPU224XP 的区别在哪里?

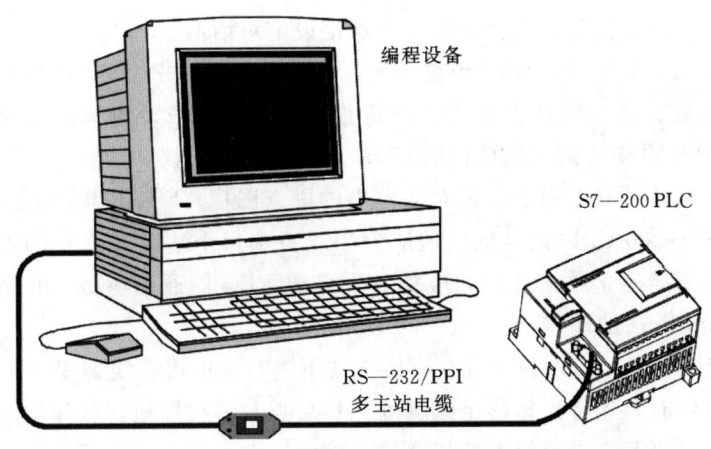

图 1.2　S7—200 PLC 系统的组成

1.2　STEP 7—Micro/WIN 编程软件的使用

1. 目的与要求

（1）熟悉 S7—200 PLC 的基本组成和使用方法。

（2）熟悉 STEP 7—Micro/WIN 编程软件及其使用环境。

（3）熟悉 S7—200 PLC 的基本指令。

2. 所需设备、工具及材料

（1）S7—200 CPU224 PLC 及通信电缆 1 套。

（2）安装有 STEP 7—Micro/WIN 软件的计算机（编程器）1 台。

（3）直流稳压电源、导线、螺丝刀等。

3. 内容与操作

（1）熟悉 S7—200 PLC 的基本组成。仔细观察 S7—200 CPU224 主机的输入、输出的点数和类型；输入、输出的状态指示灯；通信端口等。

（2）熟悉 STEP 7—Micro/WIN 编程软件；掌握实用软件编写梯形图程序的方法。

（3）了解计算机与 S7—200 PLC 建立通信的步骤。

（4）了解编辑、编译、下载、运行、上载、修改程序等的方法与步骤。

4. 操作步骤

（1）建立计算机与 S7—200 PLC 之间的通信。在断电情况下，将 RS—232/PPI 电缆的 RS—232C 端口和 RS—485 端口分别接在计算机的 COM 端口和 S7—200 PLC 的通信端口上，拧紧连接螺钉。

设置 RS—232/PPI 电缆上的 DIP 开关，用开关 1、2、3 设定波特率；未用调制解调器时，开关 4、5 均设置为 0；然后打开计算机，运行 STEP 7—Micro/WIN 编程软件。

接通 PLC 的电源，将 PLC 置为 STOP 工作方式。在引导条中单击通信图标，或从主菜单中选择检视中的通信项，则会出现一个通信设定对话框。

在对话框中双击 RS—232/PPI 电缆的图示，将出现设置 PG/PC 接口的对话框，设置检查通信接口参数。系统默认设置为：远程设备地址站为 2，通信波特率为 9.6kbit/s，采用 RS—232/PPI 电缆通信（计算机的 COM1 口），PPI 协议。

设置好参数后，可双击通信设定对话框中的刷新图标，STEP 7—Micro/WIN 将检查所连接的所有 S7—200 CPU 站（默认地址为 2），并为每个站建立一个 CPU 图标。

注意：如果不能建立通信连接，应检查和修改 PLC 的通信参数（例如，Local Connection 中的 Com Port 的端口）。

（2）输入应用程序。输入程序可在离线方式下进行，也可在线编程。

输入编程组件时，先将光标移至编辑处，然后点击编程按钮，从弹出的下拉式菜单中选择编程组件；也可双击指令树上的指令输入编程组件。

输入程序时，应注意指令操作数的有效范围。在非法操作数的下方会显示红色波浪线以示提醒。必须修改正确后，程序才能编译成功。

选择梯形图编辑器，打开梯形图编辑窗口，从网络 1 开始，输入编程元件。如插入一个触点 ┤├，此时会在触点上方出现红色的?? .?，表示输入未完成（确切地说是不符合语法要求），当输入完成且语法正确时，红色的?? .? 会变成具体元件地址且显示为黑色，如：┤SM0.5├。

双箭头表示该行程序尚未结束（STEP 7—Micro/WIN 编程软件中梯形图结束可以是线圈、指令盒或）。

在触点 SM0.5 后插入一线圈并在线圈上输入 Q0.0，如：┤SM0.5├─(Q0.0)，此时，该行梯形图编程完毕。

需要注意的是，输入程序时，必须将梯形图程序按网络分开（STEP 7—Micro/WIN 编程软件中一个网络只能"容纳"一个独立的"梯级"），否则会出现编译错误。

（3）程序的编译和下载。程序输入完毕，选择菜单 PLC 的编译项，单击编译按钮 ☑ 或全部编译按钮 ☑，对程序进行离线编译，编译的结果将在输出窗口显示。出错时，将显示语法错误的数量、原因和位置，必须进行修改，直至完全正确后，编译才能成功。

在计算机与 PLC 建立起通信连接且用户程序编译成功后，就可点击下载按钮，将程序下载到 PLC 中去。

（4）运行应用程序。程序下载后，应将 PLC 置为 RUN 工作方式，运行程序。注意观察 PLC 上输出点对应的状态指示灯的状态变化，若 PLC 上的指示 Q0.0 的 LED 不闪烁，请返回第（2）步进行检查。

5. 预习要求

（1）理解 SM0.5 以及 Q0.0 的作用及意义。

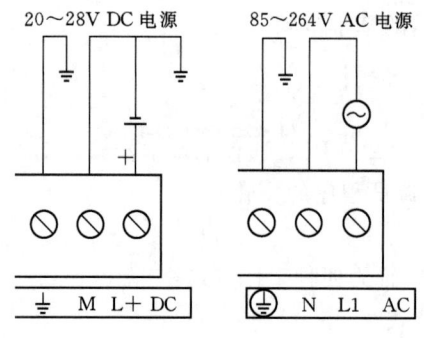

图 1.3 直流供电及交流供电

（4）接线：

1）根据具体的 CPU 型号，为 PLC 供电，如图 1.3 所示。

2）根据具体的 CPU 型号，为 PLC 输入回路供电，如图 1.4 所示。

3）根据具体的 CPU 型号，以及实际所带负载，为 PLC 输出回路供电，如图 1.5 所示。

4）此外，对于 CPU224XP，若使用其机载模拟量，还需对其进行合理供电，如图 1.6 所示。

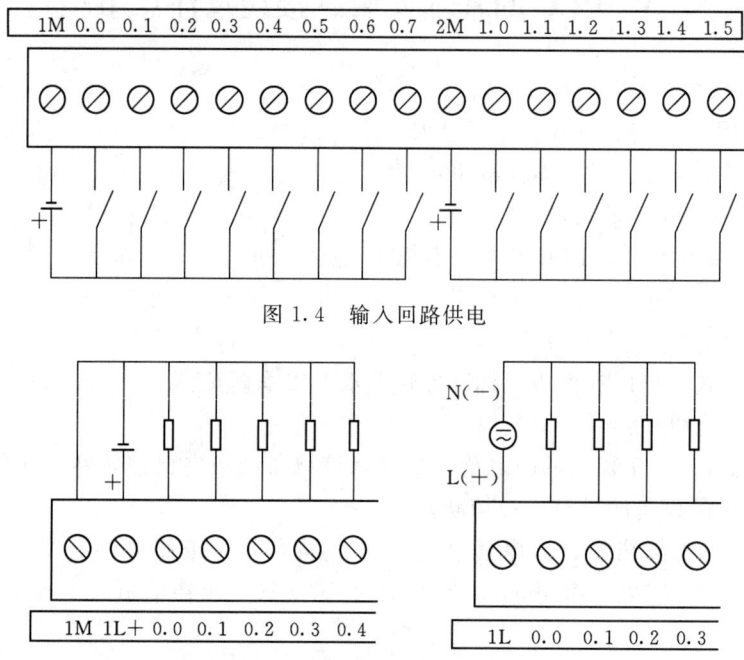

图 1.4 输入回路供电

图 1.5 输出回路供电

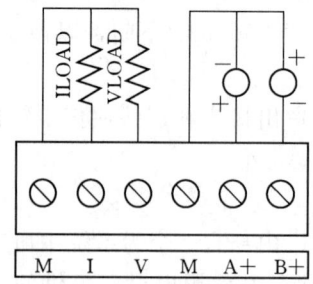

图 1.6 CPU224XP 的模拟量 I/O 模块供电

4. 小结

注意理解并区分 PLC 接线时的"三个供电"。

第2章 S7—200系列PLC常用基本指令及编程实训

2.1 基本逻辑指令

1. 目的与要求

(1) 掌握PLC的逻辑取、与、或、非及输出指令。

(2) 掌握梯形图编程的基本注意事项。

(3) 熟悉编程软件的使用方法。

2. 所需设备、工具及材料

(1) S7—200 CPU224 PLC及通信电缆1套。

(2) 安装有STEP 7—Micro/WIN软件的计算机（编程器）1台。

(3) 按钮、指示灯、直流稳压电源、导线、螺丝刀、万用表等。

3. 内容与操作

(1) 先不接线，将图2.1所示的梯形图程序输入PLC

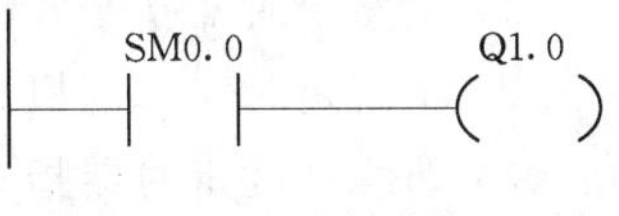

```
        SM0.0            Q1.0
├────────┤ ├──────────────(  )
```

图2.1 梯形图程序（一）

中，下载运行后，注意观察CPU面板I/O LED的状态。注意：SM0.0的意义在于，CPU在运行（RUN）时，其常开触点始终闭合。

(2) 编程：将图2.2所示的梯形图程序输入PLC中，注意：该程序应分为两个网络进行编辑。

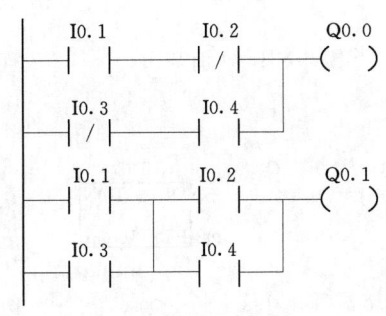

图2.2 梯形图程序（二）

(3) 接线：将 Ix.y 分别与开关或按钮相连接，具体接线为：CPU224机型（S7—200标准型多功能控制系统平台 I），Ix.y接SBi或Sj或SAk中相应的开关或按钮；CPU224XP机型（S7—200标准型多功能控制系统平台 II），Ix.y接SBi.1，2中相应的开关或按钮。将 Qm.n 分别与指示灯相连接，具体接线为：CPU224机型，Qm.n接Li中相应的指示灯；CPU224XP机型，Qm.n接HLi中相应的指示灯。此外，还需要对输入回路及输出回路合理供电，否则将使PLC控制系统无法正常工作（注：接线说明可参考附录B）。

注：后续项目的接线可参照本例，根据具体问题进行实际连线。

(4) 操作及运行结果：程序下载完成后，把方式选择开关拨至"RUN"，并监控运行程序。

1) 当"I0.1"、"I0.2"输入开关都断开时，Q0.0灭，Q0.1灭。

2）当"I0.1"、"I0.2"输入开关都闭合时，Q0.0灭，Q0.1亮。

3）当"I0.3"、"I0.4"输入开关都断开时，Q0.0灭，Q0.1灭。

4）当"I0.3"、"I0.4"输入开关都闭合时，Q0.0灭，Q0.1亮。

5）当"I0.1"闭合、"I0.2"断开时，Q0.0亮，Q0.1灭。

6）当"I0.3"断开、"I0.4"闭合时，Q0.0亮，Q0.1灭。

以上各种情况的组合，就是做与、或、非逻辑关系的运行。通过简单的逻辑关系，进一步了解 PLC 的输入信号的状态和输入接口的硬件结构。

4．预习要求

（1）复习 PLC 外设与 PLC I/O 的关系。

（2）分析实训内容的程序编制和执行情况。

5．报告要求

根据实训结果，详细写出 Q0.0 和 Q0.1 的输出为 1 状态时的各种输入组合，明确与，或，非的关系。

2.2　定时器指令

1．目的与要求

（1）熟悉定时器指令。

（2）了解定时时基的概念。

（3）熟练掌握定时器指令的应用方法和实现长延时的定时方法。

2．所需设备、工具及材料

（1）S7—200 CPU224 PLC 及通信电缆 1 套。

（2）安装有 STEP 7—Micro/WIN 软件的计算机（编程器）1 台。

（3）按钮、指示灯、直流稳压电源、导线、螺丝刀、万用表等。

3．内容与操作

（1）输入程序：将图 2.3（a）中的程序输入 PLC 中，SB_0～SB_2 分别与 I0.0～I0.2 连接，观察并记录运行结果。

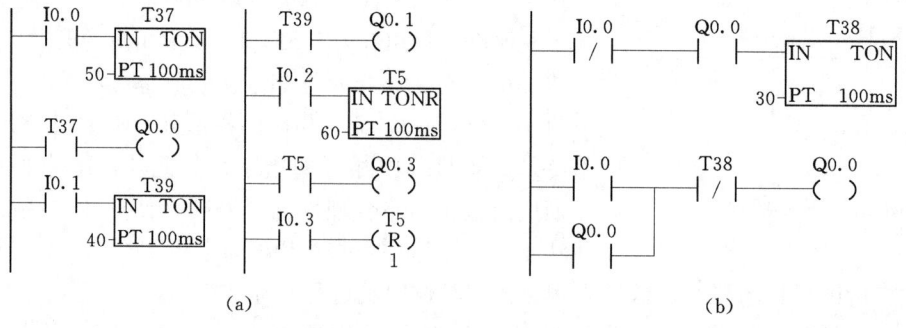

图 2.3　梯形图程序

（2）输入程序：将图 2.3（b）中的程序输入 PLC 中，观察并记录运行结果。

（3）按住按钮 SB（对应 I0.0），通过监控功能，观察定时器 T38 的带电情况，并注意 Q0.0 的输出状态。

（4）松开启动按钮 SB，再次观察 Q0.0 的输出状态和定时器的线圈状态。

（5）总结该电路的功能，注意瞬时接通和延时断开功能。

（6）仔细写出所观察到的 Q0.0 的动作过程，从而提高对程序的分析能力。

4．预习要求

分析实训的内容程序编制和执行情况。

5．报告要求

根据实训结果，画出 Q0.0 的输出状态，定时器 T38 的线圈带电和它的常开触点的动作关系。

6．思考题

（1）如何理解各种不同时基类型的定时器，请读者编程体会。

（2）使用断电延时定时器，实现图 2.3（b）的功能，请读者编程练习。

2.3　计 数 器 指 令

1．目的与要求

（1）熟悉计数器指令和计数器的类型。

（2）熟练掌握计数器的初值赋值方法和计数条件。

（3）熟练掌握各种计数器指令的应用方法。

2．所需设备、工具及材料

（1）S7—200 CPU224 PLC 及通信电缆 1 套。

（2）安装有 STEP 7—Micro/WIN 软件的计算机（编程器）1 台。

（3）按钮、指示灯、直流稳压电源、导线、螺丝刀、万用表等。

3．内容与操作

（1）将图 2.4（a）所示的程序输入 PLC 中，通过对 I0.0～I0.6 的操作，观察并记录运行结果。

（2）将图 2.4（b）所示的程序输入 PLC 中，观察并记录运行结果。

1）按下复位按钮 SB$_1$（对应 I0.1），通过监控功能，观察计数器 C0、C1、C2 的复位情况，然后松开复位按钮。

2）按下计数按钮 SB$_2$（对应 I0.0），通过监控功能，观察计数器 C0 的计数值的变化，当 C0 的计数值与设定值相等时，注意观察 C1 的计数值的变化，当 C1 的计数值与设定值相等时 C0 的计数值应该为多少？

3）依次类推，当 Q0.0 刚好有输出时，C0、C1、C2 分别计数多少次？

4）总结此梯形图的功能为：3 个计数器的串联计数，应用此梯形图可以解决当 1 个计数器的计数值不够使用时，可以考虑使用串联计数的方法。

4．预习要求

（1）分析实训内容的程序编制和执行情况。

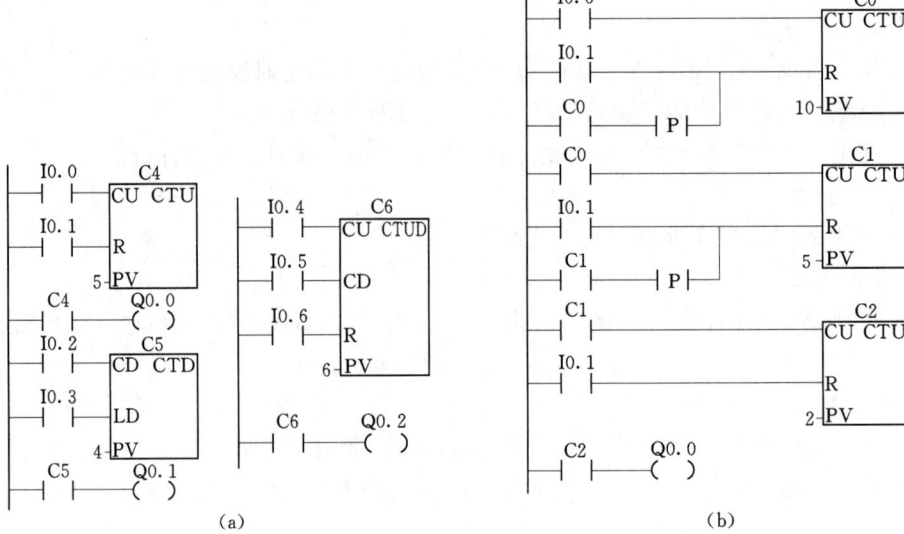

图 2.4 梯形图程序

（2）对各种不同类型的计数器，自己编制程序练习。

5. 报告要求

根据实训结果，计算出每执行一次 Q0.0 输出时，C0 的计数数目。

6. 思考题

分析图 2.4（b）所示的程序，并利用减计数器实现相同的功能，编程练习。

2.4 比 较 指 令

1. 目的与要求

（1）熟悉比较指令和比较的类型。

（2）熟练掌握比较指令的应用方法。

2. 所需设备、工具及材料

（1）S7—200 CPU224 PLC 及通信电缆 1 套。

（2）安装有 STEP 7—Micro/WIN 软件的计算机（编程器）1 台。

（3）按钮、指示灯、直流稳压电源、导线、螺丝刀、万用表等。

3. 内容与操作

（1）将图 2.5 所示的程序输入 PLC 中，观察并记录运行结果。

（2）按下复位按钮 SB₁（对应 I0.1），通过监控功能，观察计数器 C0 的复位情况以及 Q0.0～Q0.4 的状态，然后松开复位按钮。

（3）按下计数按钮 SB₂（对应 I0.0），通过监控功能，观察 Q0.0～Q0.4 的状态，从而进一步理解比较指令。

4. 报告要求

根据实训结果，记录 C 的当前值与 Q0.0～Q0.4 状态的关系。

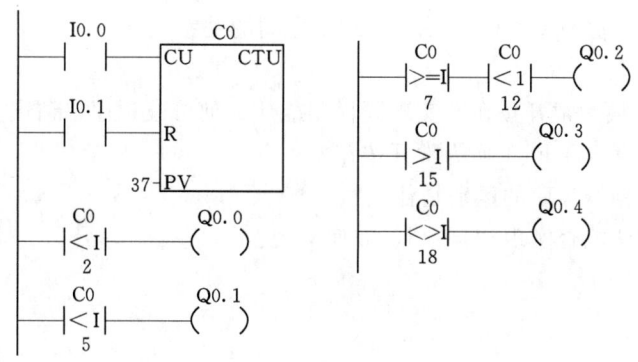

图 2.5　梯形图程序

5. 思考题

比较指令有何特点，如何灵活使用？

2.5　"自锁"程序与置位、复位指令

1. 目的与要求

(1) 掌握"自锁"程序。

(2) 掌握置位、复位指令的使用方法。

2. 所需设备、工具及材料

(1) S7—200 CPU224 PLC 及通信电缆 1 套。

(2) 安装有 STEP 7—Micro/WIN 软件的计算机（编程器）1 台。

(3) 按钮、指示灯、直流稳压电源、导线、螺丝刀、万用表等。

3. 内容与操作

(1) 将图 2.6 所示的程序输入 PLC 中，I0.0 接一常开按钮 SB_1，I0.1 接一常闭按钮 SB_2。

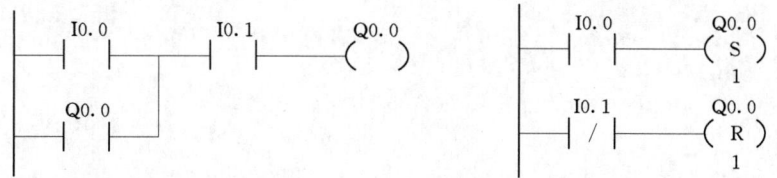

图 2.6　"自锁"程序（一）　　　　图 2.7　"自锁"程序（二）

(2) 按下 SB_1，观察 Q0.0 状态；松开 SB_1，观察 Q0.0 状态，并通过编程软件监控。

(3) 按下 SB_2，观察 Q0.0 状态。

(4) 将程序改为图 2.7 所示的程序，并输入 PLC 中，I0.0、I0.1 接线不变。

(5) 重复步骤（2）～（3），观察 Q0.0 状态。

4. 预习要求

复习或自学电动机基本启、停控制线路。

5. 报告要求

根据实训结果，分析 Q0.0 与 I0.0、I0.1 之间的关系。

6. 思考题

（1）若将 I0.1 换为常开按钮，实现同样功能应如何修改程序，请读者编程体会。

（2）为什么一般不将 I0.1 换为常开按钮？

（3）两种"自锁"程序的区别是什么？

（4）用其他方法能否实现"自锁"，如何实现？

第2篇 提 高 篇

第3章 S7—200系列PLC基本指令及编程实训

3.1 二 分 频 电 路

1. 目的与要求

(1) 进一步熟悉逻辑指令在程序中的应用。

(2) 掌握二分频的产生方法和二分频程序的设计方法。

2. 所需设备、工具及材料

(1) S7—200 CPU224 PLC及通信电缆1套。

(2) 安装有STEP 7—Micro/WIN软件的计算机（编程器）1台。

(3) 按钮、指示灯、直流稳压电源、导线、螺丝刀等。

3. 内容与操作

(1) 按图3.1输入梯形图程序，下载到PLC并监控。

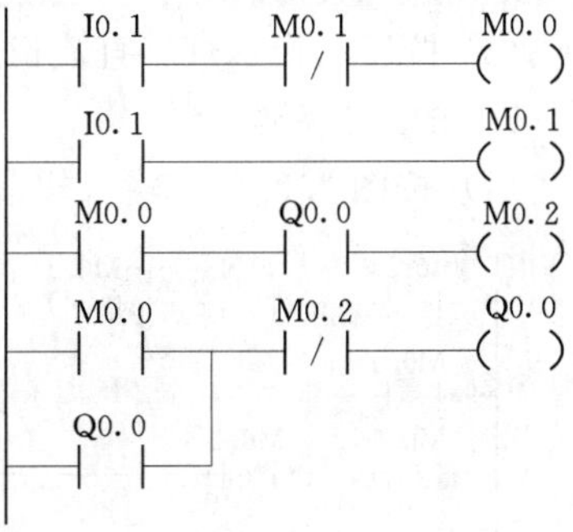

(2) 按下按钮SB_1，对应输入信号I0.1第一次有效，观察M0.0和M0.1的得电情况。

(3) 松开按钮SB_1，对应输入信号I0.1无效，观察M0.2和Q0.0的得电情况。

(4) 再次按下按钮SB_1，对应输入信号I0.1第二次有效，观察M0.0和M0.1的得电情况。

图3.1 梯形图程序（一）

(5) 再次松开按钮SB_1，对应输入信号I0.1无效，观察M0.2和Q0.0的得电情况。

(6) 再次按下按钮SB_1，对应输入信号I0.1第三次有效，观察M0.0和M0.1的得电情况。

(7) 仔细分析程序的工作情况，进一步理解PLC的扫描工作方式，为分析复杂的程序打好基础。并总结该程序运行结果为：输出Q0.0为输入信号的二分频电路。

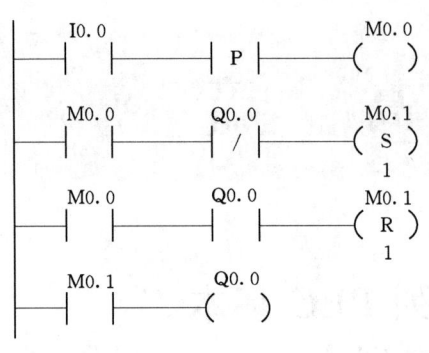

图 3.2 梯形图程序（二）

4. 预习要求

（1）分析实训内容的程序编制和执行情况。

（2）使用内部软元件，自己编制程序实现分频的功能。并通过监控功能来验证。

5. 报告要求

根据实训结果，画出输出 Q0.0 和输入信号 I0.0 的时序图。

6. 思考题

（1）如何正确理解二分频电路？

（2）将程序改为图 3.2，运行结果有无变化？如何理解？

3.2 闪烁与单稳态电路

1. 目的与要求

（1）进一步熟悉定时器在程序中的应用。

（2）掌握闪烁电路的工作原理，提高程序的分析能力。

（3）了解闪烁电路在实际工程中的应用场合。

2. 所需设备、工具及材料

（1）S7—200 CPU224 PLC 及通信电缆 1 套。

（2）安装有 STEP 7—Micro/WIN 软件的计算机（编程器）1 台。

（3）按钮、指示灯、直流稳压电源、导线、螺丝刀等。

3. 内容与操作

（1）按图 3.3（a）输入梯形图程序，下载到 PLC 并监控。

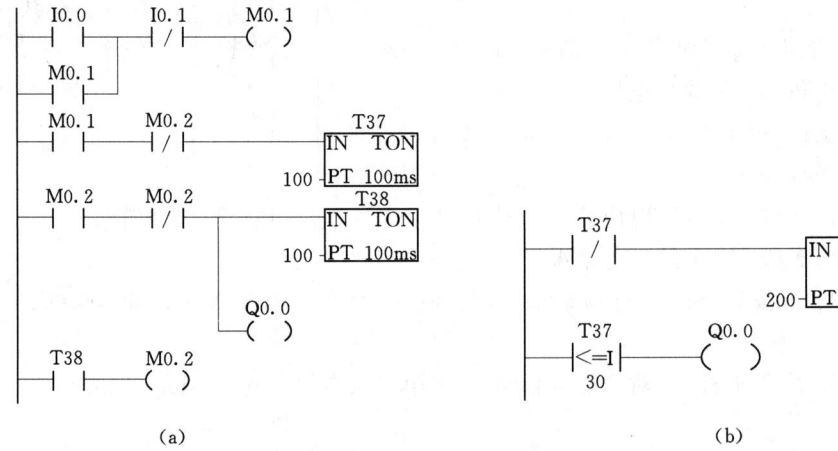

(a)　　　　　　　　　　　(b)

图 3.3 闪烁电路

（2）在输入端 I0.0 上接常开按钮，在输出端子 Q0.0 上接一指示灯。

（3）按下按钮，观察指示灯的亮灭情况。

（4）修改定时器 T32、T33 的时间设定值，使之不一致，再次观察指示灯的亮灭情况。

（5）分析定时器 T37、T38 的工作情况。

4. 预习要求

（1）思考实训内容的程序编制要求。

（2）自己编制一段闪烁程序并调试。

5. 报告要求

根据对定时器的设定值的修改，观察实训现象，画出 Q0.0 的输出情况。

6. 思考题

分析定时器的线圈得电和其触点动作的情况，并比较图 3.3（a）与图 3.3（b）及图 3.4 的异同。

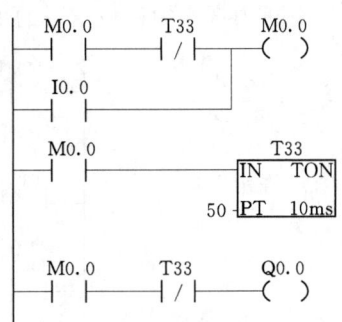

图 3.4　单稳态电路

3.3　移位寄存器指令

1. 目的与要求

（1）熟悉移位寄存器指令的工作原理。

（2）学会使用移位寄存器并掌握其在顺序控制中的应用。

2. 所需设备、工具及材料

（1）S7—200 CPU224 PLC 及通信电缆 1 套。

（2）安装有 STEP 7—Micro/WIN 软件的计算机（编程器）1 台。

（3）按钮、指示灯、直流稳压电源、导线、螺丝刀等。

3. 内容与操作

（1）分别在 PLC 输入端子 I0.0 和 I0.1 连接常开按钮 SB₁、SB₂，按图 3.5 输入梯形图程序，下载到 PLC 并监控。

（2）按一下 SB₁，置位 M1.3，使移位寄存器的 DATA 位变为 1，即移动位的状态置 1。

（3）时间继电器 T37 构成了脉冲电路，使能移位寄存器的 EN 位，作为移位的条件（脉冲）。

（4）VB50 寄存器以位形式依次移入 M1.3 的状态（由 I0.0 及 I0.1 控制）。其中 N 指出了移位的长度。

（5）记下移位寄存器指令的工作特点，并和后续的其他移位指令加以区分。

（6）移位寄存器指令的工作特点特别适合于顺序控制的场合。

4. 预习要求

（1）阅读本实训指导书，参考教材复习移位寄存器指令的相关内容。

（2）分析实训内容的程序编制和执行情况。

（3）自己编制程序练习。

5. 报告要求

根据实训结果，画出每执行一次移位寄存器指令后的数据移动情况。

6. 思考题

分析图 3.5 中移位指令的工作条件。

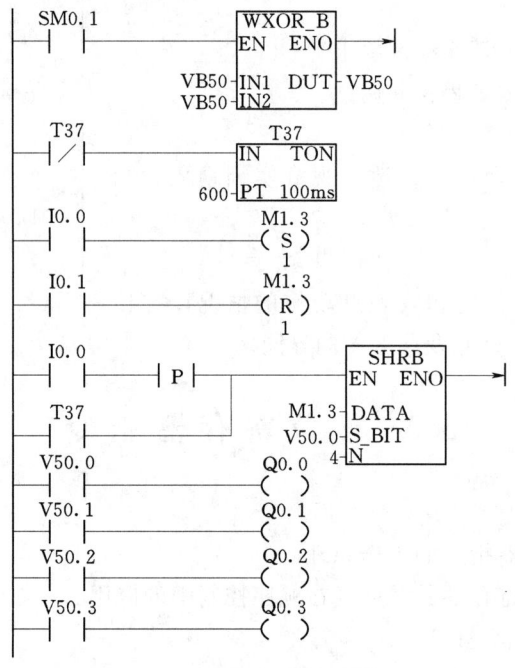

图 3.5　参考梯形图

3.4　模拟量数据处理

1. 目的与要求

（1）了解 S7—200 模拟量扩展模块 EM235 的结构，熟悉标准的模拟信号的范围。

（2）熟练掌握该模块所接收模拟量的类型与模块的相对应开关的设置。

（3）学会传感器与模拟量扩展模块的接线方法。

（4）掌握模拟量扩展模块的寻址方法，编程方法。

（5）掌握 A/D 转换后数值的工程量转换方法。

2. 所需设备、工具及材料

（1）S7—200 CPU224XP PLC 或扩展了模拟量模块 EM235 的 S7—200 CPU224 PLC、通信电缆 1 套。

（2）安装有 STEP 7—Micro/WIN 软件的计算机（编程器）1 台。

（3）直流稳压电源（0～30V）1 台。

（4）0～10V 直流电压表 1 只，万用表 1 块，电压型或电流型传感器 1 只。

（5）导线若干，电位器 2 个，螺丝刀 1 把。

3．内容与操作

（1）分别在 PLC 输入端子 I0.0、I0.1 连接常开按钮 SB₁、SB₂，按图 3.6（a）编程，下载到 PLC 并监控。

（2）按一下 SB₁，从模拟量输入通道 AIW0 读取 0～10V 的模拟量，并将其按照实际值存入 VW100 中 [图 3.6（a）]。

（3）按下 SB₂，从模拟量输出通道 AQW0 输出 10V 电压 [图 3.6（b）]，从 EM235 的 M0 和 V0 端子之间取出电压，并用万用表进行测量输出值。或将输出类型设置为电流，在 M0 和 I0 之间接一个直流 4～20mA 电磁阀线圈，观察电磁阀的动作情况（图 3.7）。

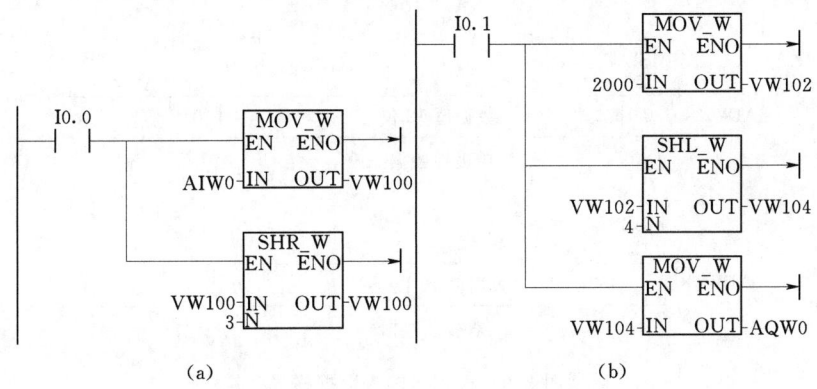

图 3.6　模拟量读入、写出程序

（a）模拟量读入程序；（b）模拟量写出程序

关于 EM235 模拟量扩展模块的内容如下。

1）EM235 模块的接线图如图 3.7 所示。

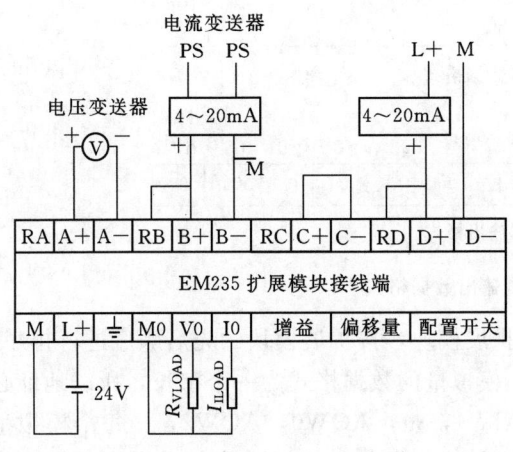

图 3.7　模拟量模块接线图

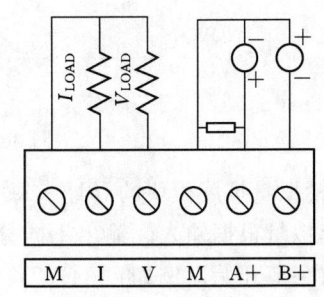

图 3.8　CPU224XP 输入模拟量电流接线方式

注：对于 CPU224XP，其两路模拟量输入均为电压信号，若需输入模拟量的电流信号，须在 A＋与 M 端或 B＋与 M 端之间并联一阻值为 0.5kΩ 的电阻，且应保证该电阻两端输入最大电压为 28.8V 时，输出功率为 1.66W，如图 3.8 所示。

2）对模拟量模块，进行模拟量模块开关位置设置和校准（注意，一般不需要校准），设定输入模拟量的种类为电压，单极性，即将 EM235 的 DIP 开关中的 SW$_1$、SW$_2$、SW$_3$ 分别设置为 ON、OFF、ON。6 个 DIP 开关决定了所有的输入设置。也就是说开关的设置应用于整个模块，开关设置也只有在重新上电后才能生效。

3）模拟量到数字量转换器（ADC）的 12 位读数是左对齐的。最高有效位是符号位，0 表示正值。在单极性格式中，3 个连续的 0 使得模拟量到数字量转换器（ADC）每变化 1 个单位，数据字则以 8 个单位变化。在双极性格式中，4 个连续的 0 使得模拟量到数字量转换器每变化 1 个单位，数据字则以 16 为单位变化。数据格式如图 3.9 所示。

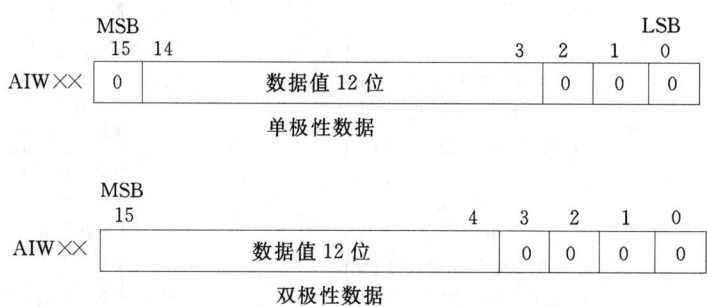

图 3.9 模拟量输入数据格式

4）图 3.10 给出了 12 位数据值在 CPU 的模拟量输出字中的位置：数字量到模拟量转换器（DAC）的 12 位读数在其输出格式中是左端对齐的，最高有效位是符号位，0 表示正值。

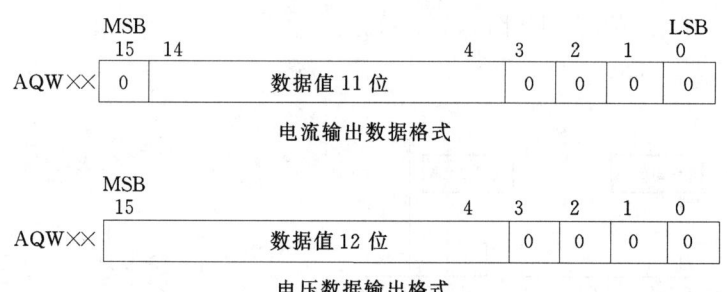

图 3.10 模拟量输出数据格式

5）模拟量扩展模块的寻址。每个模拟量扩展模块，按扩展模块的先后顺序进行排序，其中，模拟量根据输入、输出不同分别排序。模拟量的数据格式为一个字长，所以地址必须从偶数字节开始。例如：AIW0，AIW2，AIW4，…，AQW0，AQW2，…每个模拟量扩展模块至少占两个通道，即使第一个模块只有一个输出 AQW0，第二个模块模拟量输出地址也应从 AQW4 开始寻址，依此类推。

6）模拟量值和 A/D 转换值的工程量的表示方法。假设模拟量的标准电信号是 $A0\sim Am$（如 $4\sim20\text{mA}$），A/D 转换后数值为 $D0\sim Dm$（如 $6400\sim32000$），设模拟量的标准电信号是 A，A/D 转换后的相应数值为 D，由于是线性关系，函数关系 $A=f(D)$ 可以表示为数学方程：

$$A=(D-D0)\times(Am-A0)/(Dm-D0)+A0$$

根据该方程式，可以方便地根据 D 值计算出 A 值。将该方程式逆变换，得出函数关系 $D=f(A)$，可以表示为数学方程：

$$D=(A-A0)\times(Dm-D0)/(Am-A0)+D0$$

具体举一个实例，以 S7—200 和 4～20mA 为例，经 A/D 转换后，我们得到的数值是 6400～32000，即 $A0=4$，$Am=20$，$D0=6400$，$Dm=32000$，代入公式，得出：

$$A=(D-6400)\times(20-4)/(32000-6400)+4$$

假设该模拟量与 $AIW0$ 对应，则当 $AIW0$ 的值为 12800 时，相应的模拟电信号是：

$$6400\times16/25600+4=8(mA)$$

又如，某温度传感器，-10～$60℃$ 与 4～20mA 相对应，以 T 表示温度值，$AIW0$ 为 PLC 模拟量采样值，则根据上式直接代入得出：

$$T=70\times(AIW0-6400)/25600-10,可以用 T 直接显示温度值。$$

又如：某压力变送器，当压力达到满量程 5MPa 时，压力变送器的输出电流是 20mA，$AIW0$ 的数值是 32000。可见，每毫安对应的 A/D 值为 32000/20，测得当压力为 0.1MPa 时，压力变送器的电流应为 4mA，A/D 值为（32000/20）$\times4=6400$。由此得出，$AIW0$ 的数值转换为实际压力值（单位为 kPa）的计算公式为：

$$VW0 的值=(AIW0 的值-6400)\times(5000-100)/(32000-6400)+100(kPa)$$

编程实例：

本实例的 PLC 为 CPU224XP 或带有模拟量扩展模块 EM235 的 CPU224，EM235 模块的第一个通道连接一块带 4～20mA 变送输出的温度显示仪表，该仪表的量程设置为 0～100℃，即 0℃ 时输出 4mA，100℃ 时输出 20mA。温度显示仪表的铂电阻输入端接入一个 220Ω 可调电位器，简单梯形图编程如图 3.11 所示。

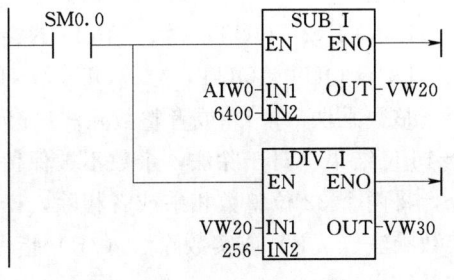

图 3.11　模拟量编程实例

$$温度显示值=(AIW0-6400)/256$$

编译并运行程序，观察程序状态，VW30 即为显示的温度值，对照仪表显示值是否一致。

当然，如果考虑显示精度的话，最后将数据处理成实数类型。

4．预习要求

（1）阅读本实训指导书，复习教材中关于 A/D 转换和 D/A 转换的相关内容。

（2）分析实训内容的程序。

（3）练习编写程序，将某一模拟量数据以浮点数处理。

5．报告要求

（1）根据实训结果，说明模拟量输入数据的处理方法和输出数据的精度。

（2）作出实训数据表格，总结实训中应注意的问题，写出实训的心得体会。

（3）画出上述实训的理论数据曲线，与实训数据曲线比较，讨论误差原因。

6．思考题

（1）如果将输入量改变为电流输入，在模块的接线方式和数据的处理上将有何区别？

（2）对于模拟量的处理，如何确定读入数据的正确与否？

3.5 数 学 运 算 指 令 实 训

1．目的与要求

（1）掌握数学运算指令中的加、减、乘、除指令的设置。

（2）进一步熟悉对 PLC 程序的正确理解。

2．内容与操作

数学运算指令：加、减、乘、除指令。

加法	减法	
IN1＋IN2＝OUT	IN1－IN1＝OUT	（LAD 及 FBD）
IN1＋OUT＝OUT	OUT－IN1＝OUT	（STL）

整数加法（＋I）或者整数减法（－I）指令，将两个 16 位整数相加或者相减，产生一个 16 位结果。双整数加法（＋D）或者双敕数减法（－D）指令，将两个 32 位整数相加或者相减，产生一个 32 位结果。实数加法（＋R）和实数减法（－R）指令，将两个 32 位实数相加或相减，产生一个 32 位实数结果。

乘法	除法	
IN1 ＊ IN2＝OUT	IN1/IN2＝OUT	（LAD 及 FBD）
IN1 ＊ OUT＝OUT	OUT/IN1＝OUT	（STL）

整数乘法（＊I）或者整数除法（/I）指令，将两个 16 位整数相乘或者相除，产生一个 16 位结果（对于除法，余数不被保留）。双整数乘法（＊D）或者双整数除法（/D）指令，将两个 32 位整数相乘或者相除，产生一个 32 位结果。（对于除法，余数不被保留。）实数乘法（＊R）或实数除法（/R）指令，将两个 32 位实数相乘或相除，产生一个 32 位实数结果。

SM 标志位和 EMO：

SM1.1 表示溢出错误和非法值。如果 SM1.1 置位，SM1.0 和 SM1.2 的状态不再有效而且原始输入操作数不会发生变化。如果 SM1.1 和 SM1.3 没有置位，那么数字运算产生一个有效的结果，同时 SM1.0 和 SM1.2 有效。在除法运算中，如果 SM1.3 置位，其他数学运算标志位不会发生变化。

使 $ENO＝0$ 的错误条件：

SM1.1（溢出）

SM1.3（被 0 除）

0006（间接寻址）

受影响的特殊存储器位：

SM1.0（结果为 0）

SM1.1（溢出，运算过程中产生非法数值或者

输入参数非法）

SM1.2（结果为负）

SM1.3（被 0 除）

程序运行说明：

加法：$40(AC1)+60(AC0)=100(AC0)$

乘法：$40(AC1)*20(VW100)=800(VW100)$

除法：$4000(VW200)/40(VW10)=100(VW200)$

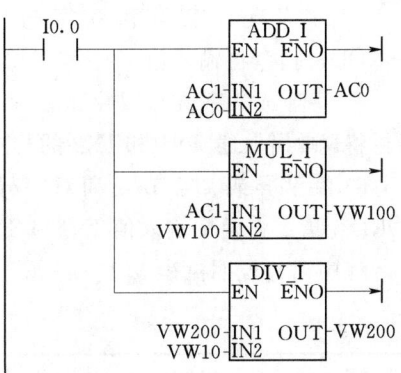

图 3.12　整数运算指令梯形图

3.6　逻辑运算指令实训

1. 目的与要求

（1）掌握逻辑运算指令的设置。

（2）熟悉逻辑运算指令在程序中的功能。

2. 内容与操作

（1）取反指令。

字节、字和双字取反：字节取反（INVB）、字取反（INVW）和双字取反（INVD）指令将输出 IN 取反的结果存入 OUT 中。

使 $ENO=0$ 的错误条件：0006（间接寻址）。

受影响的 SM 标志位：SM1.0（结果为 0）。

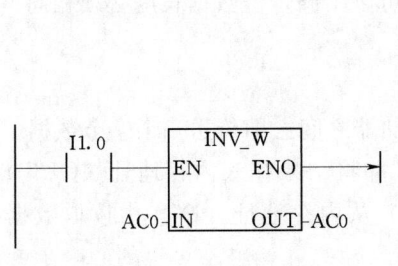

图 3.13　取反指令程序

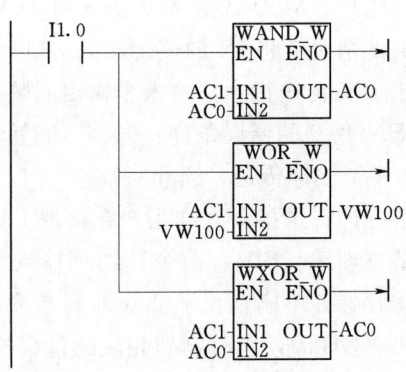

图 3.14　与、或和异或指令

运行示例：

字取反：AC0（1101 0111 1001 0101）→ AC0（0010 1000 0110 1010）

（2）与、或和异或指令。

1）字节与、字与和双字与。字节与（ANDB）、字与（ANDW）和双字节与（ANDD）指令将输入值 IN1 和 IN2 的相应位进行与操作，将结果存入 OUT 中。

2）字节或、字或和双字或。字节或（ORB）、字或指令（ORW）和双字或（ORD）指令将两个输入值 IN1 和 IN2 的相应位进行或操作，将结果存入 OUT 中。

3）字节异或、字节或和双字异或。字节异或（ROB）、异或（ORW）和双字异或（ORD）指令将两个输入值 IN1 和 IN2 的相应位进行异或操作，将结果存入 OUT 中。

程序运行说明见表 3.1。

表 3.1　　　　　　　　　　　　程 序 运 行 说 明

累加器	字与	累加器	字或	累加器	字异或
AC1	（0001 1111 0110 1101）	AC1	（0001 1111 0110 1101）	AC1	（0001 1111 0110 1101）
AND AC0	（1101 0011 1110 0110）	OR VW100	（1101 0011 1010 0000）	XOR AC0	（0001 0011 0110 0100）
= AC0	（0001 0011 0110 0100）	= VW100	（1101 1111 1110 1101）	= AC0	（0000 1100 0000 1001）

3.7　传 送 指 令 实 训

1．目的与要求

（1）掌握传送指令的设置。

（2）了解指令是如何传送的。

2．内容与操作

（1）字节、字、双字或者实数传送。

字节传送（MOVB）、字传送（MOVW）、双字传送（MOVD）和实数传送指令在不改变原值的情况下将 IN 的值传送到 OUT。

对于 IEC 传送指令，输入和输出的数据类型可以不同，但数据长度必须相同。

使 $ENO=0$ 的错误条件：0006（间接寻址）。

（2）字节立即传送（读和写）。

字节立即传送指令允许用户在物理 I/O 和存储器之间立即传送一个字节数据。

字节立即读（BIR）指令读物理输入（IN），并将结果存入内存地址（OUT），但过程映像寄存器并不刷新。字节立即写指令（BIW）从内存地址（IN）中读取数据，写入物理输出（OUT），同时刷新相应的过程映像区。

使 $ENO=0$ 的错误条件：①0006（间接寻址）；②不能访问扩展模块。

（3）块传送指令。

字节块传送（BMB）、字块传送（BMW）、双字块传送（BMD）指令传送指定数量的数据到一个新的存储区，数据的起始地址 IN，数据长度为 N 个字节、字或者双字，新块的起始地址为 OUT 。

N 的范围从 1～255。

使 $ENO=0$ 的错误条件：①0006（间接寻址）；②0091（操作数超出范围）。

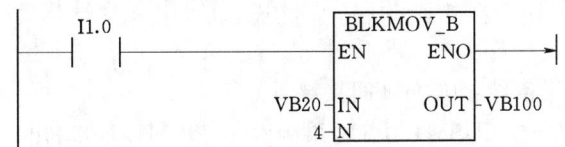

图 3.15　块指令梯形图

程序运行说明：将数组 1（VB20～VB23）传送至数组 2（VB100～VB103）。

3.8　移位和循环指令实训

1. 目的与要求

(1) 掌握左移指令、右移位指令的使用。

(2) 掌握循环右移指令和循环左移指令的使用。

2. 内容与操作

(1) 右移和左移指令。移位指令将输入值 IN 右移或左移 N 位，并将结果装载到输出 OUT 中。

移位指令对移出的位自动补零。如果位数 N 大于或等于最大允许值（对于字节操作为 8，对于字节操作为 16，对于双字操作为 32），那么移位操作的次数为最大允许值。如果移位次数大于 0，溢出标志位（SM1.1）上就是最近移出的位值。如果移位操作的结果为 0，零存储器位（SM1.0）置位。

字节操作是无符号的。对于字和双字操作，当使用有符号数据类型时，符号位也被移动。

使 $ENO=0$ 的错误条件：0006（间接寻址）。

受影响的 SM 标志位：①SM1.0（结果为 0）；②SM1.1（溢出）。

(2) 循环右移和循环左移指令。循环移位指令将输入值 IN 循环右移或者循环左移 N 位，并将输出结果装载到 OUT 中。循环移位是圆形的。循环位移指令梯形图如图 3.16 所示。

如果位数 N 大于或者等于最大允许值（对于字节操作为 8，对于字操作为 16，对于双字操作为 32），S7—200 在执行循环移位之前，会执行取模操作，得到一个有效的移位次数。移位位数的取模操作的结果，对于字节操作是 0～7，对于字操作是 0～15，而对于双字操作是 0～31。

如果移位次数为 0，循环移位指令不执行。如果循环移位指令执行，最后一个移位的值会复制到溢出标志位（SM1.1）。

如果移位次数不是 8（对于字节操作）、16

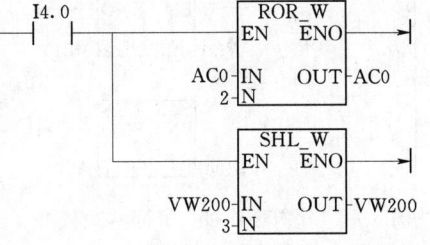

图 3.16　循环移位指令梯形图

（对于字操作）和 32（对于双字操作）的整数倍，最后被移出的位会被复制到溢出标志位（SM1.1）。当要被循环移位的值是零时，零标志位（SM1.0）被置位。

字节操作是无符号的。对于字和双字操作，当使用有符号数据类型时，符号位也被移位。

使 $ENO=0$ 的错误条件：0006（间接寻址）。

受影响的 SM 标志位：①SM1.0（结果为 0）；②SM1.1（溢出）。

程序运行说明如图 3.17 所示。

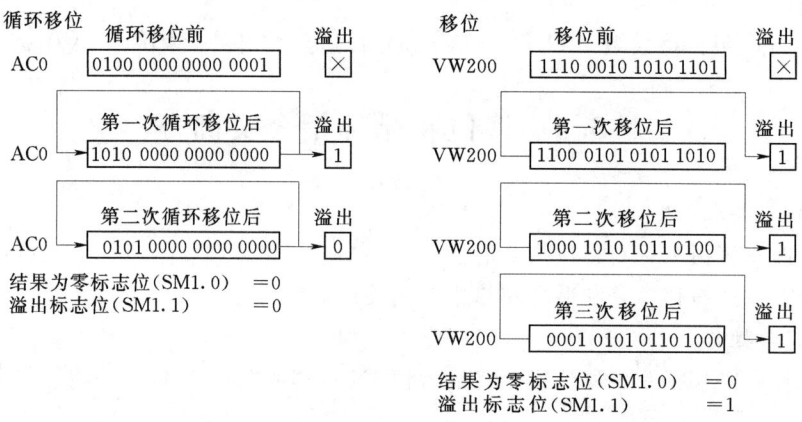

图 3.17　程序运行说明

3.9　字符串指令实训

1. 目的与要求

（1）掌握字符串指令的设置。

（2）掌握字符串指令在程序中的使用。

2. 内容与操作

（1）字符串长度。字符串长度指令（SLEN）返回 IN 中指定的字符串的长度值。

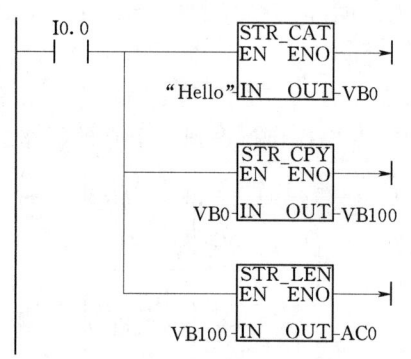

图 3.18　字符串连接、字符串复制和
字符串长度梯形图

（2）字符串复制。字符串复制指令（SCPY）将 IN 中指定的字符串复制到 OUT 中。

（3）字符串连接。字符串连接指令（SCAT）将 IN 中指定的字符串连接到 OUT 中指定字符串的后面。

对于字符串长度、字符串复制和字符串连接指令，下列条件影响 ENO。

使 $ENO=0$ 的错误条件：①0006（间接寻址）；②0091（操作数超出范围）。

字符串连接、字符串复制和字符串长度梯形图如图 3.18 所示。

程序运行说明：①将"Hello"上的字符串附加到 VB0 上的字符串之后；②将 VB0 中的字符串复制到 VB100 中；③得到 VB100 中存储的字符串的长度。

3.10　程序控制指令实训

1．目的与要求

（1）掌握条件结束指令在程序控制中的作用。

（2）熟悉跳转指令的使用方法。

（3）掌握如何使用顺序控制指令（SCR）。

2．内容与操作

（1）条件结束指令。

1）条件结束指令（END）根据前面的逻辑关系终止当前扫描周期。可以在主程序中使用条件结束指令，但不能在子程序或中断服务程序中使用该命令。

2）停止指令（STOP）导致 CPU 从 RUN 到 STOP 模式从而可以立即终止程序的执行。如果 STOP 指令在中断程序中执行，那么该中断立即终止，并且忽略所有挂起的中断，继续扫描程序的剩余部分。完成当前周期的剩余动作，包括主用户程序的执行，并在当前扫描的最后，完成从 RUN 到 STOP 模式的转变。

3）看门狗复位指令（WDR）允许 S7—200 CPU 的系统看门狗定时器被重新触发，这样可以在不引起看门狗错误的情况下，增加此扫描所允许的时间。

使用 WDR 指令时要小心，因为如果使用循环指令去阻止扫描完成或过度地延迟扫描完成的时间，那么在终止本次扫描之前，下列操作过程将被禁止：

（a）通信（自由端口方式除外）。

（b）I/O 更新（立即 I/O 除外）。

（c）强制更新。

（d）SM 位更新（SM0，SM5～SM29 不能被更新）。

（e）运行时间诊断。

（f）由于扫描时间超过 25s，10ms 和 100ms 定时器将不会正确累计时间。

（g）在中断程序中的 STOP 指令。

（h）带数字量输出的扩展模块也包含一个看门狗定时器，如果模块没有被可编程控制器写，则此看门狗定时器将关断输出。在扩展的扫描时间内，对每个带数字量输出的扩展模块进行立即写操作，以保持正确的输出。请按照这段描述后，对图 3.19 的程序进行实训。

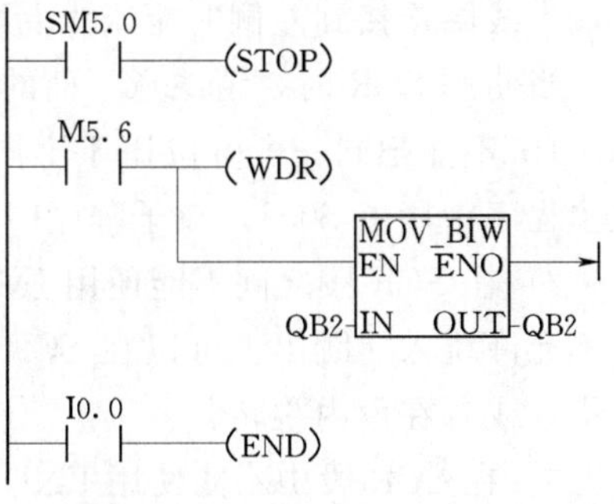

程序运行说明：当检测到 I/O 错误时（SM5.0 动作），强制切换到 STOP 模式；当 M5.6 接通时，允许扫描周期扩展：①重新触发 CPU 的看门狗；②重新触发第一个输出模块的看门狗。当 I0.0 接通时，

图 3.19　停止、条件结束和
看门狗复位指令程序梯形图

终止当前扫描周期。

（2）跳转指令。

跳转到标号指令（JMP）执行程序内标号 N 指定的程序分支。标号指令标记跳转目的地的位置 N。

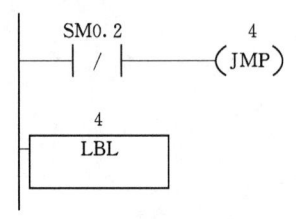

图 3.20 跳转指令梯形图

用户可以在主程序、子程序或者中断服务程序中，使用跳转指令。跳转和与之相应的标号指令必须位于同一段程序代码（无论是主程序、子程序还是中断服务程序）。

不能从主程序跳到子程序或中断程序，同样不能从子程序或中断程序跳出。

可以在 SCR 程序段中使用跳转指令，但相应的标号指令必须也在同一个 SCR 段中。

实训梯形图如图 3.20 所示。

程序运行说明：如果掉电保持的数据没有丢失，跳转到 LBL4。

（3）顺序控制指令（SCR）。

顺序控制指令又称为顺序控制继电器（Sequence Control Relay）指令，是专门用于编制顺序控制的程序，目前，很多 PLC 的软件已具有完全图形化（类似于流程图）的顺序控制指令，编程及理解更为便捷，但目前 STEP 7—Micro/WIN 编程软件标准包里没有这种完全图形化的编程界面，需要通过从设计的流程图"人工翻译"成为 SCR 指令，从而实现顺序控制。

SCR 指令使用户能够按照自然工艺段在 LAD、FBD 或 STL 中编制状态控制程序。

只要应用中包含的一系列操作需要反复执行，就可以使用 SCR 使程序更加结构化，以至于直接针对应用。这样可以使得编程和调试更加快速和简单。

装载 SCR 指令（LSCR）将 S 位的值装载到 SCR 和逻辑堆栈中。

SCR 堆栈的结果值决定是否执行 SCR 程序段。SCR 堆栈的值会被复制到逻辑堆栈中，因此可以直接将盒或者输出线圈连接到左侧的能流线上而不经过中间触点。

当使用 SCR 时，请注意下面的限定：

1）不能把同一个 S 位用于不同程序中。例如：如果在主程序中用了 S0.1，在子程序中就不能再使用它。

2）在 SCR 段之间不能使用 JMP 和 LBL 指令，就是说不允许跳入、跳出。可以在 SCR 段附近使用跳转和标号指令或者在段内跳转。

3）在 SCR 段中不能使用 END 指令。

顺序控制梯形图和语句表说明分别见图 3.21 和表 3.2。

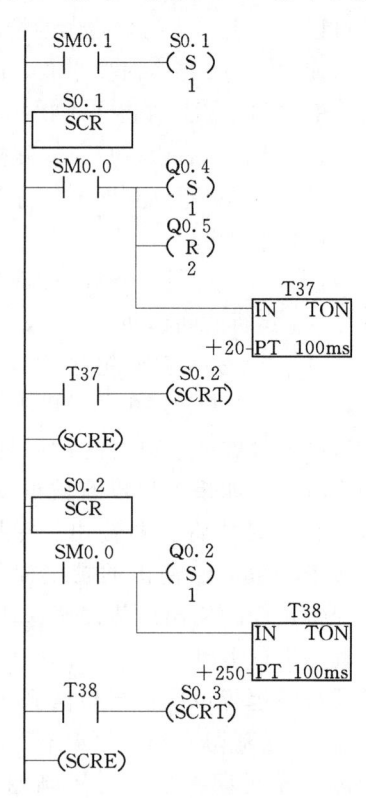

图 3.21 顺序控制梯形图

表 3.2			语 句 表 说 明
步序	指令	器件号	说　　明
1	LD	SM0.1	在首次扫描使能状态 1
2	S	S0.1，1	
3	LSCR	S0.1	状态 1 控制开始
4	LD	SM0.0	控制第一条街的信号：①置位：接通红灯；②复位：关断黄灯和绿灯；③启动 2s 定时器
5	S	Q0.4，1	
6	R	Q0.5，2	
7	TON	T37，+20	
8	LD	T37	延时 2s 后，切换到状态 2
9	SCRT	S0.2	
10	SCRE		状态 1 的 SCR 区结束
11	LSCR	S0.2	状态 2 的控制区开始
12	LD	SM0.0	控制第二条街的信号：①置位：接通绿灯；②启动 25s 定时器
13	S	Q0.2，1	
14	TON	T38，+250	
15	LD	T38	延时 25s 后，切换到状态 3
16	SCRT	S0.3	
17	SCRE		状态 2 的 SCR 区结束

注　本程序实际上可以作为交通灯控制程序的一部分，程序中出现的 4 个 Q 分别为相应的信号灯。

3.11　子程序指令的编程

1．目的与要求

(1) 掌握如何带参数调用子程序。

(2) 熟悉子程序的使用。

2．内容与操作

(1) 子程序指令。

子程序调用指令（CALL）将程序控制权交给子程序 SBR _ N。调用子程序时可以带参数也可以不带参数。子程序执行完成后，控制权返回到调用子程序的指令的下一条指令。

子程序条件返回指令（CRET）根据它前面的逻辑决定是否终止子程序。

要添加一个子程序可以在命令菜单中选择：Edit→Insert→Subroutine。

使 $ENO=0$ 的错误条件：0008（超过子程序嵌套最大限制）；0006（间接寻址）。

在主程序中，可以嵌套调用子程序（在子程序中调用子程序），最多嵌套 8 层。在中断服务程序中，不能嵌套调用子程序。

在被中断服务程序调用的子程序中不能再出现子程序调用。不禁止递归调用（子程序调用自己），但是当使用带子程序的递归调用时应慎用。

(2) 带参数调用子程序。

子程序可以包含要传递的参数。参数在子程序的局部变量表中定义。参数必须有变量名（最多 23 个字符）、变量类型和数据类型。一个子程序最多可以传递 16 个参数。

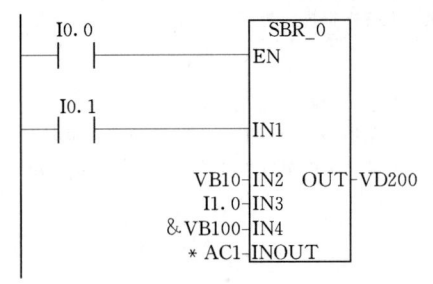

图 3.22　子程序调用梯形图

局部变量表中的变量类型区定义变量是传入子程序（IN）、传入和传出子程序（IN_OUT）或者传出子程序（OUT）。表 3.3 中描述了一个子程序中的参数类型。要加入一个参数，把光标放到要加入的变量类型区（IN、IN_OUT、OUT）。点击鼠标右键可以得到一个菜单选择。选择插入选项，然后选择下一行选项。这样就出现了另一个所选类型的参数项。

子程序调用梯形图如图 3.22 所示。

表 3.3　　　　　　　　　　　　　　**子 程 序 参 数 表**

参数	中 断 描 述
IN	参数传入子程序。如果参数是直接寻址（如：VB10），指定位置的值被传递到子程序。如果参数是间接寻址（如：*AC1），指针指定位置的值被传入子程序；如果参数是常数（如：16#1234），或者一个地址（如：&VB100），常数或地址的值被传入子程序
IN_OUT	指定参数位置的值被传到子程序，从子程序的结果值被返回到同样地址。常数（如：16#1234）和地址（如：&VB100）不允许作为输入/输出参数
OUT	从子程序来的结果值被返回到指定参数位置。常数（如：16#1234）和地址（如：&VB100）不允许作为输出参数。由于输出参数并不保留子程序最后一次执行时分配给它的数值，所以必须在每次调用子程序时将数值分配给输出参数。注意：在电源上电时，SET 和 RESET 指令只影响布尔量操作数的值
TEMP	任何不用于传递数据的局部存储器都可以在子程序中作为临时存储器使用

3.12　表操作指令实训

1. 目的与要求

(1) 掌握表操作指令的设置。

(2) 掌握表操作指令在程序中的使用。

2. 内容与操作

填表。ATT 指令向表（TBL）中增加一个数值（DATA）。表中第一个数是最大填表数（TL），第二个数是实际填表数（EC），指出已填入表的数据个数。新的数据填加在表中上一个数据的后面。每向表中填加一个新的数据，EC 会自动加 1。

一个表最多可以有 100 条数据。

使 ENO = 0 的错误条件：① SM1.4（表溢出）；②0006（间接寻址）；③0091（操作数超出范围）。

填表指令梯形图如图 3.23 所示。

程序运行说明：装载表的最大长度。

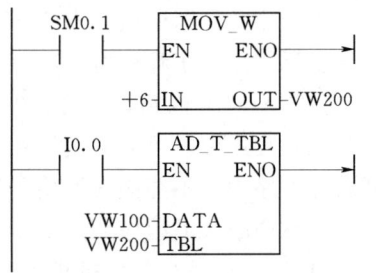

图 3.23　填表指令梯形图

3.13　记录设备运行时间的编程实训

1．实训目的

(1) 熟悉子程序的调用及应用。

(2) 熟悉内存填充（FILL）指令。

(3) 熟悉使用 PLC 实现设备运行时间记录的工程意义。

2．内容与操作

(1) 输入、下载和运行图 3.24 中的程序，并验证其逻辑关系。

(2) 修改 FILL_N 中 N 的数值（N 的范围是 1~255），下载后运行程序观察运行情况。

(3) 改变 T40 的 PT 设定值，观察记录时间的速率是否变化。

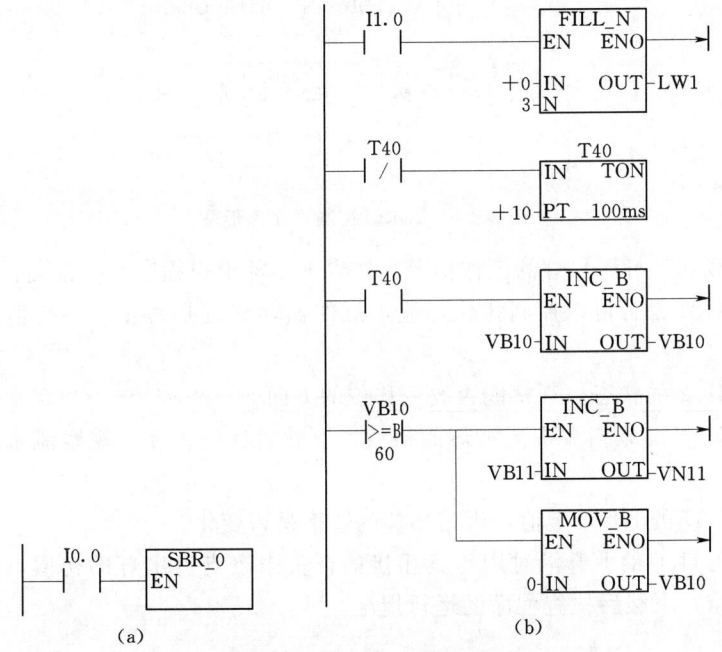

图 3.24　记录设备运行时间梯形图程序

（a）主程序；（b）子程序

3．小结

总结子程序、FILL 指令、INC 指令、MOV 指令的编程方法。

3.14　简易流水灯控制实训

1．目的与要求

(1) 掌握移位指令。

(2) 掌握简易流水灯控制程序的设计方法。

2. 内容与操作

图 3.25 中的 8 位循环移位流水灯控制程序中，流水灯是否移位由 I1.1 来控制，移位的方向用 I1.2 来控制，首次扫描时给 Q0.0～Q0.7 置初值。

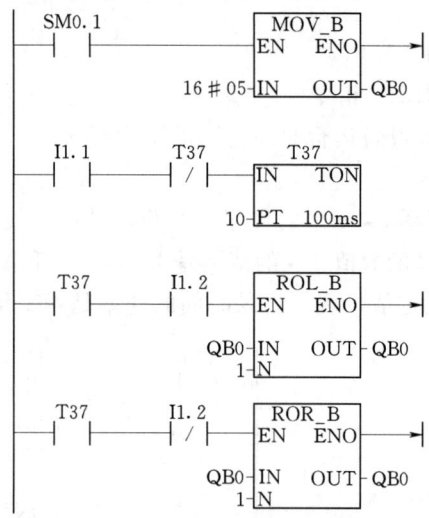

图 3.25　流水灯控制程序梯形图

输入、下载和运行流水灯的工作情况，按以下步骤检查程序是否正确：

（1）观察 I1.1 是否可以控制移位，流水灯的循环移位是否正常，初值是否与设置的相符。

（2）改变 I1.2 的状态，观察能否改变移位的方向。

（3）修改 MOV_B 指令中流水灯的初值，下载后运行程序，观察流水灯的初值是否符合新的设置。

（4）改变 T37 的 PT 设定值，观察移位的速率是否变化。

（5）要求在 I1.0 的上升沿时用与其相接的开关来改变流水灯的初值，修改程序，使之满足新的要求，下载后检查程序的运行情况。

3. 小结

总结用移位指令实现简易流水等控制的编程方法。

第4章 PLC直接控制电动机

4.1 电动机的基本启、停控制实训

1. 目的与要求

(1) 掌握启动、保持、停止电路的程序在各种控制场合下的应用。

(2) 分析两种启、保、停电路的工作原理，并说明其区别。

(3) 通过实训，提高分析程序的能力，为今后熟练编程打下基础。

2. 所需设备、工具及材料

(1) S7—200 CPU224 PLC及通信电缆1套。

(2) 安装有 STEP 7—Micro/WIN 软件的计算机（编程器）1台。

(3) 按钮4只、断路器1个、交流接触器1个、电动机1台、热继电器1个、导线、螺丝刀等。

3. 内容与操作

(1) 分别在 PLC 输入端子 I0.0～I0.3 上连接常开按钮 SB$_1$、SB$_2$、SB$_3$ 和常闭按钮 SB$_4$，输出端子 Q0.0 上接 KM$_1$ 线圈和需要的工作电源。按图 4.1 所示完成对主电路和 PLC 控制电路接线。

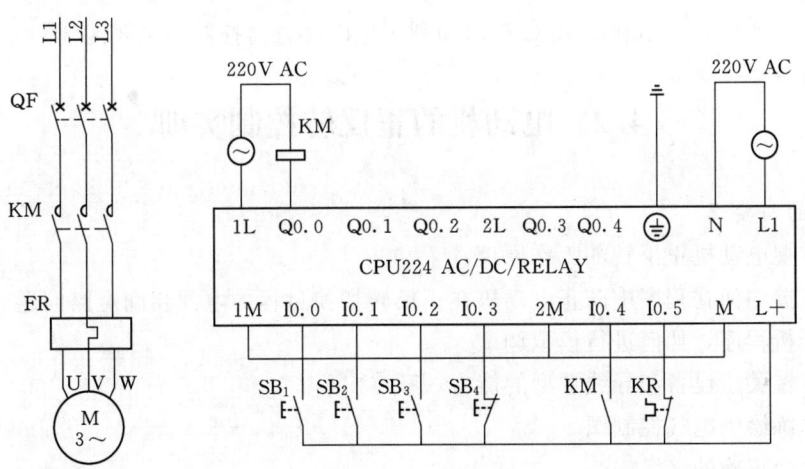

图 4.1 主电路和 PLC 控制电路接线图

(2) 按图 4.2 (a) 输入梯形图程序，下载到 PLC 并监控。按一下 SB$_1$，观察 Q0.0 的输出情况；再按一下 SB$_2$，观察 Q0.0 的输出情况；合上主电路的断路器，仍按上述步骤操作，观察电动机的运行情况。其中，图 4.2 (a) 的梯形图，启动优先。经常用在限位

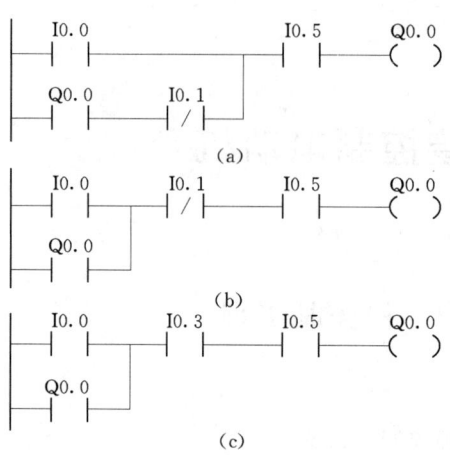

图 4.2 启动保持和停止梯形图程序

书写。

停止的场合。

（3）按图 4.2（b）输入梯形图程序，下载到 PLC 并监控。按一下 SB₁，观察 Q0.0 的输出情况；再按一下 SB₂，观察 Q0.0 的输出情况；合上主电路的断路器，仍按上述步骤操作，观察电动机的运行情况。其中，图 4.2（b）的梯形图，停止优先。

（4）按图 4.2（c）输入梯形图程序，下载到 PLC 并监控。按一下 SB₁，观察 Q0.0 的输出情况；再按一下 SB₄，观察 Q0.0 的输出情况；合上主电路的断路器，仍按上述步骤操作，观察电动机的运行情况。在此，学会关于在 PLC 上接常闭触点时实现停止程序的

（5）将电动机的轴堵转，使热继电器动作，观察程序的执行情况。

4. 预习要求

（1）复习教材中关于电动机的启动、保持和停止的有关内容。

（2）思考实训内容的程序编制和逻辑关系。

（3）自己编制程序。

（4）思考如何通过 PLC 控制电动机等其他大功率负载。

5. 报告要求

（1）根据实训结果，说明以上三种控制程序的主要区别。

（2）通过实训，总结利用 PLC 控制和利用继电接触器控制的主要区别。

4.2 电动机的正反转控制实训

1. 目的与要求

（1）掌握电动机正反转的工作原理。

（2）掌握如何在程序中防止电动机在正反转切换过程的电源相间短路问题。

（3）分析程序，如何进行模拟调试。

（4）掌握关于设备和导线选型的能力。

（5）熟练绘制电气控制图。

（6）学会正确的接线。

2. 所需设备、工具及材料

（1）S7—200 CPU224 PLC 及通信电缆 1 套。

（2）安装有 STEP 7—Micro/WIN 软件的计算机（编程器）1 台。

（3）按钮 4 只、交流接触器 2 个、电动机 1 台、热继电器 1 个、导线、螺丝刀等。

3．内容与操作

（1）分别在 PLC 输入端子 I0.0、I0.1、I0.2 和 I0.3 上连接常开按钮 SB$_1$、SB$_2$、SB$_3$ 和 SB$_4$，在输出端子 Q0.0 和 Q0.1 上接 KM$_1$ 和 KM$_2$ 线圈和需要的工作电源。按图 4.3 所示完成对主电路和控制电路的接线。

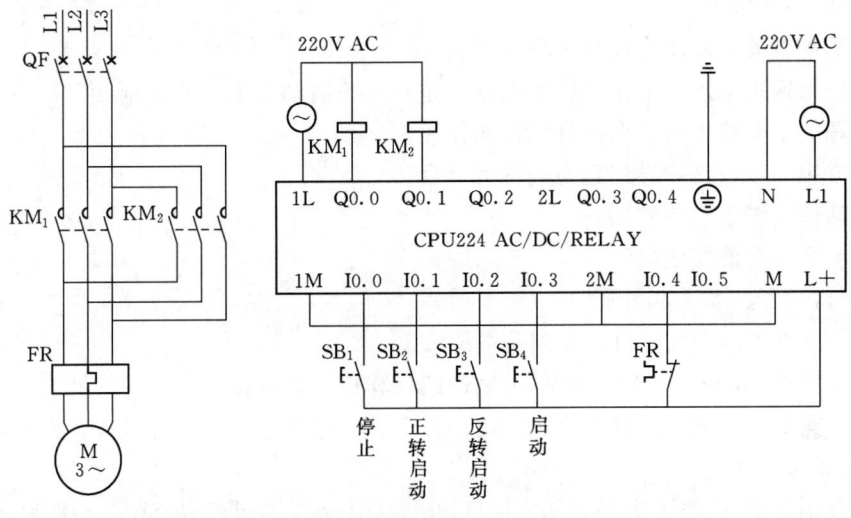

图 4.3 主电路和控制电路接线图

（2）按图 4.4 输入梯形图程序，下载到 PLC 并监控。按一下启动按钮 SB$_4$，再按下正向启动按钮 SB$_2$，观察 Q0.0 的输出情况；再按一下 SB$_3$，观察 Q0.0 的输出情况；根据程序分析，输出逻辑关系正确后，合上主电路的断路器，仍按上述步骤操作，观察电动机的运行情况。

（3）通过监控，仔细分析程序的执行情况，说明程序中定时器的作用。

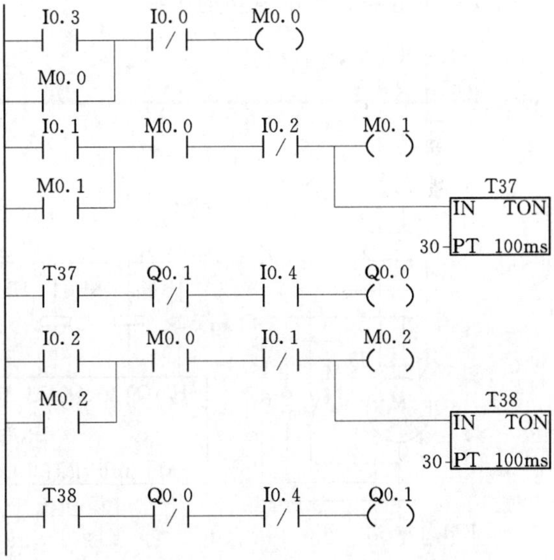

4．预习要求

（1）阅读本实训指导书，复习课本中关于电动机的正反转控制的有关内容。

（2）思考实训内容的程序编制和逻辑关系。

图 4.4 正反转控制梯形图

（3）自己编写一段程序，实现对电动机的正反转控制功能。

（4）思考如何通过 PLC 的硬件接线实现两个控制对象的互锁关系。

5．报告要求

（1）自己编写一段程序，实现相同的功能。

（2）通过监控，仔细分析程序的执行情况，详细写出程序中各个元件的动作过程。

4.3　电动机的星—三角降压启动控制实训

1．目的与要求

（1）掌握电动机降压启动的工作原理。

（2）仔细区别电动机的正反转主电路和星—三角启动主电路的区别。

（3）理解主电路中的各个控制元件的作用。

（4）掌握关于设备和导线选型的能力。

（5）熟练绘制电气控制图。

（6）学会正确的接线。

2．所需设备、工具及材料

（1）S7—200 CPU224 PLC 及通信电缆 1 套。

（2）安装有 STEP 7—Micro/WIN 软件的计算机（编程器）1 台。

（3）按钮 2 只、交流接触器 3 个、电动机 1 台、热继电器 1 个、导线、螺丝刀等。

3．内容与操作

（1）分别在 PLC 输入端子 I0.0、I0.1 和 I0.2 上连接常开按钮 SB$_1$、SB$_2$ 和 FR，在输出端子 Q0.0、Q0.1 和 Q0.2 上接 KM$_1$、KM$_2$ 和 KM$_3$ 线圈和需要的工作电源。按图 4.5 所示完成对主电路和控制电路的接线。

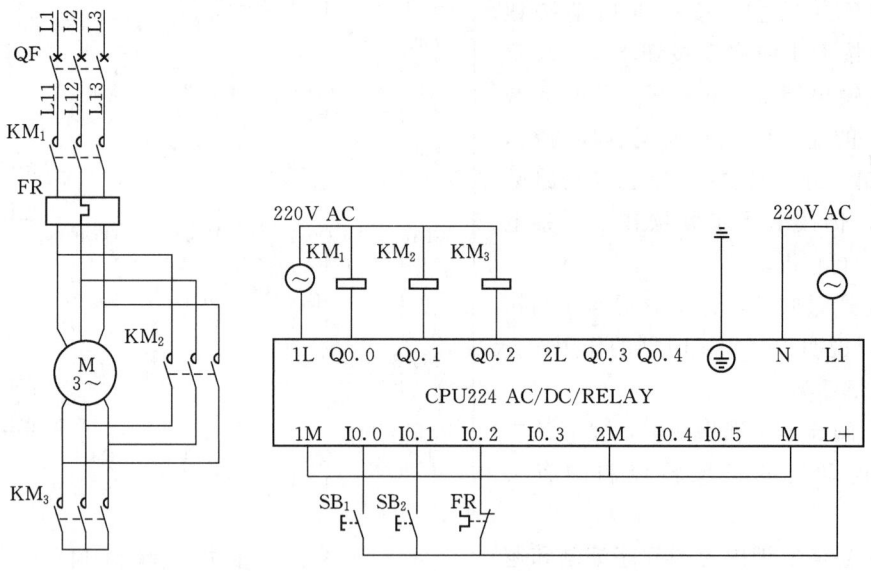

图 4.5　主电路和控制电路接线图

（2）按图 4.6 输入梯形图程序，下载到 PLC 并监控。按一下启动按钮 SB$_1$，观察 Q0.0～Q0.2 的输出情况；再按一下 SB$_2$，观察 Q0.0～Q0.2 的输出情况；根据程序分析，输出逻辑关系正确后，合上主电路的断路器，仍按上述步骤操作，观察电动机的运行情况。

（3）通过监控，仔细分析程序的执行情况，说明程序中定时器的作用。

4. 预习要求

（1）阅读本实训指导书，复习课本中关于电动机的正反转控制的有关内容。

（2）思考实训内容的程序编制和逻辑关系。

（3）自己编写一段程序，实现对电动机的正反转控制功能。

（4）思考如何通过 PLC 的硬件接线实现两个控制对象的互锁关系。

5. 报告要求

（1）自己编写一段程序，实现相同的功能。

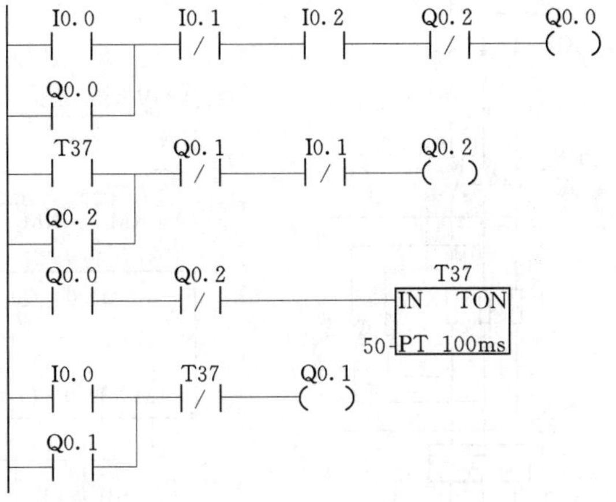

图 4.6　星—三角降压启动控制梯形图

（2）通过监控，仔细分析程序的执行情况，详细写出程序中各个元件的动作过程。

4.4　三相感应电动机的串电阻降压启动控制实训

1. 目的与要求

（1）掌握电动机串电阻降压启动的工作原理。

（2）掌握主电路中的电阻的选择方法和作用。

（3）理解主电路中的各个控制元件的作用。

（4）掌握关于设备和导线选型的能力。

（5）熟练绘制电气控制图。

（6）学会正确的接线。

2. 所需设备、工具及材料

（1）S7—200 CPU224 PLC 及通信电缆 1 套。

（2）安装有 STEP 7—Micro/WIN 软件的计算机（编程器）1 台。

（3）按钮 2 只、交流接触器 2 个、电动机 1 台、热继电器 1 个、导线、螺丝刀等。

3. 内容与操作

（1）分别在 PLC 输入端子 I0.0、I0.1 和 I0.2 上连接常开按钮 SB_1、SB_2 和 FR，在输出端子 Q0.0 和 Q0.1 上接 KM_1 和 KM_2 线圈和需要的工作电源。按图 4.7 所示完成对主电路和控制电路的接线。

（2）按图 4.8 输入梯形图程序，下载到 PLC 并监控。按一下启动按钮 SB_1，观察 Q0.0 和 Q0.1 的输出情况；等 Q0.1 输出后，再按一下 SB_2，观察程序的执行情况；根据程序分析，输出逻辑关系正确后，合上主电路的断路器，仍按上述步骤操作，观察电动机的运行情况。

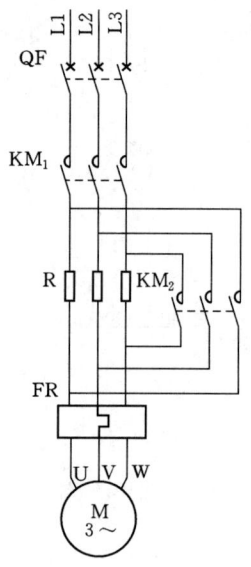

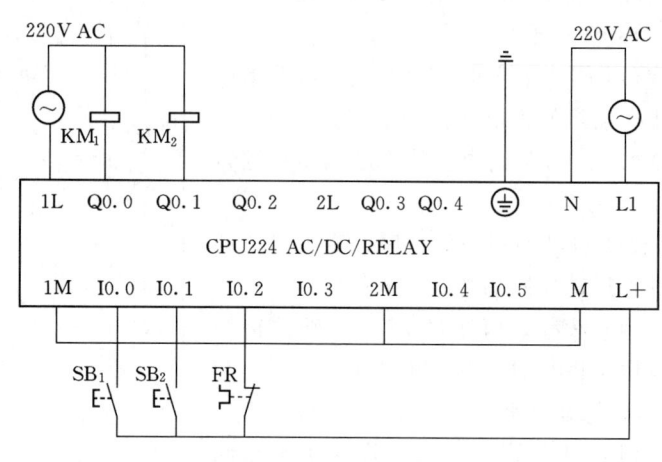

图 4.7　主电路和控制电路接线图

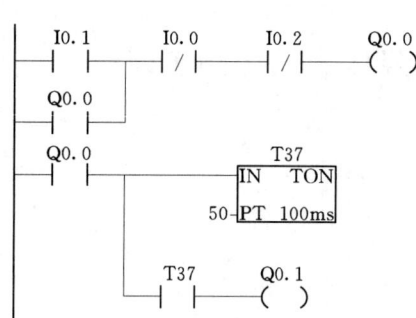

图 4.8　三相感应电动机的串
电阻降压启动控制梯形图

出程序中各个元件的动作过程。

（3）通过监控，仔细分析程序的执行情况，说明程序中定时器的作用。

4．预习要求

（1）阅读本实训指导书，复习课本中关于电动机的串电阻降压启动控制的有关内容。

（2）思考实训内容的程序编制和逻辑关系。

（3）自己编写一段程序，实现对电动机的串电阻降压启动控制功能。

5．报告要求

通过监控，仔细分析程序的执行情况，详细写

4.5　三相感应电动机的串自耦变压器降压启动控制

1．目的与要求

（1）掌握电动机串自耦变压器降压启动的工作原理和应用场合。

（2）了解自耦变压器的安装方法和选择依据。

（3）掌握关于设备和导线选型的能力。

（4）熟练绘制电气控制图。

（5）学会正确的接线。

2．所需设备、工具及材料

（1）S7—200 CPU224 PLC 及通信电缆 1 套。

（2）安装有 STEP 7—Micro/WIN 软件的计算机（编程器）1 台。

（3）按钮 2 只、交流接触器 2 个、电动机 1 台、热继电器 1 个、导线、螺丝刀等。

3. 内容与操作

（1）分别在 PLC 输入端子 I0.0、I0.1 和 I0.2 上连接常开按钮 SB$_1$、SB$_2$ 和 FR，在输出端子 Q0.0 和 Q0.1 上接 KM$_1$ 和 KM$_2$ 线圈和需要的工作电源。按图 4.9 所示完成对主电路和控制电路的接线。

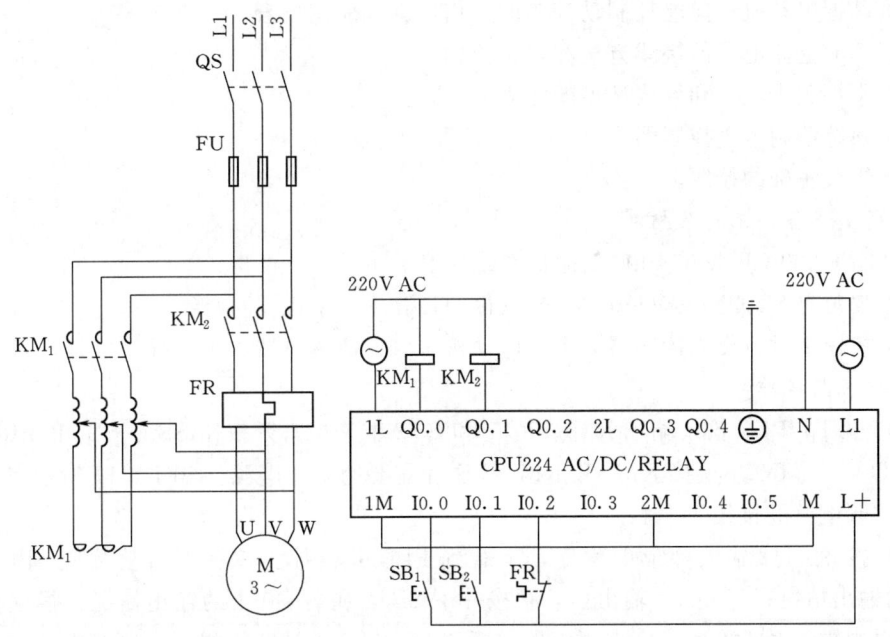

图 4.9　主电路和控制电路接线图

（2）按图 4.10 输入梯形图程序，下载到 PLC 并监控。按一下启动按钮 SB$_1$，观察 Q0.0 和 Q0.1 的输出情况；等 Q0.1 输出后，再按一下 SB$_2$，观察程序的执行情况；根据程序分析，输出逻辑关系正确后，合上主电路的断路器，仍按上述步骤操作，观察电动机的运行情况。

（3）通过监控，仔细分析程序的执行情况，说明程序中定时器的作用。

图 4.10　三相感应电动机的串自耦变压器降压启动控制梯形图

4. 预习要求

（1）阅读本实训指导书，复习课本中关于电动机的串自耦变压器降压启动控制有关内容。

（2）思考实训内容的程序编制和逻辑关系。

（3）自己编写一段程序，实现对电电动机的串自耦变压器降压启动控制功能。

（4）思考如何通过 PLC 的硬件接线实现两个控制对象的互锁关系。

5. 报告要求

通过监控，仔细分析程序的执行情况，详细写出程序中各个元件的动作过程

4.6 电动机的单向能耗制动控制

1. 目的与要求

(1) 掌握电动机单向能耗制动控制的工作原理和应用场合。

(2) 掌握直流电源的接线方法和选择依据。

(3) 掌握关于设备和导线选型的能力。

(4) 熟练绘制电气控制图。

(5) 学会正确的接线。

2. 所需设备、工具及材料

(1) S7—200 CPU224 PLC 及通信电缆 1 套。

(2) 安装有 STEP 7—Micro/WIN 软件的计算机（编程器）1 台。

(3) 按钮 2 只、交流接触器 2 个、电动机 1 台、热继电器 1 个、导线、螺丝刀等。

3. 内容与操作

(1) 分别在 PLC 输入端子 I0.0、I0.1 和 I0.2 上连接常开按钮 SB$_1$、SB$_2$ 和 FR，在输出端子 Q0.0 和 Q0.1 上接 KM$_1$ 和 KM$_2$ 线圈和需要的工作电源。按图 4.11 所示完成对主电路和控制电路的接线。

(2) 按图 4.12 输入梯形图程序，下载到 PLC 并监控。按一下启动按钮 SB$_1$，观察 Q0.0 的输出情况；等 Q0.1 输出后，再按一下 SB$_2$，观察 Q0.1 的输出情况；根据程序分析，输出逻辑关系正确后，合上主电路的断路器，仍按上述步骤操作，观察电动机的运行情况。

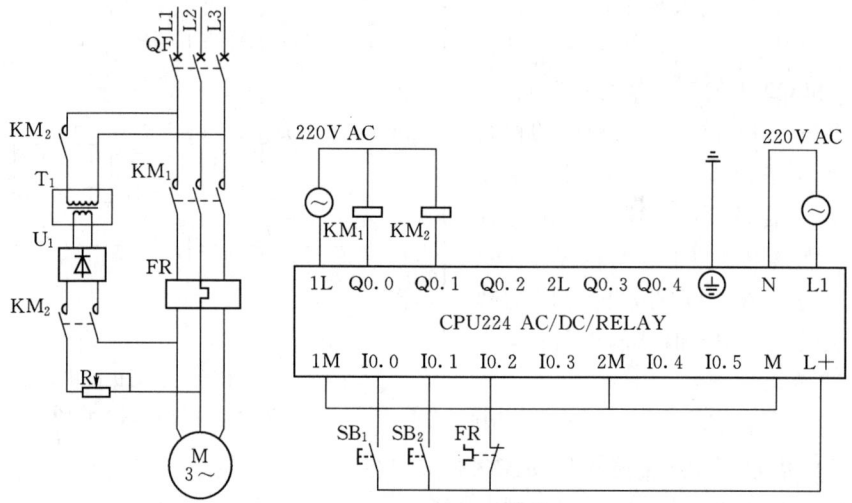

图 4.11 主电路和控制电路接线图

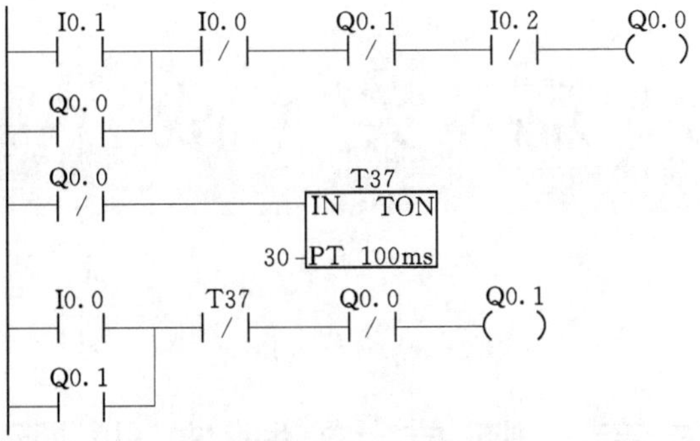

图 4.12   电动机的单向能耗制动控制梯形图

（3）通过监控，仔细分析程序的执行情况，说明程序中定时器的作用。

4. 预习要求

（1）阅读本实训指导书，复习课本中关于电动机的单向能耗制动控制的有关内容。

（2）思考实训内容的程序编制和逻辑关系。

（3）自己编写一段程序，实现对电动机单向能耗制动控制功能。

（4）思考如何通过 PLC 的硬件接线实现两个控制对象的互锁关系。

5. 报告要求

通过监控，仔细分析程序的执行情况，详细写出程序中各个元件的动作过程。

第3篇 实 战 篇

第5章 顺序控制实训项目

所谓顺序控制就是针对顺序控制系统，按照生产工艺预先规定的顺序，在各个输入信号的作用下，根据内部状态和时间的顺序，在生产过程中各个执行机构自动地有秩序地进行操作。

如果一个控制系统可以分解成几个独立的控制动作，且这些动作必须严格按照一定的先后次序执行才能保证生产过程的正常运行，那么系统的这种控制称为顺序控制。

5.1 十字路口交通灯控制

1. 目的与要求

（1）进一步练习定时器、计数器的使用方法。

（2）掌握顺序控制程序的设计方法。

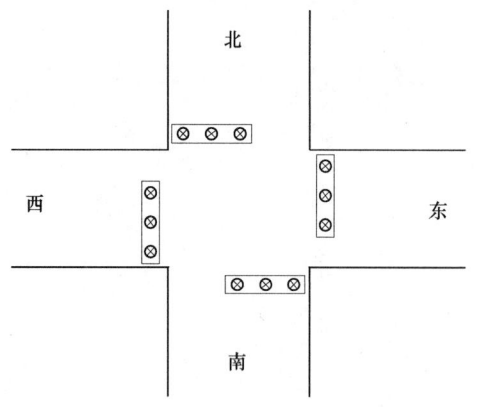

图 5.1 交通信号灯设置示意图

（3）掌握 PLC 的编程和调试方法。

2. 所需设备、工具及材料

（1）S7—200 CPU224 PLC 及通信电缆 1 套。

（2）安装有 STEP 7—Micro/WIN 软件的计算机（编程器）1 台。

（3）按钮 3 只、指示灯 12 只、导线、螺丝刀等。

3. 内容与要求

（1）闪烁程序的写法。

（2）跳转、循环等程序流的控制方法。

4. 步骤

交通信号灯设置示意图如图 5.1 所示。

（1）控制要求。

1）接通启动按钮后，信号灯开始工作，南北向红灯、东西向绿灯同时亮。

2）东西向绿灯亮 25s 后，闪烁 3 次，接着东西向黄灯亮，2s 后东西向红灯亮，30s 后，东西向绿灯又亮，如此不断循环，直至停止工作。

3）南北向红灯亮 30s 后，南北向绿灯亮 25s 后南北向绿灯闪烁 3 次，接着南北向黄灯亮 2s 后，南北向红灯又亮，如此不断循环，直至停止工作。

（2）交通信号灯时序图如图 5.2 所示。

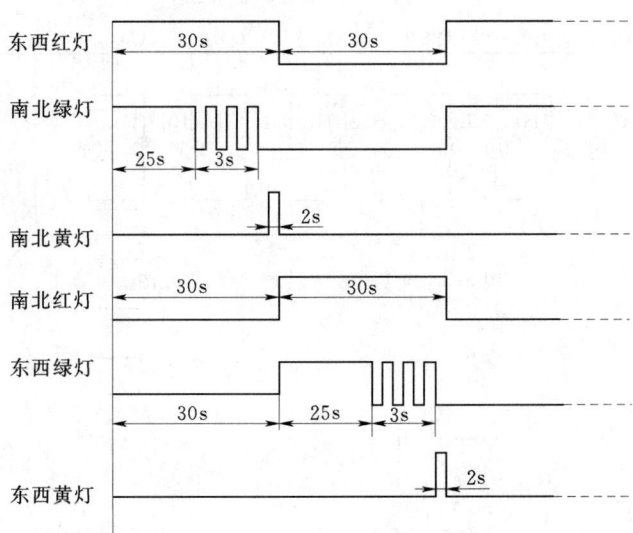

图 5.2　交通信号灯时序图

（3）I/O 分配表见表 5.1。

表 5.1　　　　　　　　　　　　　I/O　分　配　表

输入信号	启动按钮 SB₁	I0.1
	停止按钮 SB₂	I0.2
输出信号	南北红灯 HL_1、HL_2	Q0.0
	南北绿灯 HL_3、HL_4	Q0.4
	南北黄灯 HL_5、HL_6	Q0.5
	东西红灯 HL_7、HL_8	Q0.3
	东西绿灯 HL_9、HL_{10}	Q0.1
	东西黄灯 HL_{11}、HL_{12}	Q0.2

（4）I/O 接线图如图 5.3 所示。

（5）输入图 5.4 所示交通信号灯的梯形图程序，并调试程序。

5．预习要求

（1）阅读本实训指导书，复习应用程序的基本环节。

（2）阅读、分析图 5.4 所示程序。

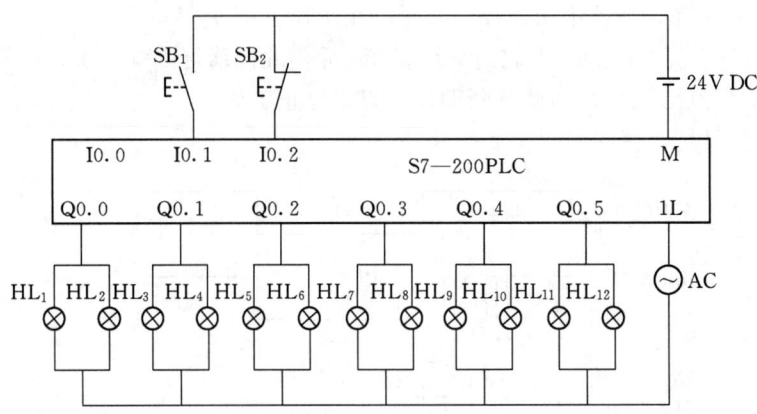

图5.3 交通灯控制系统 I/O 接线图

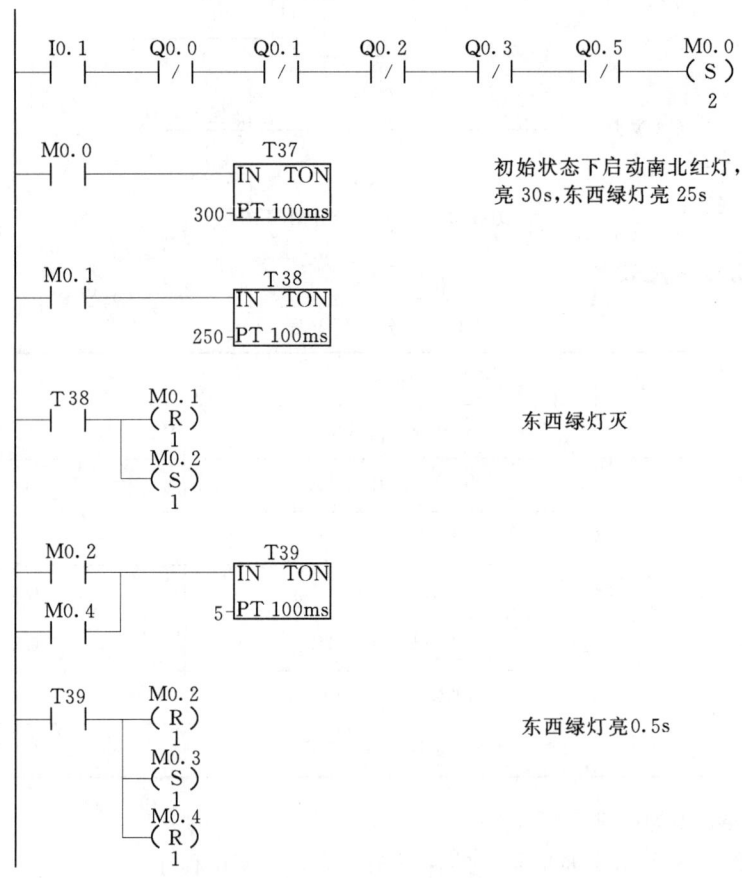

图5.4（一） 交通灯梯形图程序

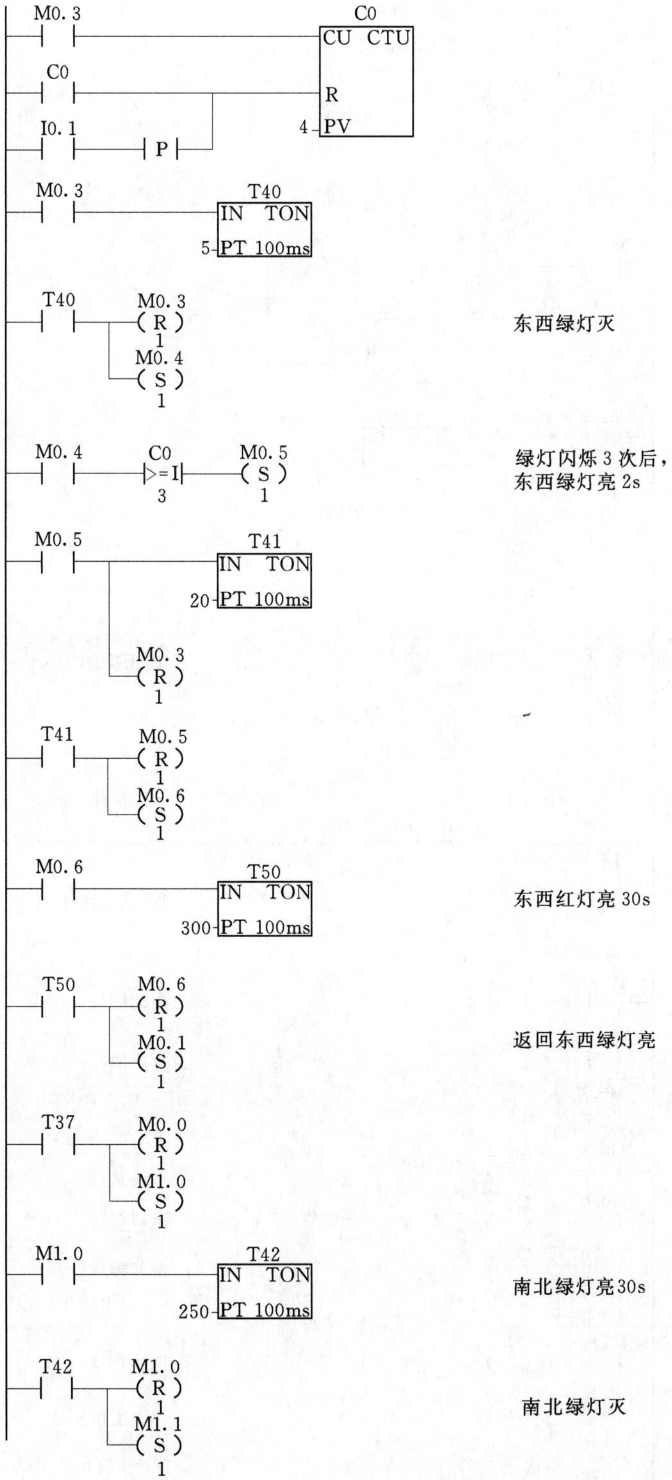

```
   M0.3                            C0
  ─┤├──────────────────────────CU  CTU
   C0
  ─┤├──────────────┬───────────R
   I0.1            │
  ─┤├──┤ P ├───────┘        4 ─PV

   M0.3                        T40
  ─┤├──────────────────────IN  TON
                          5 ─PT  100ms
```

```
   T40    M0.3
  ─┤├──┬──( R )                           东西绿灯灭
        │    1
        │  M0.4
        └──( S )
             1
```

```
   M0.4    C0     M0.5                     绿灯闪烁3次后，
  ─┤├──┤ >=I ├──( S )                      东西绿灯亮2s
          3      1
```

```
   M0.5                        T41
  ─┤├──────────┬───────────IN  TON
                │         20 ─PT  100ms
                │
                │  M0.3
                └──( R )
                     1
```

```
   T41    M0.5
  ─┤├──┬──( R )
        │    1
        │  M0.6
        └──( S )
             1
```

```
   M0.6                        T50
  ─┤├──────────────────────IN  TON
                        300 ─PT  100ms
```
东西红灯亮30s

```
   T50    M0.6
  ─┤├──┬──( R )                           返回东西绿灯亮
        │    1
        │  M0.1
        └──( S )
             1
```

```
   T37    M0.0
  ─┤├──┬──( R )
        │    1
        │  M1.0
        └──( S )
             1
```

```
   M1.0                        T42
  ─┤├──────────────────────IN  TON       南北绿灯亮30s
                        250 ─PT  100ms
```

```
   T42    M1.0
  ─┤├──┬──( R )                           南北绿灯灭
        │    1
        │  M1.1
        └──( S )
             1
```

图 5.4（二）　交通灯梯形图程序

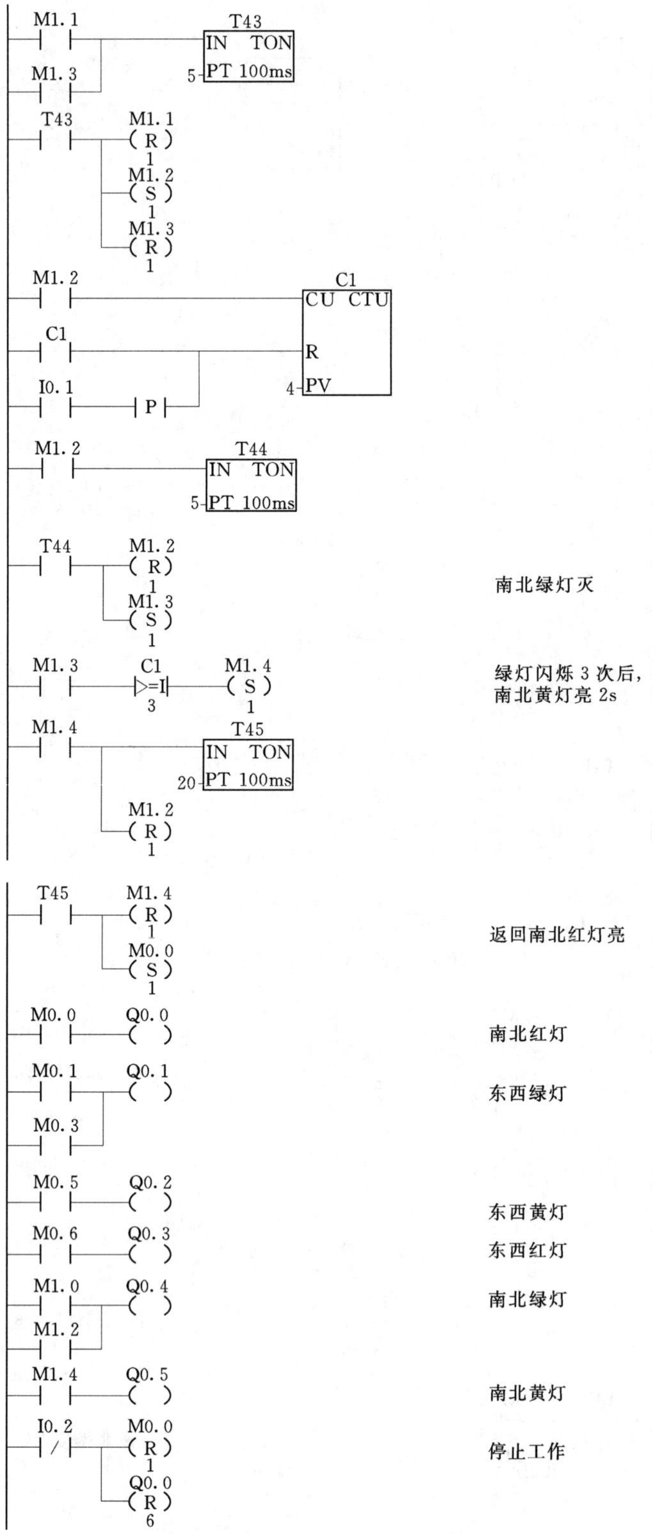

M1.1
M1.3
```
     T43
IN   TON
5-PT 100ms
```

T43   M1.1
       (R)
        1
       M1.2
       (S)
        1
       M1.3
       (R)
        1

M1.2
```
          C1
CU   CTU
```
C1
I0.1 |P| R
           4-PV

M1.2
```
     T44
IN   TON
5-PT 100ms
```

T44   M1.2
       (R)   南北绿灯灭
        1
       M1.3
       (S)
        1

M1.3   C1   M1.4   绿灯闪烁 3 次后,
       >=I   (S)   南北黄灯亮 2s
        3   1
M1.4
```
     T45
IN   TON
20-PT 100ms
```
       M1.2
       (R)
        1

T45   M1.4
       (R)   返回南北红灯亮
        1
       M0.0
       (S)
        1

M0.0   Q0.0   南北红灯
       ( )

M0.1   Q0.1   东西绿灯
       ( )
M0.3

M0.5   Q0.2   东西黄灯
       ( )
M0.6   Q0.3   东西红灯
       ( )
M1.0   Q0.4   南北绿灯
       ( )
M1.2

M1.4   Q0.5   南北黄灯
       ( )
I0.2   M0.0   停止工作
 /   (R)
        1
       Q0.0
       (R)
        6

图 5.4（三） 交通灯梯形图程序

6．报告要求

（1）写出调试程序的步骤。

（2）写出调试过程中出现的现象，总结调试过程中的经验或教训。

（3）绘出实训用的 I/O 接线图、梯形图。

7．思考题

（1）总结顺序控制程序的设计方法和调试方法。

（2）总结本程序中应用了哪些应用程序的基本环节。

（3）试编写倒计时型的交通信号灯的控制程序。

5.2　四级带式输送机的程序控制

1．目的与要求

（1）掌握顺序控制程序的设计方法和调试方法。

（2）掌握移位寄存器指令（SHRB）的编程方法。

2．所需设备、工具及材料

（1）S7—200 CPU224 PLC 及通信电缆 1 套。

（2）安装有 STEP 7—Micro/WIN 软件的计算机（编程器）1 台。

（3）按钮 2 只、交流接触器 4 个、电动机 4 台、热继电器 4 个、导线、螺丝刀等。

3．内容与操作

（1）控制要求。某四级带式输送机有 4 条输送带，4 条输送带有 4 台电动机拖动。四级带式输送机工作示意图如图 5.5 所示。为防止输送带上的物料堆积，要求 4 台电动机顺序启动和顺序停止。启动时按 $M_1 \to M_2 \to M_3 \to M_4$ 的顺序启动，时间间隔为 1min；停车时按 $M_4 \to M_3 \to M_2 \to M_1$ 的顺序停止，时间间隔为 30s。

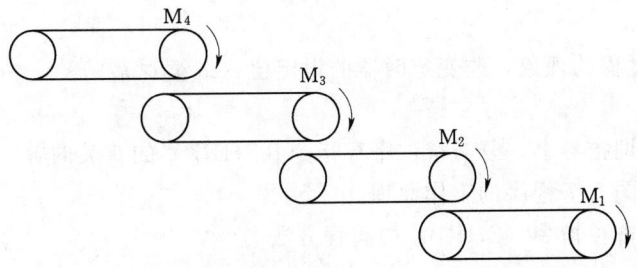

图 5.5　四级带式输送机的工作示意图

（2）I/O 分配。根据设计工艺的要求，详细算出整个控制系统需要的总的 I/O 点数，并分配地址，见表 5.2。

（3）四级带式输送机主电路图和控制系统 I/O 接线图，如图 5.6 所示。

（4）四级带式输送机控制梯形图程序如图 5.7 所示。

1）输入图 5.7 所示的梯形图程序。

表 5.2   **I/O 分 配 表**

输入设备		PLC 输入继电器	输出设备		PLC 输出继电器
代号	功 能		代号	功能	
SB₁	启动按钮	I0.0	KM₁	M₁	Q0.0
SB₂	停止按钮	I0.1	KM₂	M₂	Q0.1
FR₁	电动机 1 过载	I0.2	KM₃	M₃	Q0.2
FR₂	电动机 2 过载	I0.3	KM₄	M₄	Q0.3
FR₃	电动机 3 过载	I0.4			
FR₄	电动机 4 过载	I0.5			

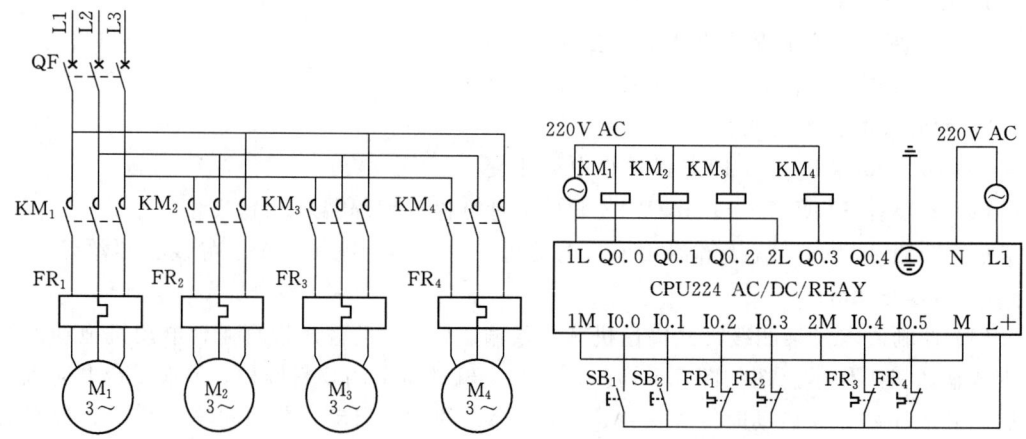

图 5.6 四级带式输送机主电路和控制系统 I/O 接线图

2）调试程序。

3）观察调试过程的现象，改变定时器的设定值，继续观察。

4. 预习要求

（1）阅读本实训指导书，复习移位寄存指令（SHRB）的有关内容。

（2）阅读分析图 5.7 程序的工作原理。

（3）掌握移位寄存指令（SHRB）的编程方法。

5. 报告要求

（1）绘出实训用的 I/O 接线图、顺序功能图、梯形图。

（2）写出调试程序步骤。

（3）写出调试过程中观察到的想象，总结调试过程中的经验或教训。

6. 思考题

（1）总结顺序控制的设计方法和调试方法。

（2）总结用移位寄存指令（SHRB）编程顺序控制的方法。

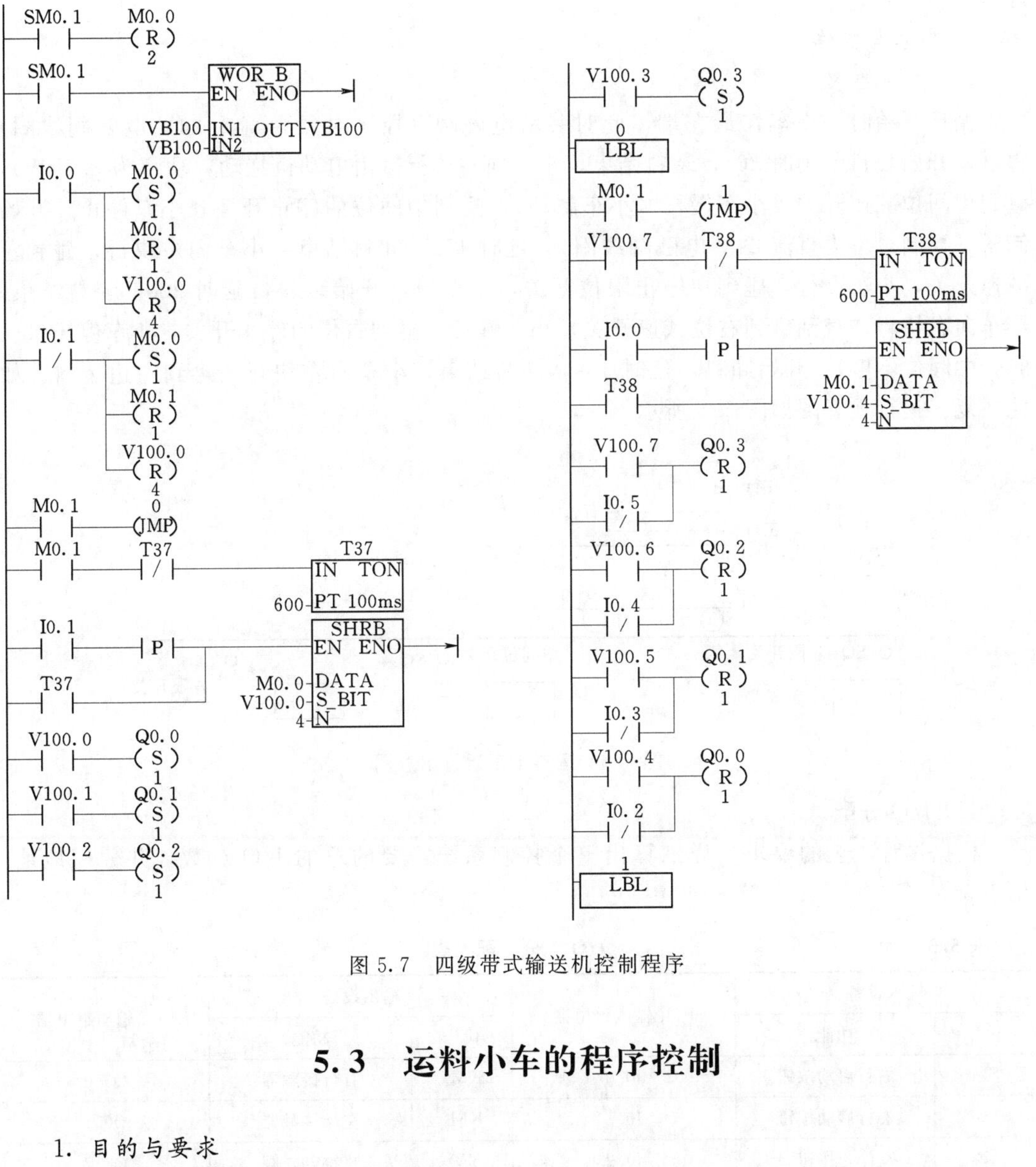

```
SM0.1    M0.0                              V100.3    Q0.3
├─┤ ├────( R )                            ├─┤ ├──────( S )
              2                                           1
SM0.1                  ┌─WOR_B──┐                0
├─┤ ├─────────────────┤EN  ENO ├──        ┌─LBL──┐
                      │         │          └──────┘
               VB100─┤IN1 OUT├─VB100
               VB100─┤IN2     │            M0.1        1
                     └────────┘           ├─┤ ├──────(JMP)
I0.0     M0.0
├─┤ ├────( S )                            V100.7    T38              ┌─T38────┐
              1                           ├─┤ ├──┤/├───────────────┤IN  TON │
         M0.1                                                       │        │
        ─( R )                                                600─┤PT 100ms│
              1                                                    └────────┘
         V100.0
        ─( R )                            I0.0                      ┌─SHRB───┐
              4                           ├─┤ ├──┤P├───────────────┤EN  ENO ├──
I0.1     M0.0                                                       │        │
├─┤/├────( S )                            T38                 M0.1─┤DATA    │
              1                           ├─┤ ├────────────── V100.4─┤S_BIT  │
         M0.1                                                     4─┤N       │
        ─( R )                                                     └────────┘
              1
         V100.0                           V100.7    Q0.3
        ─( R )                            ├─┤ ├──────( R )
              4                                           1
                                          I0.5
M0.1                                      ├─┤ ├
─(JMP)
                                          V100.6    Q0.2
M0.1     T37              ┌─T37────┐      ├─┤ ├──────( R )
├─┤ ├──┤/├───────────────┤IN  TON │                      1
                         │        │       I0.4
                    600─┤PT 100ms│       ├─┤/├
                         └────────┘
I0.1                      ┌─SHRB───┐      V100.5    Q0.1
├─┤ ├──┤P├───────────────┤EN  ENO ├──    ├─┤ ├──────( R )
                         │        │                      1
T37                 M0.0─┤DATA    │       I0.3
├─┤ ├────────────── V100.0─┤S_BIT  │      ├─┤ ├
                       4─┤N       │
                         └────────┘       V100.4    Q0.0
V100.0    Q0.0                            ├─┤ ├──────( R )
├─┤ ├─────( S )                                          1
              1                           I0.2
V100.1    Q0.1                            ├─┤/├
├─┤ ├─────( S )
              1                                1
V100.2    Q0.2                            ┌─LBL──┐
├─┤ ├─────( S )                           └──────┘
              1
```

图 5.7　四级带式输送机控制程序

5.3　运料小车的程序控制

1. 目的与要求

(1) 熟练应用 STEP 7—Micro/WIN 编程软件。

(2) 掌握时间控制和行程控制的控制方法。

(3) 进一步理解 PLC 的工作原理，掌握定时器和行程开关的应用方法。

(4) 理解程序的安排先后顺序对控制对象的影响。

(5) 掌握具体的一项工程项目的研发顺序。

2. 所需设备、工具及材料

(1) S7—200 CPU224 PLC 及通信电缆 1 套。

(2) 安装有 STEP 7—Micro/WIN 软件的计算机（编程器）1 台。

(3) 按钮 3 只、行程开关 3 只、交流接触器 2 个、电动机 1 台、热继电器 1 个、导线、螺丝刀等。

3. 内容与操作

（1）控制要求。

循环开始时，小车在最左端，此时装料电磁阀（控制对象为直流24V电磁阀线圈）得电，开始装料，延时20s，装料结束，小车向右快行（由电动机拖动，功率为3.7kW），碰到中间位减速开关，小车慢行（小车制动），碰到中间位的停止开关，小车停止。开始卸料（控制对象为直流24V电磁阀线圈），延时15s，卸料结束，小车向左快行，碰到左减速开关，小车慢行，碰到左停止限位开关，小车停，开始装料，延时20s，装料结束，小车向右快行，直到碰到右位减速开关，小车慢行，碰到右位的停止开关，小车停止（此时，中间位不停）。开始卸料，延时15s，卸料结束，小车向左快行，再到左边装料，如此往复。运行示意图如图5.8所示。

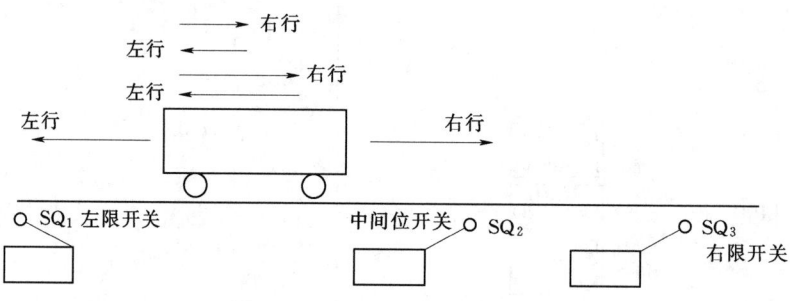

图5.8 运料小车运行示意图

（2）I/O分配。

根据设计工艺的要求，详细算出整个控制系统需要的总的I/O点数，并分配地址，见表5.3。

表5.3   I/O 分 配 表

输入设备		PLC输入继电器	输出设备		PLC输出继电器
代号	功能		代号	功能	
SB$_1$	右行启动按钮	I0.0	KM$_1$	右行接触器	Q0.0
SB$_2$	右行启动按钮	I0.1	KM$_2$	左行接触器	Q0.1
SB$_3$	停止按钮	I0.2	YV$_1$	装料电磁阀	Q0.2
SQ$_1$	右限位	I0.3	YV$_2$	卸料电磁阀	Q0.3
SQ$_2$	左限位	I0.4			
SQ$_3$	中间限位	I0.5			

（3）接线。

按图5.9的系统I/O接线图进行接线。

（4）编译程序。

输入图5.10运料小车的控制程序，编译通过后，调试该程序。

（5）调试程序。

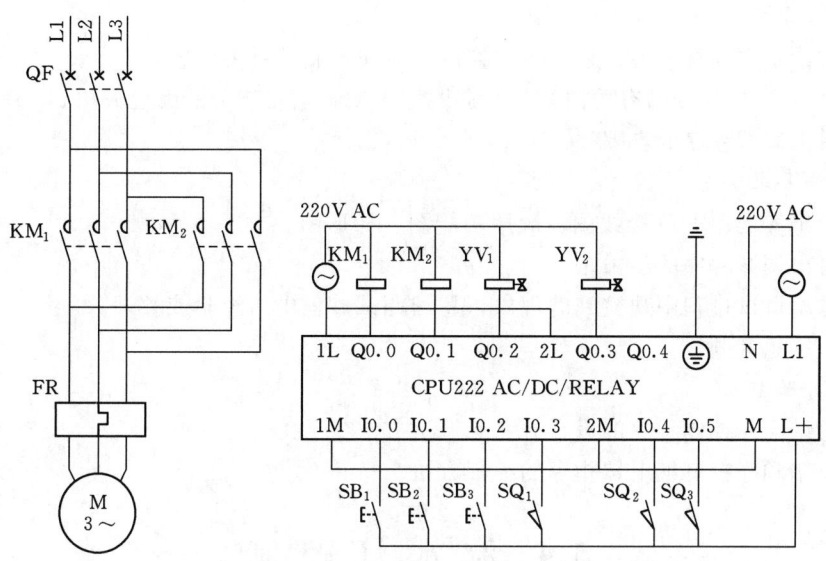

图 5.9 运料小车主电路和控制系统 I/O 接线图

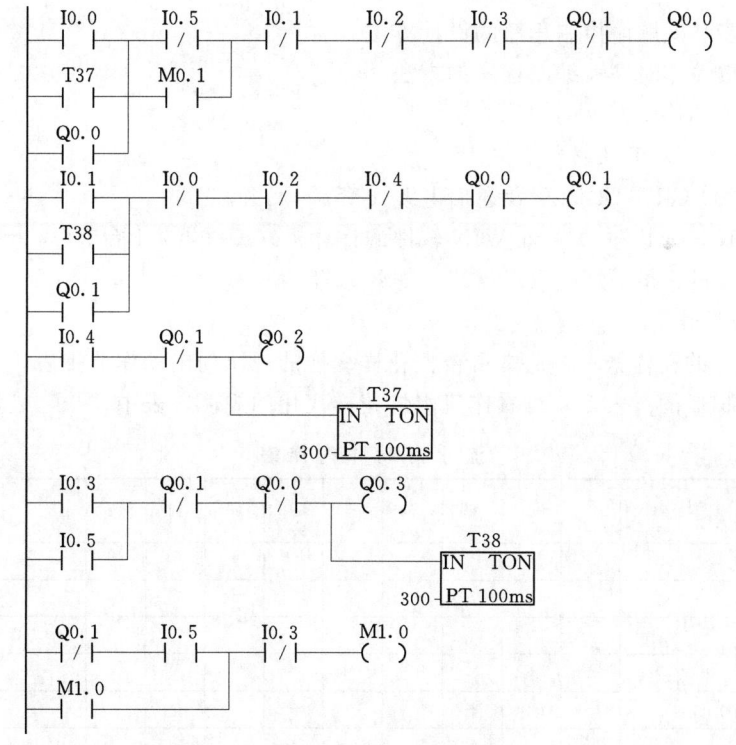

图 5.10 运料小车的控制程序

　　调试时，用开关模拟输入信号，特别要注意模拟形成开关 SQ_1 和 SQ_2 状态的变化。注意观察输入、输出状态指示灯（或输入信号、输出负载）的状态变化是否与顺序功能图一致。为便于观察，也可点击"程序状态"按钮进行调试。

4. 预习要求

(1) 阅读本实训指导书,复习行程控制、时间控制的有关内容。

(2) 复习 PLC 指令的有关内容,掌握顺序控制继电器指令的编程方法。

(3) 写出调试程序的步骤。

5. 报告要求

(1) 绘出实训用 I/O 接线图、顺序功能图、梯形图。

(2) 写出调试程序的步骤。

(3) 写出调试过程中观察到的现象,总结调试过程中的经验或教训。

(4) 回答思考题。

6. 思考题

(1) 总结顺序控制程序的设计方法和调试方法。

(2) 总结顺序控制继电器指令的编程方法。

5.4　流 水 灯 控 制

1. 目的与要求

(1) 进一步掌握顺序控制程序的设计方法。

(2) 熟悉按动作时序表编制程序的方法。

(3) 掌握循环移位指令的编程方法。

2. 所需设备、工具及材料

(1) S7—200 CPU224 PLC 及通信电缆 1 套。

(2) 安装有 STEP 7—Micro/WIN 软件的计算机(编程器)1 台。

(3) 按钮 3 只、指示灯 8 只、导线、螺丝刀等。

3. 内容与操作

流水灯变化的花样繁多,通常可根据花样变换的规律列出动作节拍表,然后再依据动作节拍表设计梯形图。表 5.4 可看作流水灯花样变化的规律,表中"+"表示有输出。

表 5.4　　　　　　　　　　流 水 灯 动 作 时 序 表

节拍 / 输出	1	2	3	4	5	6	7	8	9	10	11	12	13	14	15	16
Q0.0	+													+		
Q0.1			+											+		+
Q0.2		+			+											+
Q0.3		+		+			+									
Q0.4				+		+			+							
Q0.5						+		+			+					
Q0.6								+		+			+			
Q0.7										+		+			+	

4. 步骤

(1) 输入图 5.11 所示的梯形图程序,并调试程序。

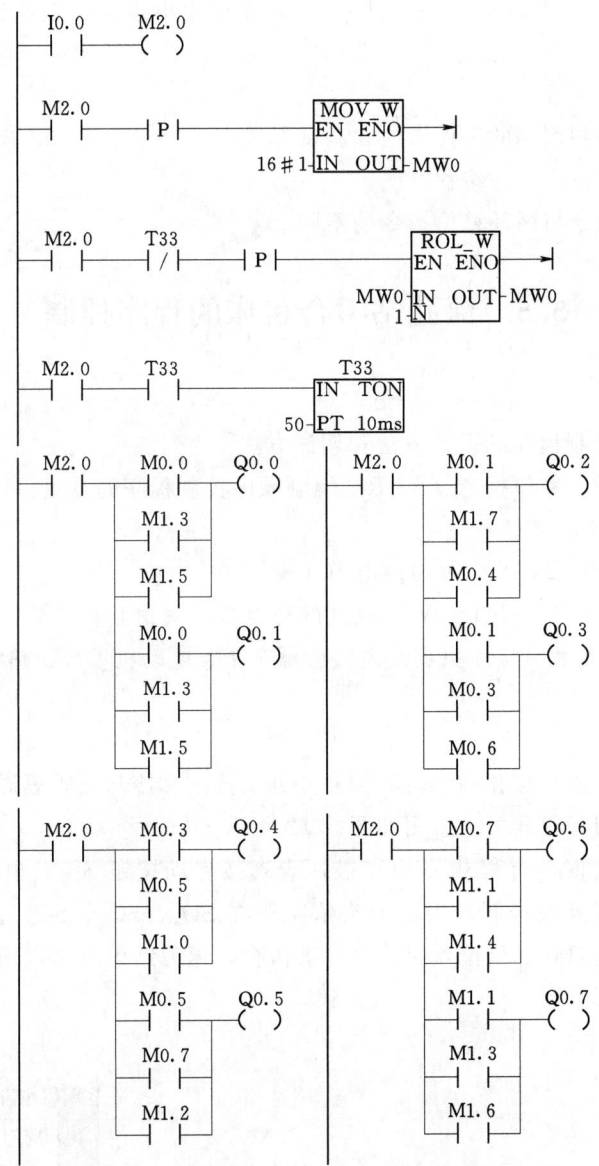

图 5.11　流水灯控制系统梯形图程序

（2）仔细观察调试过程的现象。

（3）改变动作节拍表的节拍数和输出点数，并重新调试（如 8 个节拍，16 个输出点）。

5．预习要求

（1）阅读本实训指导书，复习移位及循环移位指令的有关内容。

（2）熟悉动作时序表编制程序的方法。

6．报告要求

（1）写出调试程序的步骤。

（2）写出调试过程中出现的现象。

（3）改变表5.4流水灯动作时序表的节拍数和输出点数，依据新的节拍表设计梯形图。

7．思考题

（1）总结顺序控制程序的设计方法和调试方法。

（2）总结循环移位指令的编程方法。

（3）比较移位指令与循环移位指令的不同。

5.5　深孔钻组合机床的程序控制

1．目的与要求

（1）掌握顺序控制程序的设计方法和调试方法。

（2）掌握用置位、复位指令（S、R）编制顺序控制程序的方法。

2．所需设备、工具及材料

（1）S7—200 CPU224 PLC及通信电缆1套。

（2）安装有STEP 7—Micro/WIN软件的计算机（编程器）1台。

（3）按钮3只、行程开关4只、交流接触器2个、电动机1台、热继电器1个、导线、螺丝刀等。

3．内容与操作

深孔钻组合机床进行深孔钻削时，为利于钻头排屑和冷却，需要周期性地从工作中退出钻头，刀具进退与行程开关示意图如图5.12所示。

在起始位置O点时，行程开关SQ_1被压合，按启动按钮SB_2，电动机正转启动，刀具前进，退刀由行程开关控制，当动力头依次压在SQ_3、SQ_4、SQ_5上时，电动机反转，刀具会自动退刀，退刀到起始位置时，SQ_1被压合，退刀结束，又自动进刀，直到三个过程全部结束。

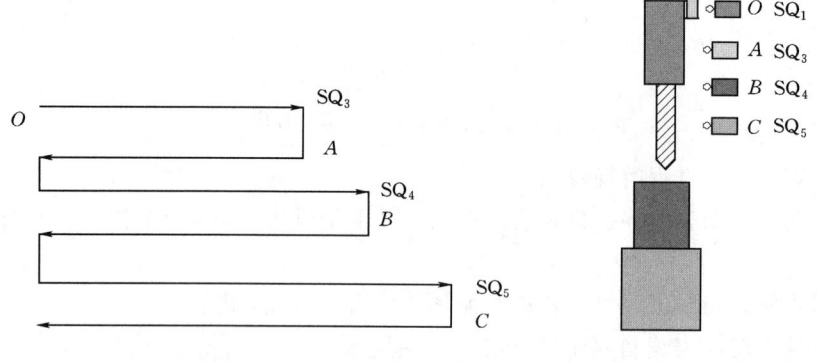

图5.12　深孔钻运行路线示意图　　图5.13　深孔钻工作方式示意图

工作方式如图5.13所示，I/O的接线图和顺序功能如图5.14和图5.15所示。深孔钻组合机床的梯形图程序如图5.16所示。

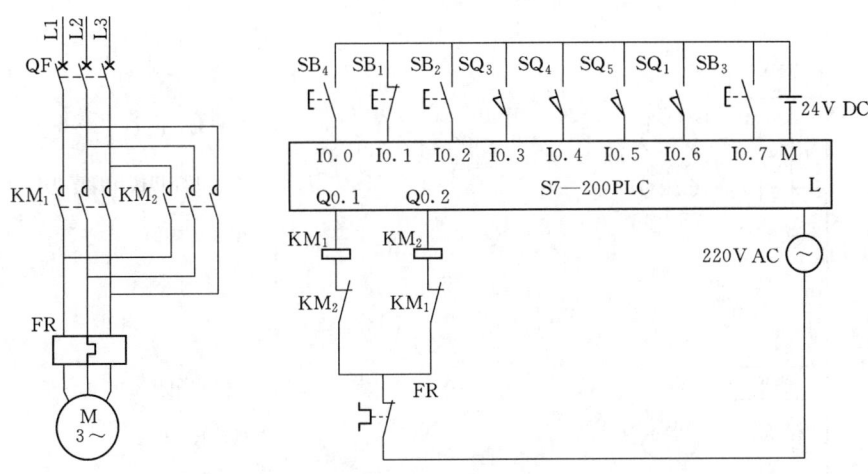

图 5.14　深孔钻主电路和控制系统 I/O 接线图

（1）输入图 5.16 所示的梯形图程序。

（2）按图 5.15 所示的顺序功能调试程序。

（3）观察调试过程的现象，仔细观察自动工作过程和电动调整工作的不同之处。

4．预习要求

（1）阅读本实训指导书，复习置位、复位指令（S、R）和内部标志寄存器 M 的有关内容。

（2）阅读、分析图 5.16 的工作原理。

（3）掌握用置位、复位指令（S、R）编制顺序控制程序的方法。

5．报告要求

（1）绘制实训用 I/O 接线图、顺序功能图、梯形图。

（2）写出调试程序的步骤。

（3）写出调试过程观察到的现象，总结调试过程中的经验与教训。

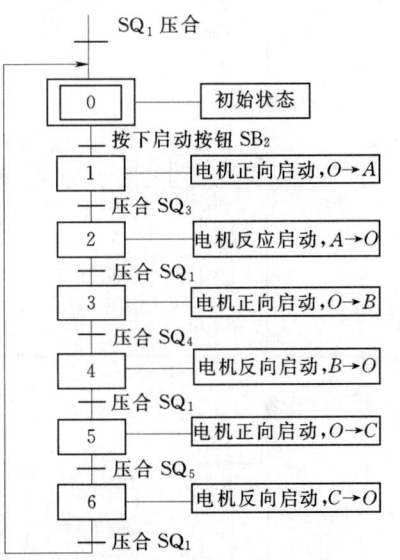

图 5.15　深孔钻组合机床
控制系统顺序功能

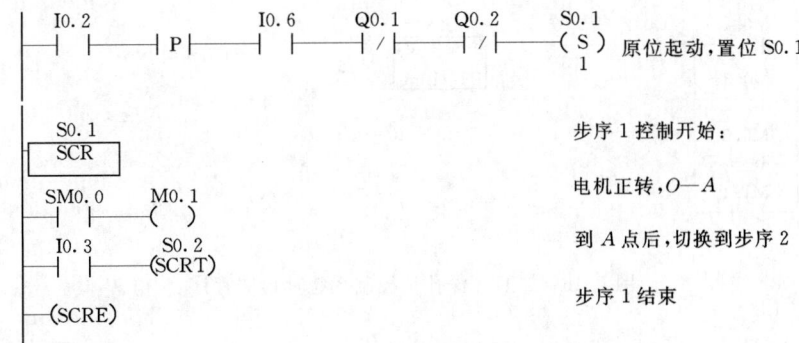

图 5.16（一）　深孔钻控制系统梯形图程序

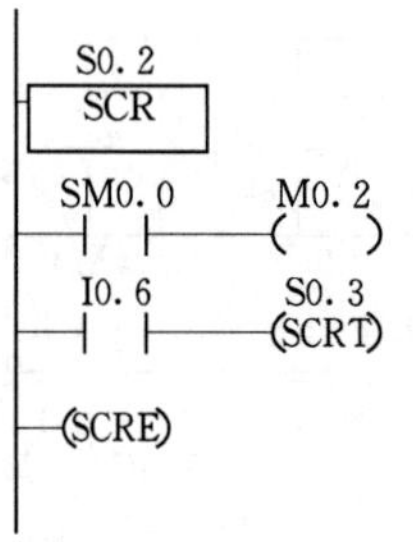

```
    S0.2
   ┌─────┐
   │ SCR │                          步序 2 控制开始:
   └─────┘
   SM0.0      M0.2
   ─┤ ├──────( )                    电机反转,A—O
    I0.6      S0.3
   ─┤ ├──────(SCRT)                 到 O 点后,切换到步序 3
   ──(SCRE)                         步序 2 结束


    S0.3
   ┌─────┐
   │ SCR │                          步序 3 控制开始:
   └─────┘
   SM0.0      M0.3
   ─┤ ├──────( )                    电机正转,O—B
    I0.4      S0.4
   ─┤ ├──────(SCRT)                 到 B 点后,切换到步序 4
   ──(SCRE)                         步序 3 结束


    S0.4
   ┌─────┐
   │ SCR │                          步序 4 控制开始:
   └─────┘
   SM0.0      M0.4
   ─┤ ├──────( )                    电机反转,B—O
    I0.6      S0.5
   ─┤ ├──────(SCRT)                 到 O 点后,切换到步序 5
   ──(SCRE)                         步序 4 结束


    S0.5
   ┌─────┐
   │ SCR │                          步序 5 控制开始:
   └─────┘
   SM0.0      M0.5
   ─┤ ├──────( )                    电机正转,O—C
    I0.5      S0.6                   到 C 点后,切换到步序 6
   ─┤ ├──────(SCRT)
   ──(SCRE)                         步序 5 结束


   M0.1    Q0.2              T33
   ─┤ ├────┤/├──────────┤IN   TON│   进刀延时 0.5s
   M0.3                  50┤PT  10ms│
   ─┤ ├──
   M0.5
   ─┤ ├──
   M1.1
   ─┤ ├──
```

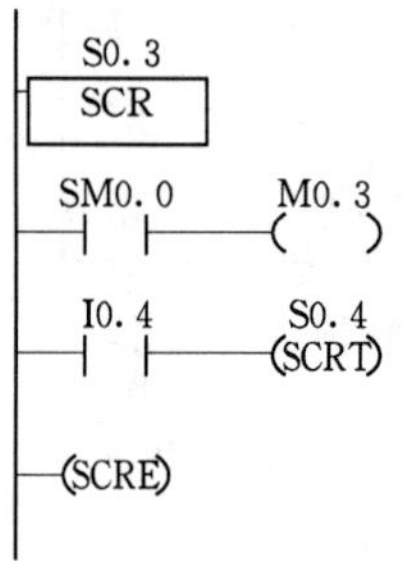

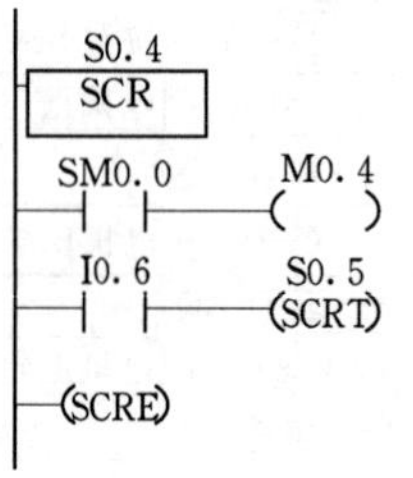

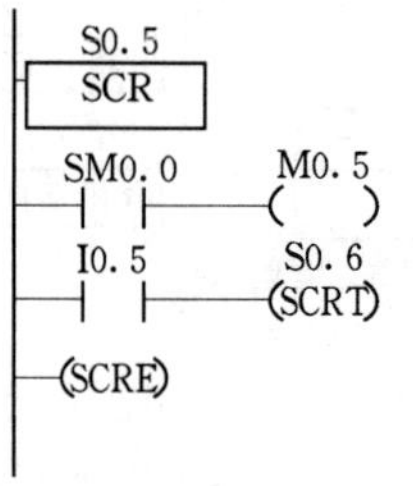

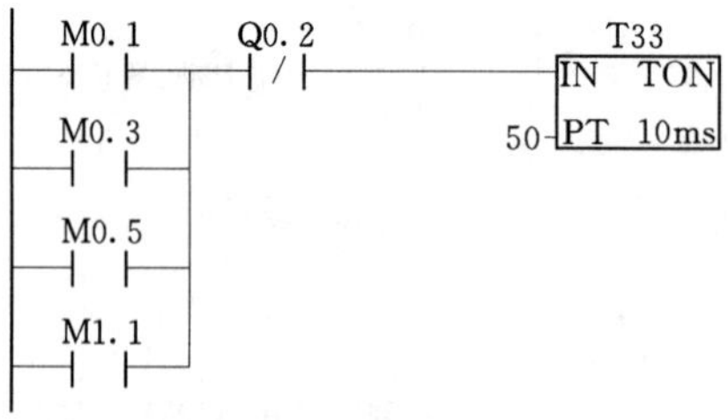

图 5.16(二) 深孔钻控制系统梯形图程序

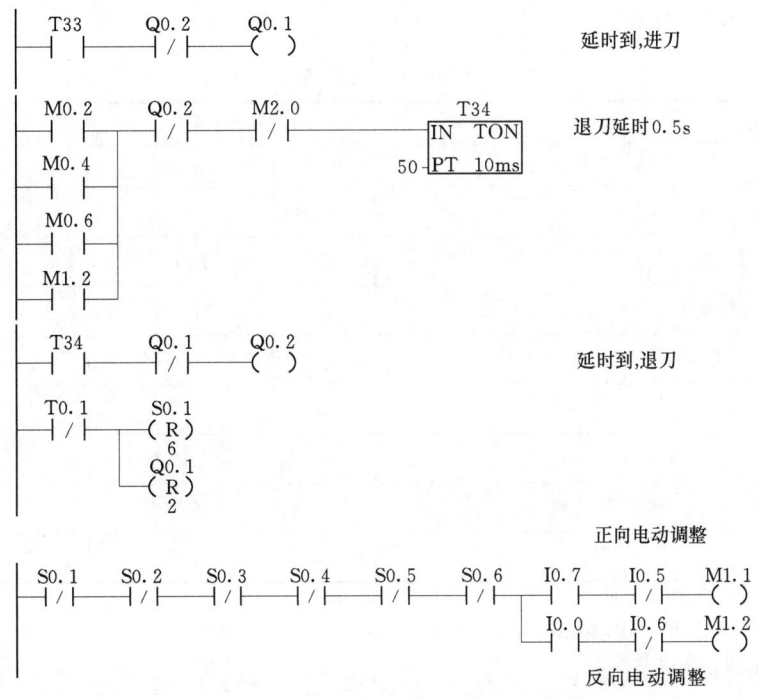

图 5.16（三） 深孔钻控制系统梯形图程序

6. 思考题

（1）总结顺序控制程序的设计方法和调试方法。

（2）总结用置位、复位指令（S、R）编制顺序控制程序的方法。

5.6 装配流水线的控制

1. 目的与要求

用 PLC 构成装配流水线控制系统图如图 5.17 所示。

2. 内容与操作

（1）控制要求。启动后，按一下移位按钮，装配流水线将按以下规律运行：D→E→F→G→A→D→E→F→G→B→D→E→F→G→C→D→E→F→G→H→D→E→F→G→A…循环，D、E、F、G 分别用来传送，A 是操作 1，B 是操作 2，C 是操作 3，H 是仓库。

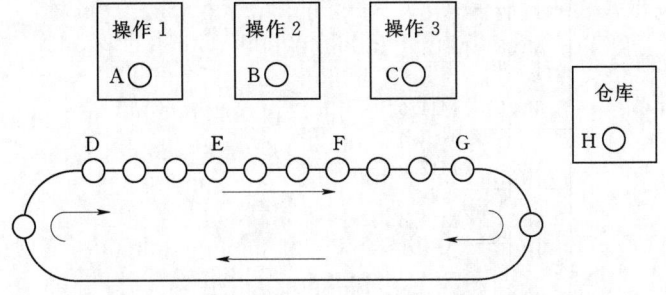

图 5.17 装配流水线控制示意图

（2）I/O分配。见表5.5。

表5.5 I/O 分 配 表

输入设备		PLC输入继电器	输出设备		PLC输出继电器
代号	功能		代号	功能	
SB$_1$	启动按钮	I0.0	A	操作1	Q0.0
SB$_2$	复位按钮	I0.1	B	操作2	Q0.1
SB$_3$	移位按钮	I0.2	C	操作3	Q0.2
			D	传送1	Q0.3
			E	传送2	Q0.4
			F	传送3	Q0.5
			G	传送4	Q0.6
			H	仓库	Q0.7

（3）按图5.18所示的梯形图输入程序。

（4）调试并运行程序。

3. 小结

（1）总结顺序控制程序的设计方法和调试方法。

（2）总结使用移位寄存器编制顺序控制程序的方法。

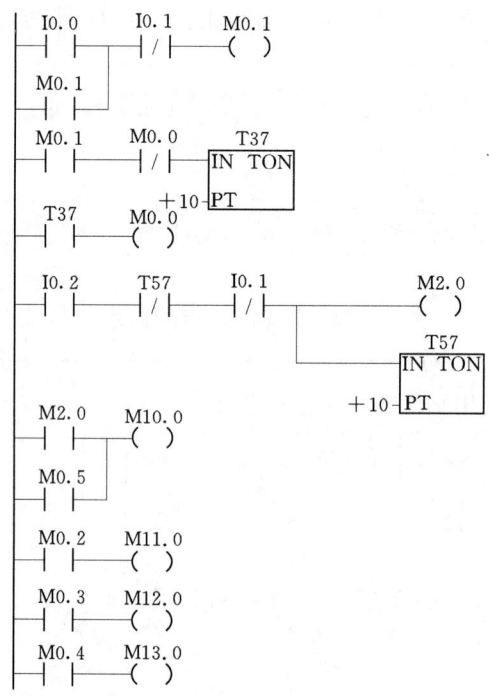

图5.18（一） 梯形图程序

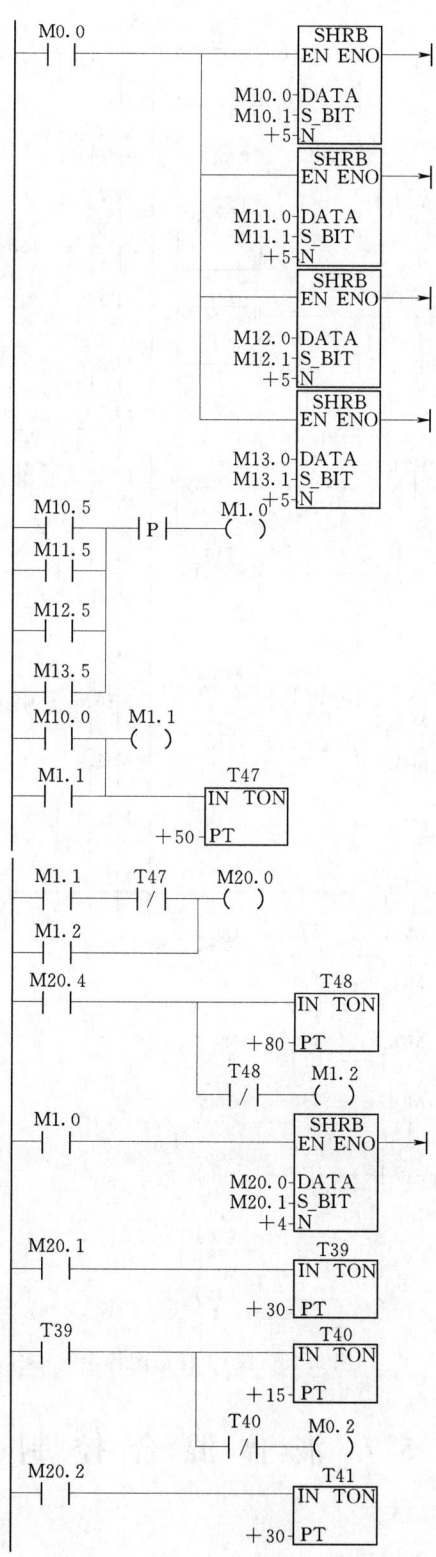

图 5.18（二） 梯形图程序

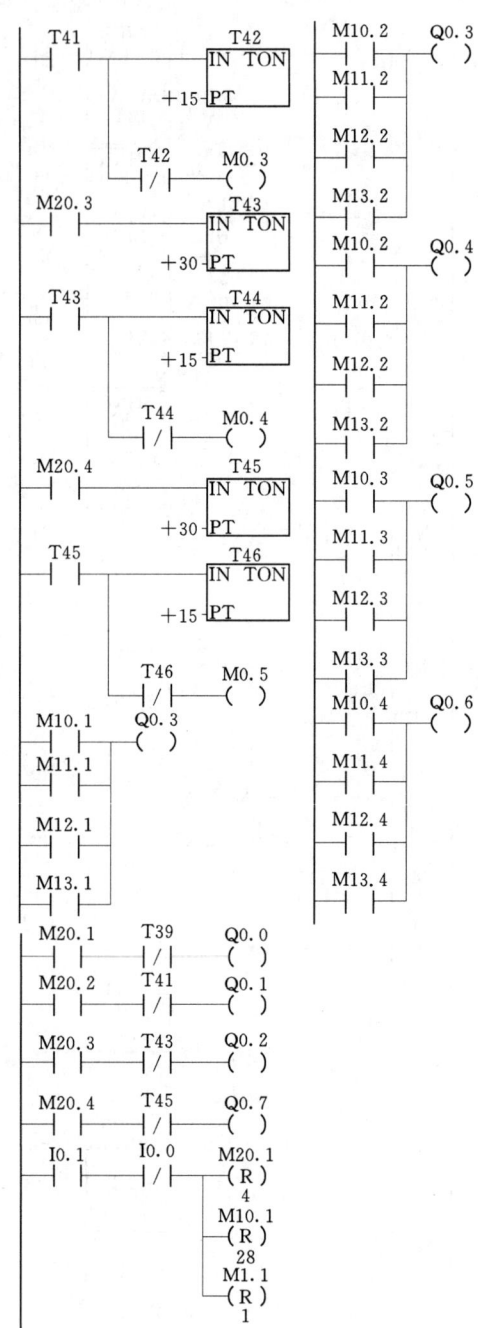

图 5.18（三）　梯形图程序

5.7　液 体 混 合 控 制

1. 目的与要求

用 PLC 构成液体混合控制系统。

2. 内容与操作

（1）控制要求。液体混合控制系统如图 5.19 所示。按下启动按钮，电磁阀 Y_1 动作，开始注入液体 A，按 L_2 表示液体到了 L_2 的高度，停止注入液体 A。同时电磁阀 Y_2 动作，注入液体 B，按 L_1 表示液体到了 L_1 的高度，停止注入液体 B，开启搅拌机 M，搅拌 4s，停止搅拌。同时 Y_3 为 ON，开始放出液体至液体高度为 L_3，再经 2s 停止放出液体。同时液体 A 注入。开始循环。按停止按钮，所有操作都停止，需重新起动。

（2）I/O 分配。见表 5.6。

（3）按图 5.20 所示的梯形图输入程序。

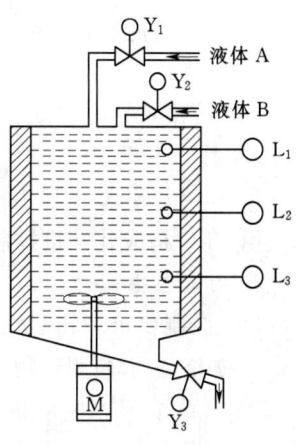

图 5.19　液体混合控制示意图

表 5.6　　　　　　　　　　I/O　分　配　表

输入设备		PLC 输入继电器	输出设备		PLC 输出继电器
代号	功能		代号	功能	
SB_1	起动按钮	I0.0	Y_1	电磁阀 1	Q0.0
L_1	液位 1	I0.1	Y_2	电磁阀 2	Q0.1
L_2	液位 2	I0.2	Y_3	电磁阀 3	Q0.2
L_3	液位 3	I0.3	Y_4	电磁阀 4	Q0.3
SB_2	停止按钮	I0.4			Q0.4

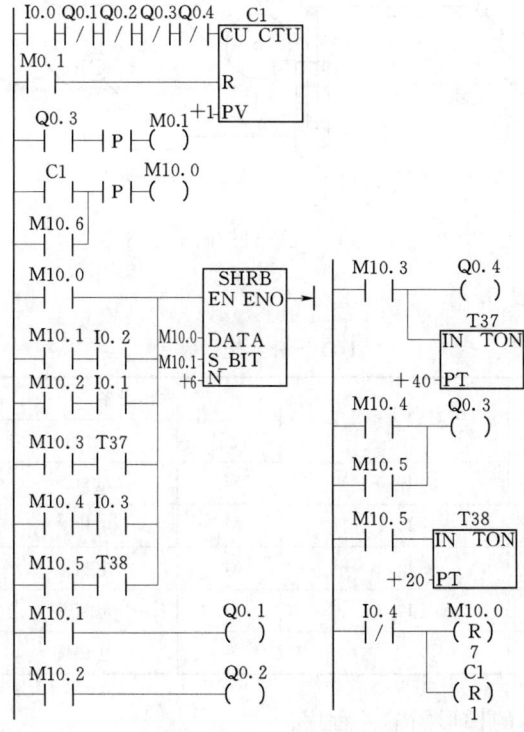

图 5.20　梯形图程序

（4）调试并运行程序。

5.8 轧 钢 机 控 制

1. 目的与要求

用 PLC 构成轧钢机控制系统。

2. 内容与操作

（1）控制要求。轧钢机控制系统如图 5.21 所示。当起动按钮按下，电动机 M_1、M_2 运行，按 S_1 表示检测到物件，电动机 M_3 正转；再按 S_2，电动机 M_3 反转，同时电磁阀 Y_1 动作。再按 S_1，电动机 M_3 正转，重复经过三次循环，再按 S_2 时，则停机一段时间（3s），取出成品后，继续运行，不需要按启动。当按下停止按钮时，必须按启动后方可运行。必须注意不先按 S_1，而按 S_2 将不会有动作。

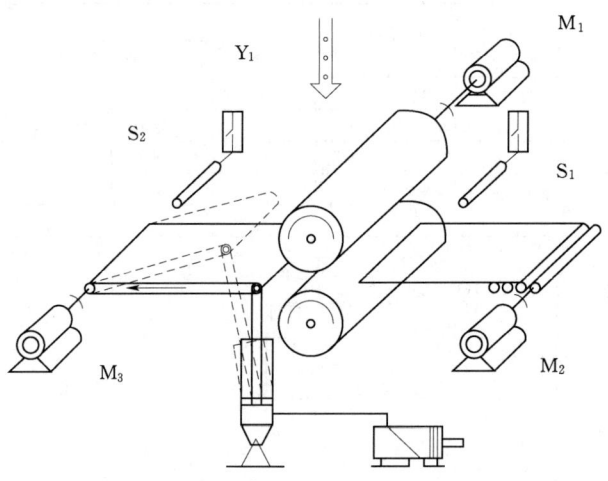

图 5.21 轧钢机控制示意图

（2）I/O 分配。见表 5.7。

表 5.7   I/O 分 配 表

输入设备		PLC 输入继电器	输出设备		PLC 输出继电器
代号	功能		代号	功能	
SB$_1$	起动按钮	I0.0	M$_1$	电机 1	Q0.0
S$_1$	到位检测	I0.1	M$_2$	电机 2	Q0.1
S$_2$	到位检测	I0.2	M$_3$	电机 3	Q0.2
SB$_2$	停止按钮	I0.3	M$_4$	电机 4	Q0.3
			Y$_1$	电磁阀	Q0.4

（3）按图 5.22 所示的梯形图输入程序。

（4）调试并运行程序。

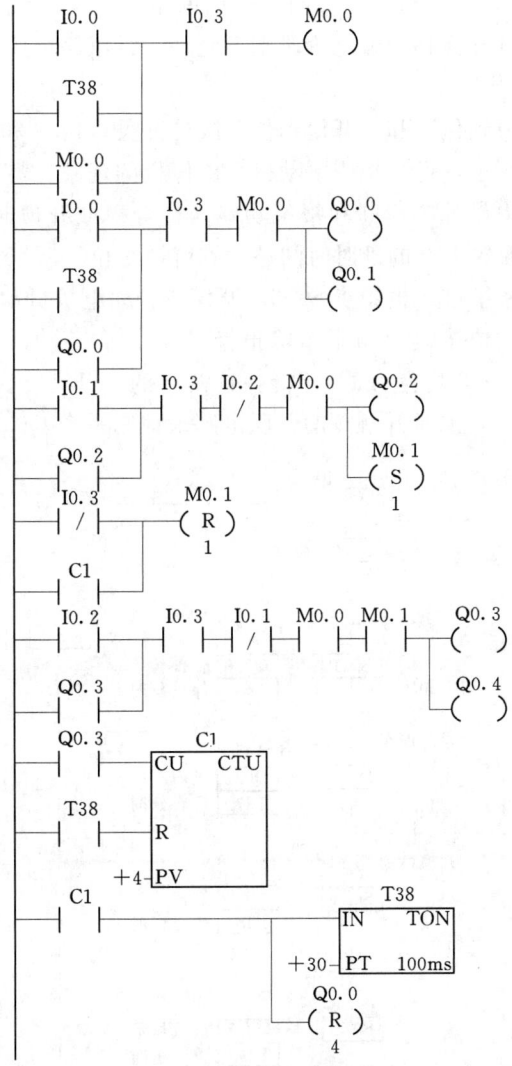

图 5.22 梯形图程序

5.9 硫化机控制系统

1. 目的与要求

通过设计和调试复杂系统的顺序控制程序,熟悉顺序控制程序的设计和调试方法。

2. 内容与操作

(1) 某轮胎内胎硫化机 PLC 控制系统的顺序功能图如图 5.23 所示,一个工作周期由初始、合模、反料、硫化、放汽和开模 6 步组成,与 S0.0～S0.5 对应。

首次扫描时,用 SM0.1 常开触点将初始步对应的 S0.0 置位,将其余各步对应的 S0.1～S0.6 复位。在反料和硫化阶段,Q0.2 为 1 状态,单线圈电磁阀通电,蒸汽进入模

61

具。在放汽阶段，Q0.2 为 0 状态，单线圈电磁阀断电，放出蒸汽，同时 Q0.3 使放汽指示灯亮。反料阶段允许打开模具，硫化阶段则不允许。紧急停车按钮 I0.0 可以停止开模，也可将合模改为开模。

在运行中发现"合模到位"和"开模到位"限位开关（I0.1 和 I0.2）的故障率较高，容易出现合模、开模已到位，但是相应电动机不能停机的现象，甚至可能损坏设备。为了解决这个问题，在程序中设计了诊断和报警功能。在合模或开模时，用 T40 延时，在正常情况下，开合模到位时，T40 的延时时间还没到就被复位，所以它不起作用。当限位开关出现故障时，T40 使系统进入报警步 S0.6，开模或合模电机自动断电，同时 Q0.4 接通报警装置，操作人员按复位按钮 I0.5 后解除报警。

Q0.2 在步 S0.2 和 S0.3 均应为 1，不能在这两步的 SCR 区内分别设置一个 Q0.2 的线圈，必须用 S0.2 和 S0.3 的常开触点的并联电路来控制一个 Q0.2 的线圈。

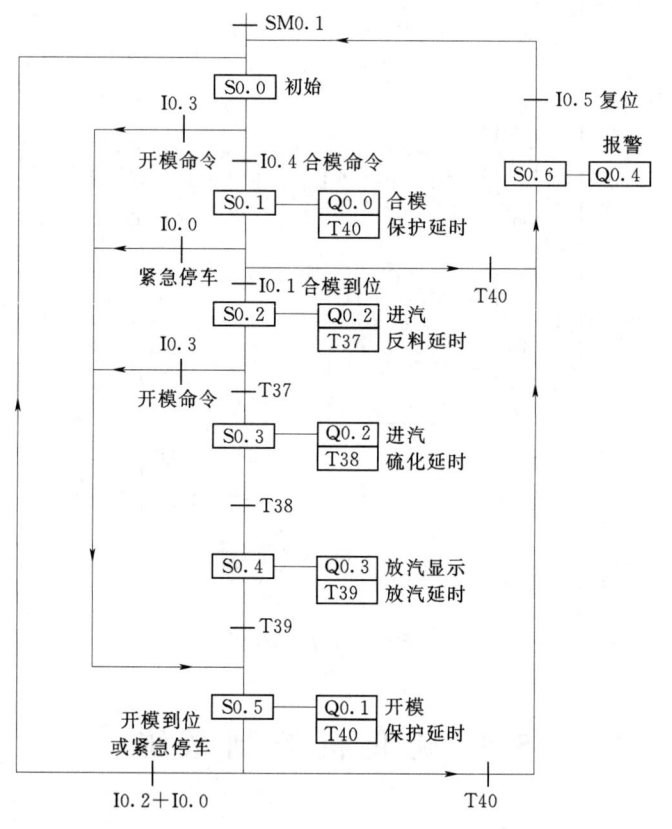

图 5.23　顺序功能图

（2）输入、编译和下载图 5.24 所示的硫化机控制系统程序后，运行程序。用小开关模拟输入信号，通过观察 Q0.0～Q0.4 对应的 LED，检查程序的运行情况。按以下步骤检查程序是否正确：

1）首次扫描时，特殊寄存器 SM0.1 该位 ON，打开状态表，观察 S0.1～S0.6 是否为 0，S0.0 是否为 1。

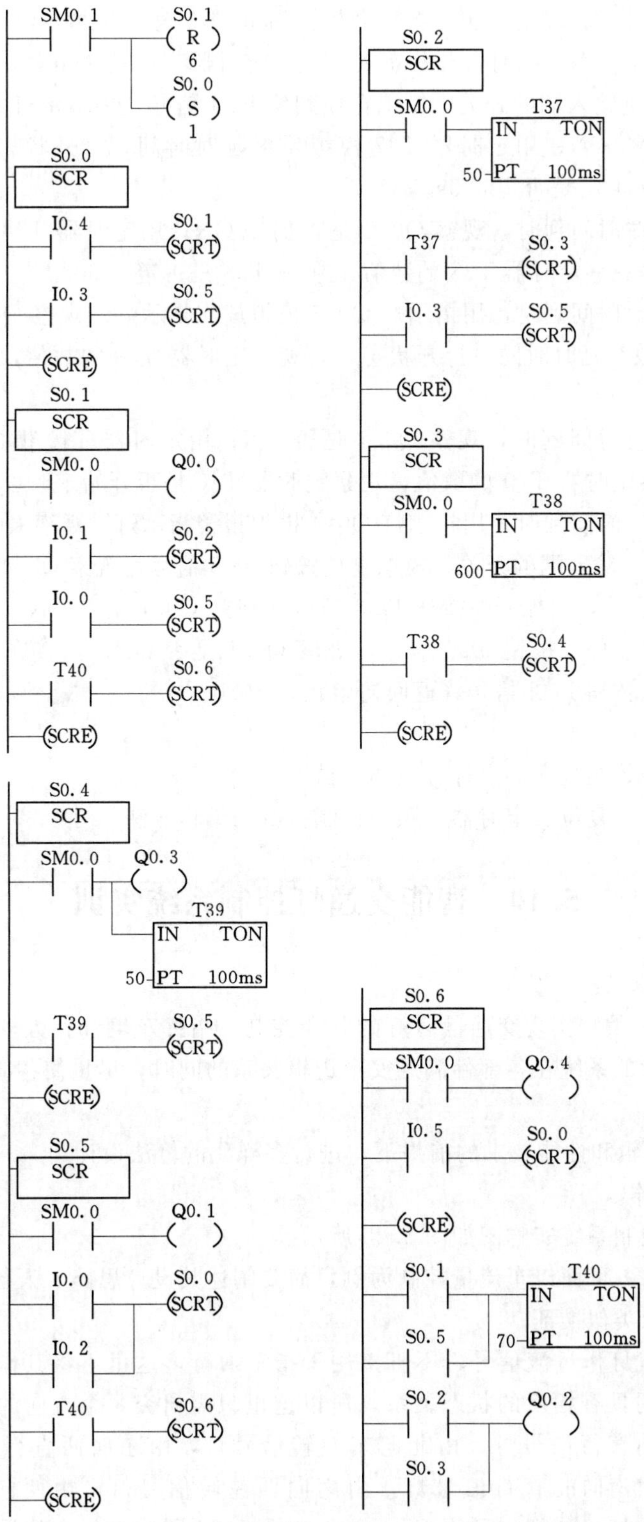

SM0.1　S0.1
(R)
6
S0.0
(S)
1

S0.0
SCR

I0.4　S0.1
(SCRT)

I0.3　S0.5
(SCRT)

(SCRE)

S0.1
SCR

SM0.0　Q0.0
( )

I0.1　S0.2
(SCRT)

I0.0　S0.5
(SCRT)

T40　S0.6
(SCRT)

(SCRE)

S0.2
SCR

SM0.0　T37
IN　TON
50–PT　100ms

T37　S0.3
(SCRT)

I0.3　S0.5
(SCRT)

(SCRE)

S0.3
SCR

SM0.0　T38
IN　TON
600–PT　100ms

T38　S0.4
(SCRT)

(SCRE)

S0.4
SCR

SM0.0　Q0.3
( )
T39
IN　TON
50–PT　100ms

T39　S0.5
(SCRT)

(SCRE)

S0.5
SCR

SM0.0　Q0.1
( )

I0.0　S0.0
(SCRT)
I0.2

T40　S0.6
(SCRT)

(SCRE)

S0.6
SCR

SM0.0　Q0.4
( )

I0.5　S0.0
(SCRT)

(SCRE)

S0.1　T40
IN　TON
S0.5　70–PT　100ms

S0.2　Q0.2
( )
S0.3

图 5.24　硫化机控制系统的梯形图程序

2）用接在 I0.4 输入端的开关，模拟合模按钮 I0.4 信号，用指示灯 Q0.0 模拟合模状态，观察 Q0.0 是否 ON；同时打开状态表，观察定时器 T40 是否开始定时、定时时间。

3）用接在 I0.1 输入端的开关，模拟合模到位 I0.1 信号，用指示灯 Q0.2 模拟进汽状态，观察 Q0.2 是否 ON；用定时器 T37 模拟反料延时时间，打开状态表，观察定时器 T37 的数值，判断 T37 是否定时 5s。

4）当 T37 定时时间到时，观察 Q0.2 是否仍然 ON；用定时器 T38 模拟硫化延时时间，打开状态表，观察定时器 T38 的数值，判断 T38 是否定时 60s。

5）当 T38 定时时间到时，用指示灯 Q0.3 模拟放汽指示灯，观察 Q0.3 是否 ON；用定时器 T39 模拟放汽延时时间，打开状态表，观察定时器 T39 的数值，判断 T39 是否定时 5s。

6）当 T39 定时时间到时，观察 Q0.1 是否 ON；用定时器 T40 模拟保护延时时间，打开状态表，观察定时器 T40 的数值，观察定时器 T40 是否开始定时以及定时时间。

7）当 T40 定时时间到时，用指示灯 Q0.4 模拟报警指示灯，观察 Q0.4 是否 ON。

8）用接在 I0.5 输入端的开关，模拟复位按钮 I0.5 信号，观察 Q0.4 是否 OFF；用接在 I0.3 输入端的开关，模拟开模按钮 I0.3 信号，观察 Q0.1 是否 ON；用接在 I0.0 输入端的开关，模拟紧急停车按钮 I0.0 信号，观察 Q0.1 是否 ON；用接在 I0.2 输入端的开关，模拟开模到位按钮 I0.2 信号，返回初始状态 S0.0。

3. 小结

（1）总结顺序控制程序的设计方法和调试方法。

（2）总结置位、复位、定时器、顺序控制指令的编程方法。

5.10　智能交通灯控制系统实训

1. 目的与要求

（1）通过 PLC 编程实现交通信号灯的联合控制，指挥车辆和行人安全、迅速地通过十字路口，所设计的系统在各部件满足安全逻辑关系的同时，尽量使各向人、车流量达到最优。

（2）在满足逻辑和性能要求的前提下，进行多样化的算法设计。

2. 内容与操作

智能交通灯控制系统实物图如图 5.25 所示。

（1）控制要求。下面以车流量控制为例，简要阐述其设计思路。人行道的人员流量情况相对简单，可以类似推证。

逻辑关系：黄灯作过渡信号，不直接用于指示通行，这里不将其作为对象。而红灯和绿色箭头灯之间具有相反的状态关系，所以这里只需研究 8 个方向的绿色箭头指示灯即可。设由北向南直行信号灯，由北向东左转信号灯，由东向西直行信号灯，由东向南左转信号灯，由南向北直行信号灯，由南向西左转信号灯，由西向东直行信号灯，由西向北左转信号灯，分别表示为 $D_1 \sim D_8$，如图 5.26 所示。每个信号灯具有亮、灭两种状态。

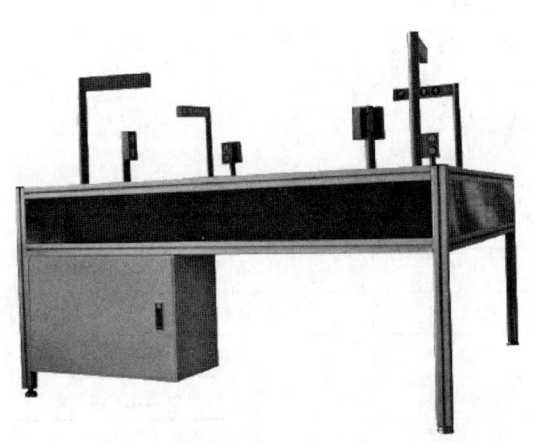

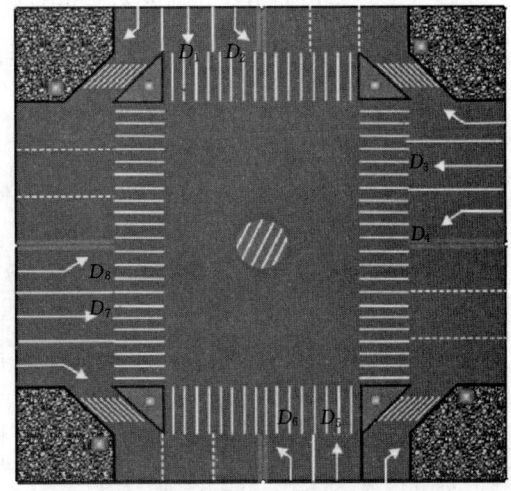

图 5.25　智能交通灯控制系统实物图　　　　图 5.26　交通灯系统信号状态参考

流量控制：

假设 1：实际交通灯系统中，由于不同车辆通过十字路口的行驶速度相异，相同车辆也可能会出现直接通行和"停止—等待—通行"的不同状态，因此每辆车通过十字路口所需要的时间是不同的。本设计中考虑的是抽象的共性车辆，即假设所有车辆无论以何种状态通过本路口，通过任何方向所需时间是相同的，用其倒数 Y 表示单位时间内十字路口通过的车辆数。

假设 2：由于路面的宽度（车道数）决定同时能有几辆车并行通过十字路口，为了方便起见，假设每个方向任意时刻只能容纳一辆车通过。本系统考虑 4 个方向 8 种不同的到达车流量，车流量定义为单位时间某个方向到达的车辆数。由于我国现行为左驾驶室道路右行，右转车流量这里不作讨论，有兴趣可以作进一步的研究。根据系统标识，分别是由北向南直行，由北向东左转，由东向西直行，由东向南左转，由南向北直行，由南向西左转，由西向东直行，由西向北左转，依次表示为 $X_1 \sim X_8$。

如图 5.27 所示。需要实现的目标是 4 个方向通过的车流量，即由东至西、由西至东、由南至北、由北至南，依次表示为 $Z_1 \sim Z_4$。

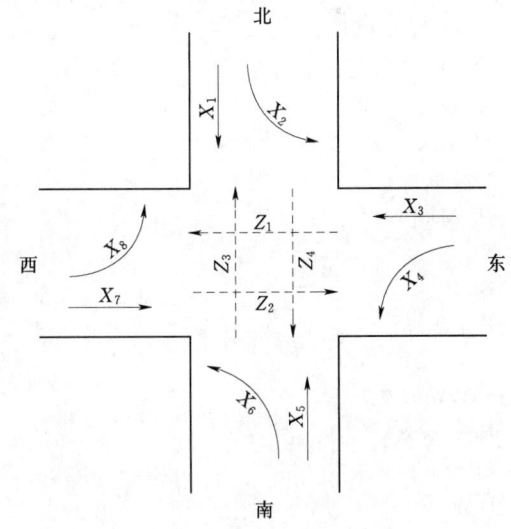

图 5.27　交通灯系统信号流量参考

显然在理想状态下，完美的信号灯调度能够使得无任何车辆滞留在各向路口，即 $Z_1 = X_3 + X_6$，$Z_2 = X_2 + X_7$，$Z_3 = X_5 + X_8$，$Z_4 = X_1 + X_4$。

设系统运行周期为 T。而系统的控制量为 $D_1 \sim D_8$ 处于亮状态的时间，分别记为 $S_1 \sim S_8$。那么在一个周期时间内各方向等待的车辆总数为

$$X \times T - Y \times (S_1 + S_2 + S_3 + S_4 + S_5 + S_6 + S_7 + S_8)$$

$$T = \max(S_1, S_2, S_5, S_6) + \max(S_3, S_4, S_7, S_8)$$

为了最大化十字路口车流量，须最小化等待车辆数。

（2）I/O 分配。I/O 分配简表见表 5.8。

表 5.8 I/O 分 配 简 表

代号	功　　能	代号	功　　能
V500.00	控制南向车行红灯	V501.04	控制东向车行红灯
V500.01	控制南向车行黄灯	V501.05	控制东向车行黄灯
V500.02	控制南向车行直走灯	V501.06	控制东向车行直走灯
V500.03	控制南向车行左转灯	V501.07	控制东向车行左转灯
V500.04	控制西向车行红灯	V502.00	控制南向人行红灯
V500.05	控制西向车行黄灯	V502.01	控制南向人行绿灯
V500.06	控制西向车行直走灯	V502.02	控制西向人行红灯
V500.07	控制西向车行左转灯	V502.03	控制西向人行绿灯
V501.00	控制北向车行红灯	V502.04	控制北向人行红灯
V501.01	控制北向车行黄灯	V502.05	控制北向人行绿灯
V501.02	控制北向车行直走灯	V502.06	控制东向人行红灯
V501.03	控制北向车行左转灯	V502.07	控制东向人行绿灯

（3）程序设计。

STL 参考程序如下：

```
Network 1
LD SM0.1
LDN I0.0
ON M0.1
EU
OLD
R Q0.0，32
S M0.0，1
MOVW 0，VW0
Network 2
LD I0.0
O M0.1
LPS
R Q0.0，32
R M0.0，1
EU
MOVW 0，VW0
```

LPP

A I0.1

EU

+I 1，VW0

AW> VW0，14

MOVW 0，VW0

Network 3

LD M0.0

AN T33

TON T33，6000

Network 4

LDW>= T33，1

AW< T33，500

LD I0.0

O M0.1

AW>= VW0，1

OLD

MOVW 16#C111，QW0

Network 5

LDW>= T33，500

AW< T33，800

LD I0.0

O M0.1

AW>= VW0，2

OLD

LPS

A SM0.5

S Q0.7，1

LPP

AN SM0.5

R Q0.7，1

Network 6

LDW>= T33，800

AW< T33，1800

LD I0.0

O M0.1

AW>= VW0，3

OLD

MOVW 16#4411，QW0

Network 7

LDW>= T33，1800

AW< T33，2000

LD I0.0

O M0.1

AW>= VW0, 4

OLD

MOVW 16#2411, QW0

Network 8

LDW>= T33, 2000

AW< T33, 2500

LD I0. 0

O M0. 1

AW>= VW0, 5

OLD

MOVW 16#1C11, QW0

Network 9

LDW>= T33, 2500

AW< T33, 2800

LD I0. 0

O M0. 1

AW>= VW0, 6

OLD

LPS

A SM0. 5

S Q0. 3, 1

LPP

AN SM0. 5

R Q0. 3, 1

Network 10

LDW>= T33, 2800

AW< T33, 3000

LD I0. 0

O M0. 1

AW>= VW0, 7

OLD

MOVW 16#1211, QW0

Network 11

LDW>= T33, 3000

AW< T33, 3500

LD I0. 0

O M0. 1

AW>= VW0, 8

OLD

MOVW 16#11C1, QW0

Network 12

LDW>= T33, 3500

AW< T33, 3800

LD I0. 0

O M0.1

AW>= VW0, 9

OLD

LPS

A SM0.5

S Q1.7, 1

LPP

AN SM0.5

R Q1.7, 1

Network 13

LDW>= T33, 3800

AW< T33, 4800

LD I0.0

O M0.1

AW>= VW0, 10

OLD

MOVW 16♯1144, QW0

Network 14

LDW>= T33, 4800

AW< T33, 5000

LD I0.0

O M0.1

AW>= VW0, 11

OLD

MOVW 16♯1124, QW0

Network 15

LDW>= T33, 5000

AW< T33, 5500

LD I0.0

O M0.1

AW>= VW0, 12

OLD

MOVW 16♯111C, QW0

Network 16

LDW>= T33, 5500

AW< T33, 5800

LD I0.0

O M0.1

AW>= VW0, 13

OLD

LPS

A SM0.5

S Q1.3, 1

LPP

AN SM0.5

R Q1.3, 1

Network 17

LDW>= T33, 5800

AW< T33, 6000

LD I0.0

O M0.1

AW>= VW0, 14

OLD

MOVW 16♯1112, QW0

Network 18

LD M0.3

MOVW 16♯FFFF, QW0

AENO

MOVW 16♯FFFF, QW2

3. 思考题

如何进一步改进及优化程序设计？

第6章　过程控制实训项目

工业中的过程控制是指以温度、压力、流量、液位和成分等工艺参数作为被控变量的自动控制。

例如利用加热器调节房间的温度即可视为一个过程，因为其目的是要使输出量（在此例中是温度）到达理想值范围内［例如（20±1）℃］，且此输出量不随时间变化。在此例中温度是一个控制变量，若用测温系统测量温度，从而决定是否加热，温度也同时是输入变量。理想的温度（20℃）作为给定值，加热器的状态（如加热器控制热水流量的阀门）作为被控对象，会随控制要求而改变。过程控制的控制变量通常是温度 T、压力 P、流量 F、液位 L、成分 A、pH 值等的过程变量。

6.1　温度的 PID 控制

1. 目的与要求

（1）掌握模拟量控制的方法，了解模拟量输入信号的处理方法。

（2）掌握 PID 指令的编程方法。

（3）熟悉子程序和中断程序的设计方法。

2. 所需设备、工具及材料

计算机（PC）1 台，S7—200 CPU224XP PLC 或扩展了模拟量模块 EM235［AI4/AQ1，12 位（bit）］的 S7—200 CPU224 PLC，RS—232/PPI 编程电缆 1 根，模拟输入开关 1 套，电加热装置 1 个，固态继电器 1 个，温度变送器 1 块，导线若干。

3. 内容与操作

温度由温度传感器测量，经温度变送器输出 4～20mA 的电流信号，送至模拟量输入模块的输入端，以便控制。实训中尽可能使用传感器—变送器一体化的测温器。系统的输出为加热器，由 PLC 通过固态继电器控制，从而组成一个温度闭环控制系统。温度控制系统示意图如图 6.1 所示。

先用手动方式控制加热器的功率，当温度接近 23.5℃时，为使其值恒定在 23.5℃左右，系统应从手动方式切换到 PID 的自动方式，控制加热器的功率。

系统选择比例、积分控制电热丝的功率，初步确定回路增益 $K_c=1$，时间常数 $T_s=0.2s$，$T_i=10min$，$T_d=0$。水池温度的 PID 控制梯形图如图 6.3 所示。按图 6.3 的程序调试温度 PID 的控制程序。

PID 回路参数可由计算初步产生，调试中可进一步调整。为防止实训过程中温度调节得过高，程序中最好设置限温保护环节。

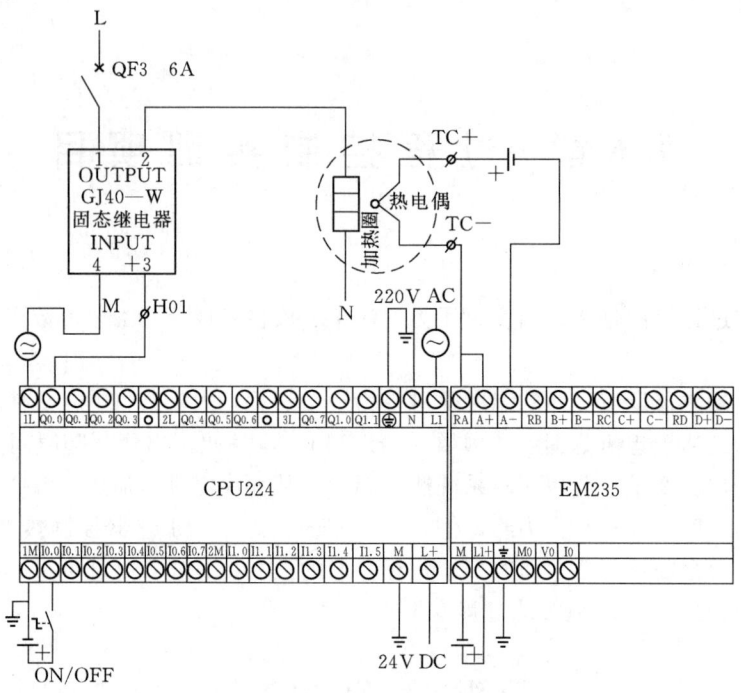

图 6.1 温度控制系统示意图

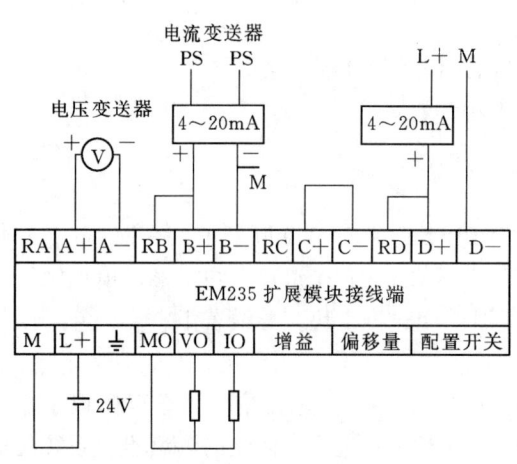

图 6.2 模拟量输入/输出扩展模块的接线图

为提高模拟量控制过程中的测量精度，可以用多次采样和计算平均值的方法。图 6.3 中中断程序 0 和子程序 1 即为模拟量输入信号处理的程序。

温度变送器输出的电流信号为 4～20mA。计算时，应注意温度变送器的量程下限不为 0。

4. 步骤

（1）EM235 模拟量输入/输出扩展模块的接线图如图 6.2 所示。

（2）按图 6.1 和图 6.2（或图 1.6）接线，输入图 6.3 所示水池温度的 PID 控制程序，并调试程序。

注：对于 CPU224×P/224×PSi 机型的使用方法可参见附录 C。

5. 预习要求

（1）阅读本实训指导书，复习 PID 指令的有关内容。

（2）复习有关模拟量输入信号处理的内容，分析图 6.3 梯形图的工作原理。

（3）熟悉子程序、中断程序的设计方法。

（4）写出调试程序的步骤。

（5）分析并调试附录 D 中的参考程序。

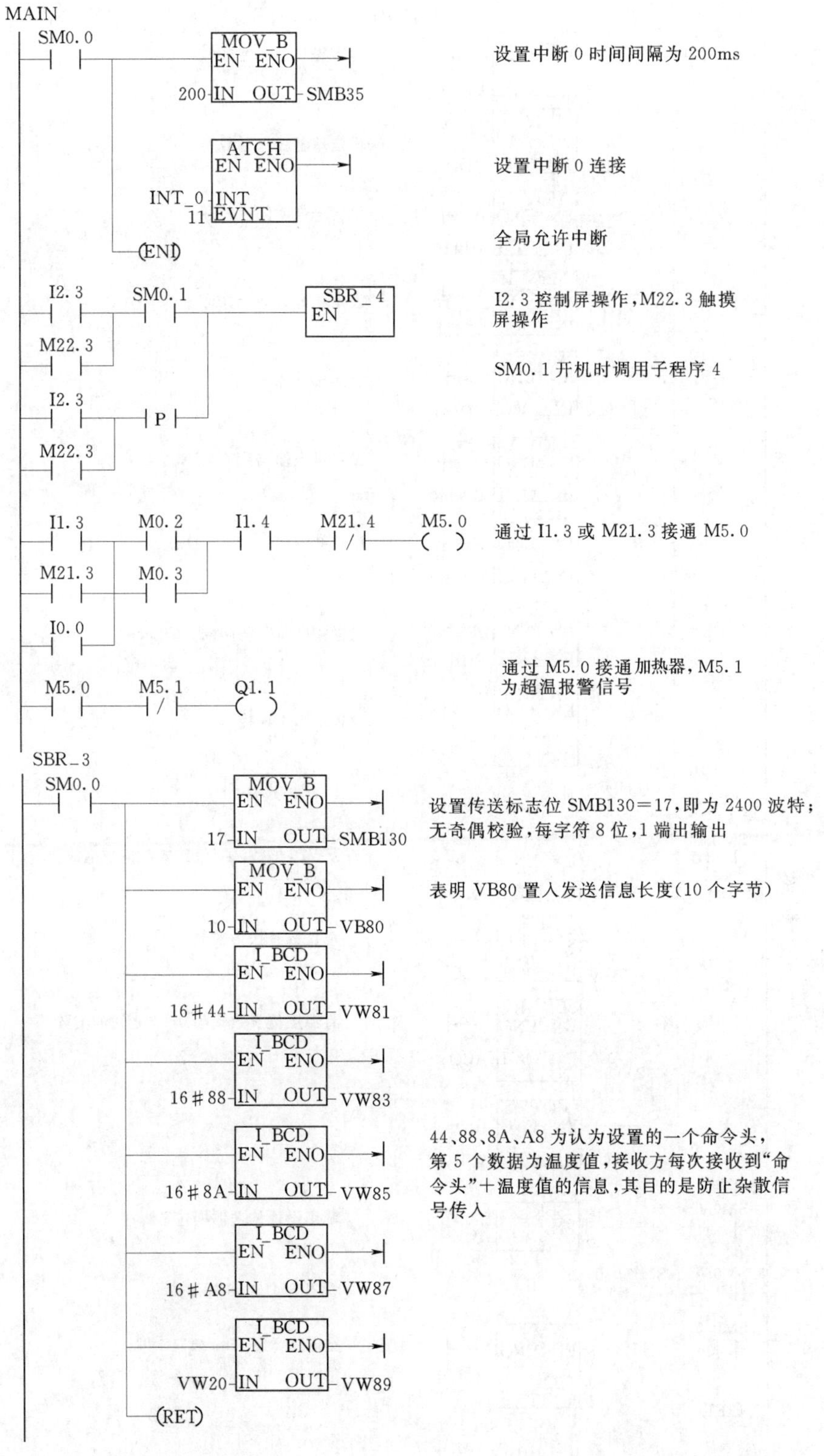

MAIN

SM0.0

```
        MOV_B
        EN  ENO
  200 - IN  OUT - SMB35
```
设置中断 0 时间间隔为 200ms

```
        ATCH
        EN  ENO
  INT_0 - INT
     11 - EVNT
```
设置中断 0 连接

—(ENI)

全局允许中断

I2.3   SM0.1
M22.3

```
   SBR_4
   EN
```
I2.3 控制屏操作, M22.3 触摸屏操作

SM0.1 开机时调用子程序 4

I2.3   — P —
M22.3

I1.3   M0.2   I1.4   M21.4   M5.0
M21.3   M0.3   — / —   — ( ) —
I0.0

通过 I1.3 或 M21.3 接通 M5.0

M5.0   M5.1   Q1.1
        — / —   — ( ) —

通过 M5.0 接通加热器, M5.1 为超温报警信号

SBR_3

SM0.0

```
        MOV_B
        EN  ENO
   17 - IN  OUT - SMB130
```
设置传送标志位 SMB130＝17, 即为 2400 波特; 无奇偶校验, 每字符 8 位, 1 端出输出

```
        MOV_B
        EN  ENO
   10 - IN  OUT - VB80
```
表明 VB80 置入发送信息长度(10 个字节)

```
        I_BCD
        EN  ENO
 16#44 - IN  OUT - VW81
```

```
        I_BCD
        EN  ENO
 16#88 - IN  OUT - VW83
```

```
        I_BCD
        EN  ENO
 16#8A - IN  OUT - VW85
```
44、88、8A、A8 为认为设置的一个命令头, 第 5 个数据为温度值, 接收方每次接收到"命令头"＋温度值的信息, 其目的是防止杂散信号传入

```
        I_BCD
        EN  ENO
 16#A8 - IN  OUT - VW87
```

```
        I_BCD
        EN  ENO
 VW20 - IN  OUT - VW89
```

—(RET)

图 6.3（一）　水池温度的 PID 控制程序

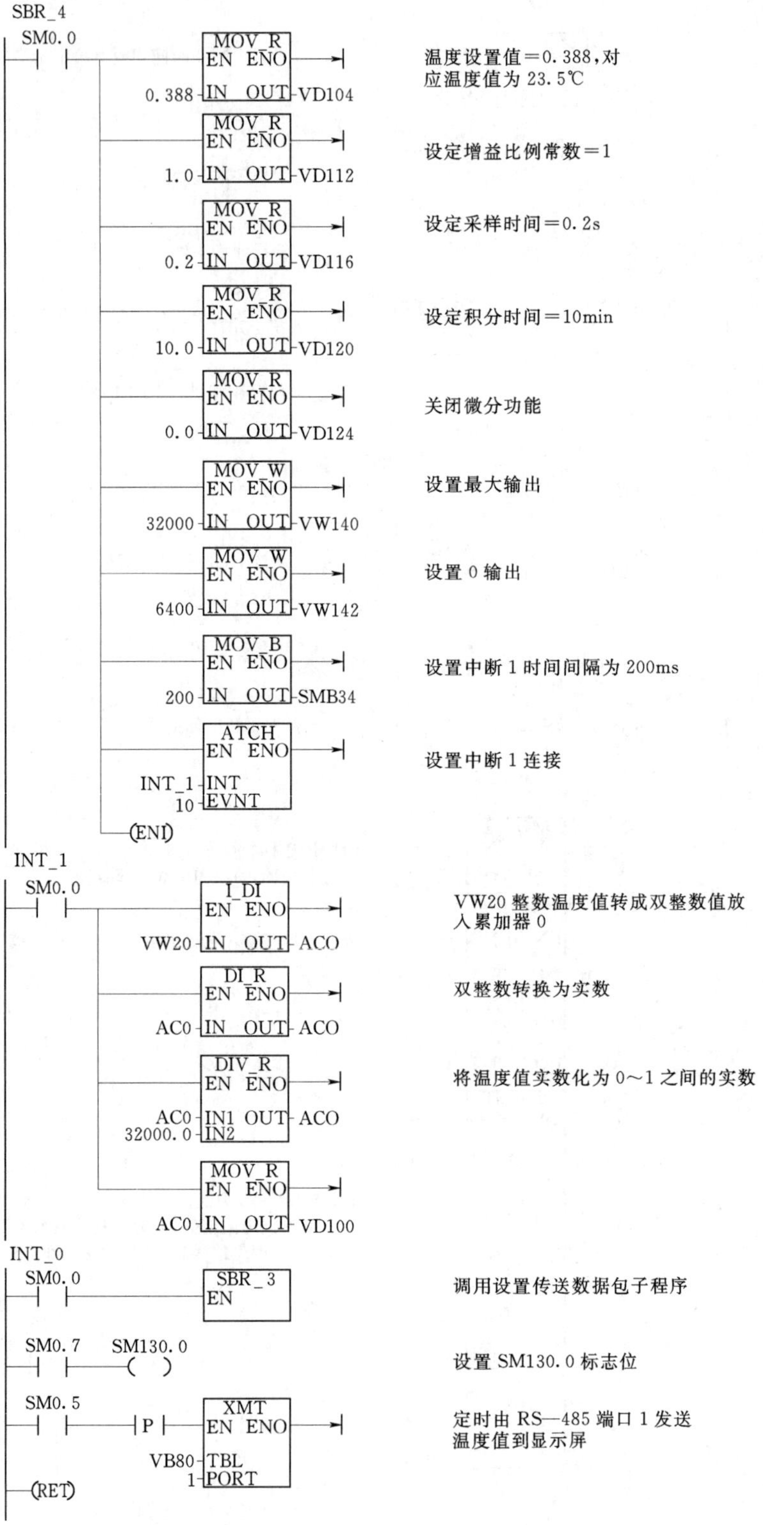

SBR_4

SM0.0
```
  ┤ ├          ┌─────────┐
               │  MOV_R  │
               │ EN  ENO ├──
               │         │
    0.388 ─────┤IN   OUT ├─ VD104
               └─────────┘
```
温度设置值＝0.388,对
应温度值为 23.5℃

```
               ┌─────────┐
               │  MOV_R  │
               │ EN  ENO ├──
               │         │
      1.0 ─────┤IN   OUT ├─ VD112
               └─────────┘
```
设定增益比例常数＝1

```
               ┌─────────┐
               │  MOV_R  │
               │ EN  ENO ├──
               │         │
      0.2 ─────┤IN   OUT ├─ VD116
               └─────────┘
```
设定采样时间＝0.2s

```
               ┌─────────┐
               │  MOV_R  │
               │ EN  ENO ├──
               │         │
     10.0 ─────┤IN   OUT ├─ VD120
               └─────────┘
```
设定积分时间＝10min

```
               ┌─────────┐
               │  MOV_R  │
               │ EN  ENO ├──
               │         │
      0.0 ─────┤IN   OUT ├─ VD124
               └─────────┘
```
关闭微分功能

```
               ┌─────────┐
               │  MOV_W  │
               │ EN  ENO ├──
               │         │
    32000 ─────┤IN   OUT ├─ VW140
               └─────────┘
```
设置最大输出

```
               ┌─────────┐
               │  MOV_W  │
               │ EN  ENO ├──
               │         │
     6400 ─────┤IN   OUT ├─ VW142
               └─────────┘
```
设置 0 输出

```
               ┌─────────┐
               │  MOV_B  │
               │ EN  ENO ├──
               │         │
      200 ─────┤IN   OUT ├─ SMB34
               └─────────┘
```
设置中断 1 时间间隔为 200ms

```
               ┌─────────┐
               │  ATCH   │
               │ EN  ENO ├──
               │         │
   INT_1 ──────┤INT      │
      10 ──────┤EVNT     │
               └─────────┘
     ─( ENI )
```
设置中断 1 连接

INT_1

SM0.0
```
  ┤ ├          ┌─────────┐
               │  I_DI   │
               │ EN  ENO ├──
               │         │
   VW20 ───────┤IN   OUT ├─ AC0
               └─────────┘
```
VW20 整数温度值转成双整数值放
入累加器 0

```
               ┌─────────┐
               │  DI_R   │
               │ EN  ENO ├──
               │         │
    AC0 ───────┤IN   OUT ├─ AC0
               └─────────┘
```
双整数转换为实数

```
               ┌─────────┐
               │  DIV_R  │
               │ EN  ENO ├──
               │         │
      AC0 ─────┤IN1  OUT ├─ AC0
  32000.0 ─────┤IN2      │
               └─────────┘
```
将温度值实数化为 0～1 之间的实数

```
               ┌─────────┐
               │  MOV_R  │
               │ EN  ENO ├──
               │         │
    AC0 ───────┤IN   OUT ├─ VD100
               └─────────┘
```

INT_0

SM0.0
```
  ┤ ├          ┌─────────┐
               │  SBR_3  │
               │ EN      │
               └─────────┘
```
调用设置传送数据包子程序

SM0.7   SM130.0
```
  ┤ ├─────( )
```
设置 SM130.0 标志位

SM0.5
```
  ┤ ├──┤P├──   ┌─────────┐
               │  XMT    │
               │ EN  ENO ├──
               │         │
   VB80 ───────┤TBL      │
      1 ───────┤PORT     │
               └─────────┘
    ─( RET )
```
定时由 RS—485 端口 1 发送
温度值到显示屏

图 6.3（二） 水池温度的 PID 控制程序

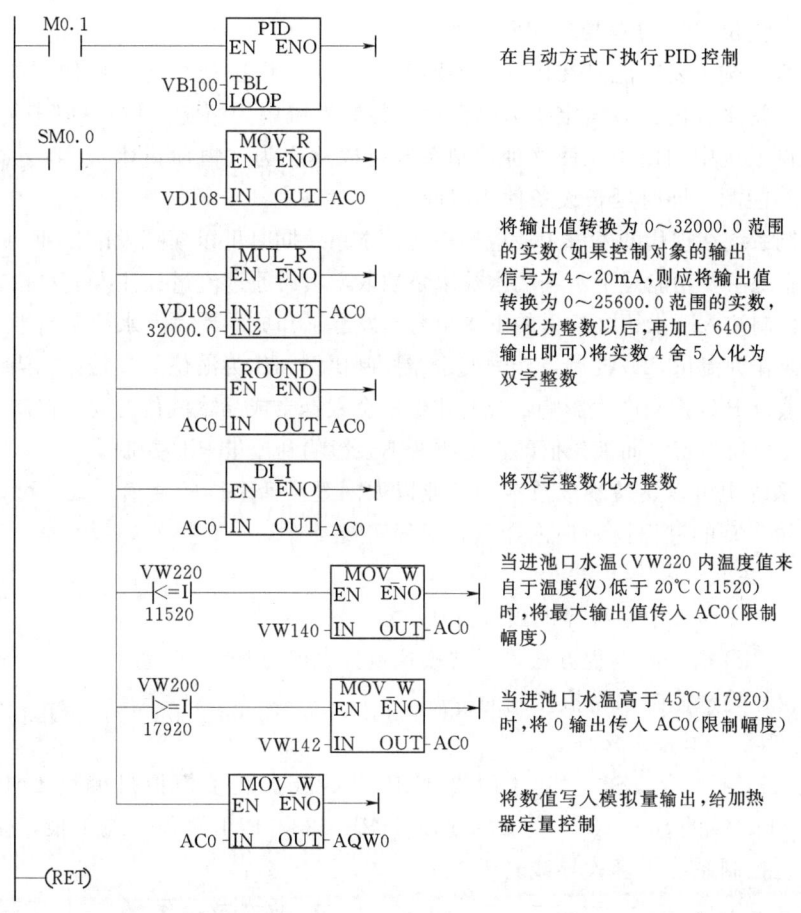

在自动方式下执行 PID 控制

将输出值转换为 0～32000.0 范围的实数(如果控制对象的输出信号为 4～20mA,则应将输出值转换为 0～25600.0 范围的实数,当化为整数以后,再加上 6400 输出即可)将实数 4 舍 5 入化为双字整数

将双字整数化为整数

当进池口水温(VW220 内温度值来自于温度仪)低于 20℃(11520)时,将最大输出值传入 AC0(限制幅度)

当进池口水温高于 45℃(17920)时,将 0 输出传入 AC0(限制幅度)

将数值写入模拟量输出,给加热器定量控制

图 6.3(三)　水池温度的 PID 控制程序

6. 报告要求

(1)绘出实训用 I/O 接线图、梯形图。

(2)写出调试程序的步骤。

(3)写出调试过程中观察到的现象,总结调试过程中的经验或教训。

(4)回答思考题。

7. 思考题

(1)总结 PID 指令编程的方法和步骤。

(2)如何在模拟量控制过程中提高测量精度?

6.2 液 位 控 制 系 统

1. 工程背景

随着现代科技的迅猛发展,工业过程控制系统在食品加工、化工、城市供水等行业的应用与日俱增,本系统(液位控制系统)中安装了现代过程控制中大量采用的自吸泵、智能流量计、液位压力变送器、比例阀、触摸屏等,可以用于模拟恒压城市供水系统的工程训练、流量—液位 PID 过程控制工程训练等。

城市供水系统主要功能是在用水量不断变化（在过程控制系统中比例阀的开度大小）的情况下，维持水管内相对恒定压力（在过程控制系统中为恒定液位），以满足用水需求。调速器在控制系统中的使用，使这种控制系统可以称之为"恒压供水"。调速器的使用使系统可以节约能源，同时延长设备使用时间。

过程控制系统在现代的发酵工业应用广泛，本系统同时可以模拟发酵工业中对于双 PID 的控制。此系统主要功能是下水箱的水被水泵抽取，然后通过流量计注入上水箱，上水箱的水由比例阀控制注入下水箱，这里的下水箱充当发酵罐和成品罐，上水箱充当半成品罐。流量计控制水泵作为流量 PID 控制，压力变送器控制比例阀作为液位 PID 控制。当流量设定值改变后会对液位 PID 控制产生影响，此时比例阀会根据半成品罐液位的要求控制开度，使得半成品罐液位保持恒定。而液位值的设定改变不会影响到流量 PID 控制。

此外本系统中可以支持现场总线、工业以太网等灵活多样的通信方式，可以使学生学习掌握到大量丰富的过程控制理论知识和工程实践经验。

2. 目的与要求

（1）熟悉子程序和中断程序的设计方法。

（2）熟悉 PID 指令的编程方法，了解模拟量控制的方法。

（3）比较开关量控制和模拟控制的特点。

3. 所需设备、工具及材料

计算机（PC）1 台，S7—200 CPU224XP PLC 或扩展了模拟量模块 EM235（AI4/AQ＊12 位（bit））的 S7—200 CPU224 PLC，RS—232/PPI 编程电缆 1 根，模拟输入开关 1 套，液位控制系统 1 套；导线若干。

图 6.4　液位控制系统实物图

4. 内容与操作

液位控制系统由水箱（上水箱）、水池（下水箱）、水泵、电磁阀等组成。水经过电磁阀 YV 流进水池，水泵向水箱供水。液位控制系统实物图如图 6.4 所示。

（1）基于开关量的液位的自动控制。液位由液位传感器检测，液面淹没时传感器的常开触点接通，常闭触点断开。

系统工作时，当水池液位低于低水位 LW 时，电磁阀 YV 打开，水流进水池；当水池液位高于高水位 HW 时，电磁阀 YV 关闭，停止进水。使水池的液位始终保持在高、低水位之间，既保证水泵抽到水，又不使水池的水溢出。液位控制程序如图 6.5 所示，按图 6.5 调试控制程序。

（2）基于模拟量液位的自动控制。液位由液位测量仪测量，经液位变送器输出 4～20mA 的电流信号，送至模拟量输入模块的输入端，以便控制。为使液位恒定在满水位的 75％ 不变，就要求水泵以变化的速度向水箱供水。

系统选择比例、积分控制水泵的速度，初步确定回路的增益 $K_c = 0.25$，时间常数 T_s

$=0.1s$，$T_i=300min$，$T_d=0$。

系统启动时，应保证水池液位高于低水位时才能
启动水泵电动机，且关闭水箱的出水口，用手动方式
控制水泵的速度，使液位达到满水位的 75%，然后
打开出水口，同时水泵控制从手动方式切换到自动方
式。液位的 PID 控制程序如图 6.6 所示，按图 6.6 的
程序调试液位的 PID 的控制程序。

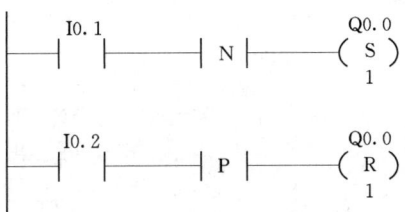

图 6.5　液位的控制程序

（3）系统 I/O 分配，见表 6.1。

表 6.1
I/O 分 配 表

输 入 信 号		输 出 信 号	
水池低水位开关	I0.1	电磁阀 YV	Q0.0
水池高水位开关	I0.2	水泵电动机 M	Q0.1
PID 切换开关	I0.0		

5. 预习要求

（1）阅读本实训指导书，复习 PID 指令的有关内容。

（2）分析图 6.6 梯形图的工作原理。

（3）熟悉子程序、中断程序的设计方法。

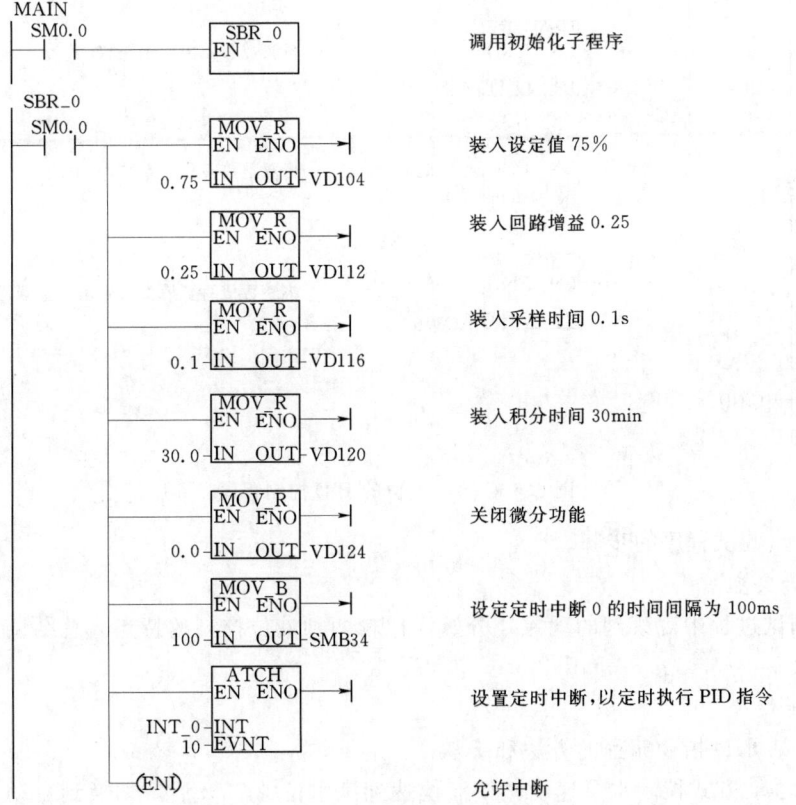

图 6.6（一）　液位的 PID 控制程序

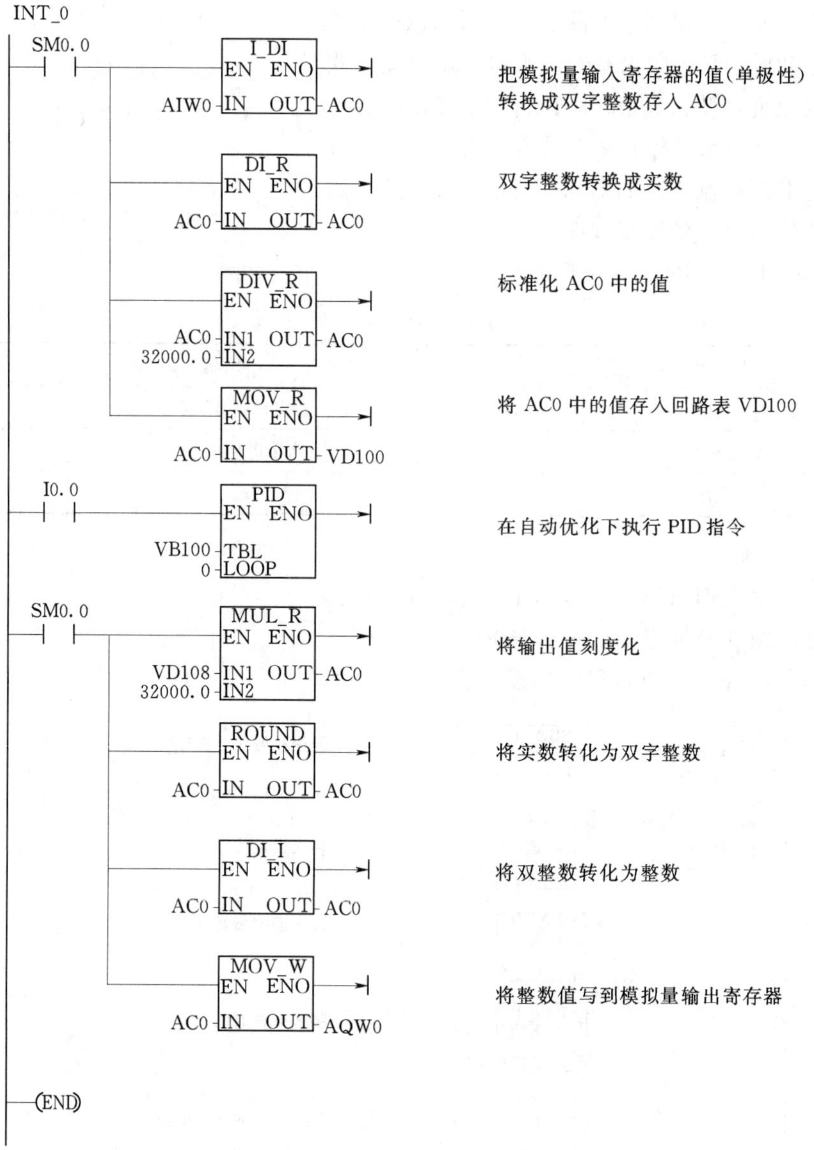

INT_0

SM0.0 ── I_DI
         EN ENO ─
  AIW0 ─ IN OUT ─ AC0

把模拟量输入寄存器的值（单极性）
转换成双字整数存入 AC0

         DI_R
         EN ENO ─
  AC0 ─ IN OUT ─ AC0

双字整数转换成实数

         DIV_R
         EN ENO ─
    AC0 ─ IN1 OUT ─ AC0
32000.0 ─ IN2

标准化 AC0 中的值

         MOV_R
         EN ENO ─
  AC0 ─ IN OUT ─ VD100

将 AC0 中的值存入回路表 VD100

I0.0 ──── PID
         EN ENO ─
  VB100 ─ TBL
      0 ─ LOOP

在自动优化下执行 PID 指令

SM0.0 ── MUL_R
         EN ENO ─
  VD108 ─ IN1 OUT ─ AC0
32000.0 ─ IN2

将输出值刻度化

         ROUND
         EN ENO ─
  AC0 ─ IN OUT ─ AC0

将实数转化为双字整数

         DI_I
         EN ENO ─
  AC0 ─ IN OUT ─ AC0

将双整数转化为整数

         MOV_W
         EN ENO ─
  AC0 ─ IN OUT ─ AQW0

将整数值写到模拟量输出寄存器

─(END)

图 6.6（二） 液位的 PID 控制程序

（4）写出调试程序的步骤。

6. 报告要求

写出调试过程中观察到的现象，分析、比较两种液位控制的特点。总结调试过程中的经验及收获。

7. 思考题

（1）总结 PID 指令编程的方法和步骤。

（2）用手动方式控制水泵速度，使液位达到满水位的 75% 后，切换到自动方式。试设计梯形图，并确定操作方法。

（3）若将液位设定为其他值，应如何实现？

6.3　带显示的温度控制系统

1．目的与要求

（1）掌握模拟量控制的方法，掌握模拟量输入信号的处理方法。

（2）掌握 PID 指令向导的使用方法。

（3）观察温度等时滞控制系统的 PID 系统特性。

（4）学会文本显示器 TD400C 的使用方法。

2．所需设备、工具及材料

计算机（PC）1 台，S7—200 CPU224XP PLC 1 台，TD400 文本显示器 1 台，RS—232/PPI 编程电缆 1 根，模拟输入开关 1 套，电加热装置 1 个，固态继电器 1 个，温度变送器 1 块，导线若干。

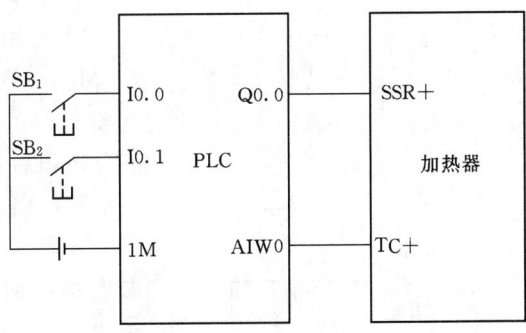

图 6.7　电路接线图

3．内容与操作

温度控制范围 $50 \sim 150℃$，PLC 作为控制器，文本显示器 TD400C 作为人机界面。通过人机界面可设定温度和其他系统运行的各参数。

4．步骤

（1）按图 6.7 所示连接电路图，检查接线正确后，接通 PLC 电源。

（2）系统 I/O 分配表见表 6.2。

表 6.2 <center>I/O　分　配　表</center>

输　入　信　号		输　出　信　号	
加热开始按钮 SB1	I0.1	加热器控制，由固体继电器间接控制	Q0.0
停止加热按钮 SB2	I0.2		
接收来自温度变送的温度检测值	AIW0		

（3）PLC 程序应实现以下控制要求：

1）当按下加热启动按钮 SB$_1$ 时，PLC 的 Q0.0 根据温度设定值与温度传送回来的温度实际值及 PID 参数，对固体继电器发出 PWM 信号。即温度传感器检测到的温度值送入 PLC 后，若经 PID 指令运算得到一个 $0 \sim 1$ 的实数，把该实数按比例换算成一个 $0 \sim 100$ 的整数，再把该数作为一个范围为 $0 \sim 10s$ 的时间 t。设计一个周期为 10s 的脉冲，脉冲宽度为 t，把该脉冲加给电加热器，即可控制温度。

2）当按下加热停止按钮 SB$_2$ 时，PLC 的 Q0.0 应一直处于 OFF 状态，停止温度加热运行。

（4）PLC 程序的编写如下：

编程方式有两种：一种是用 PID 指令来编程；另一种可以用编程软件中的 PID 指令向导编程。

1) 控制程序如图 6.8 所示，按图 6.8 主程序编制控制程序，组态符号表见表 6.3。

表 6.3 　　　　　　　　　　　组 态 符 号 表

符号	地址	符号	地址
设定值	VD204	微分时间	VD224
回路增益	VD212	控制量输出	VD208
采样时间	VD216	检测值	VD200
积分时间	VD220		

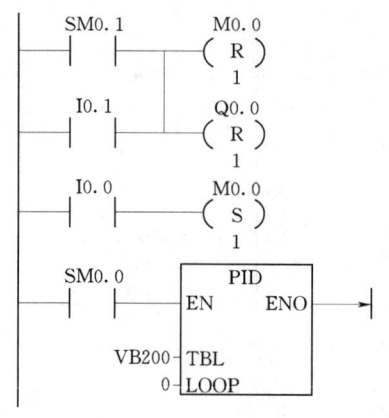

图 6.8　PID 主程序

2) 使用 PID 指令向导编程。打开编程软件 STEP 7—Micro/WIN，单击菜单"工具→指令向导"，出现如图 6.9 所示的指令向导画面，选择 PID，单击"下一步"按钮后，出现如图 6.10（a）所示画面，在该画面中配置回路，单击"下一步"按钮。

在图 6.10（b）中设置给定值的低限与高限，对应温度值，回路参数值需整定填入，单击"下一步"按钮。

在图 6.10（c）中设置标定为单极性，范围低限为 0，范围高限为 32000。输出类型为数字量，占空比周期设为 10s。单击"下一步"按钮，出现如图 6.10（d）所示画面，回路报警可不选择，直接点击下一步，出现图 6.10（e）所示画面，在该图中配置分配存储区。

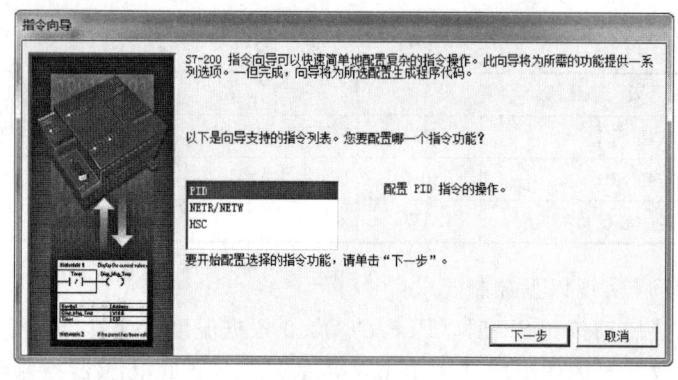

图 6.9　指令向导

在图 6.10（f）画面中可命名初始化子程序名和中断程序名，默认即可。然后单击"下一步"按钮直至指令向导结束。图 6.10（g）PID 指令向导 PID 指令配置完成后，自动生成了前面所定义的初始化子程序和中断程序。此时方可在主程序中调用初始化子程序即可对温度进行 PID 调节，主程序如图 6.11 所示。

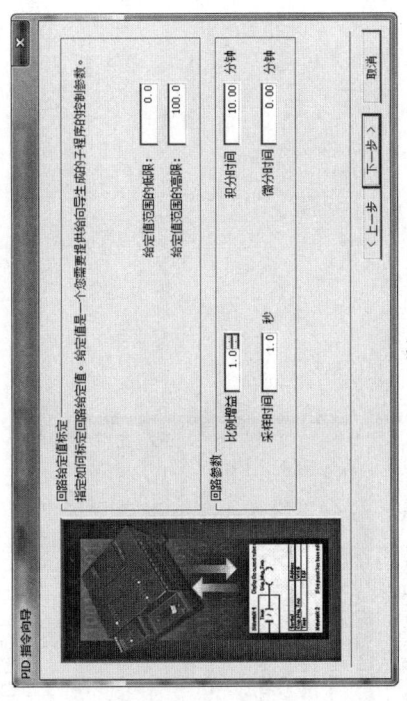

(b)

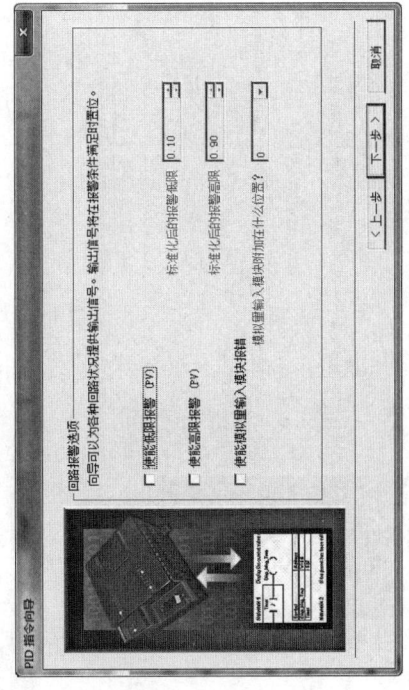

(d)

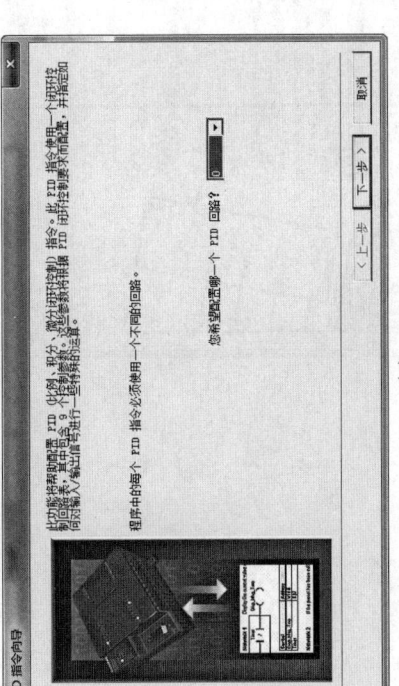

(a)

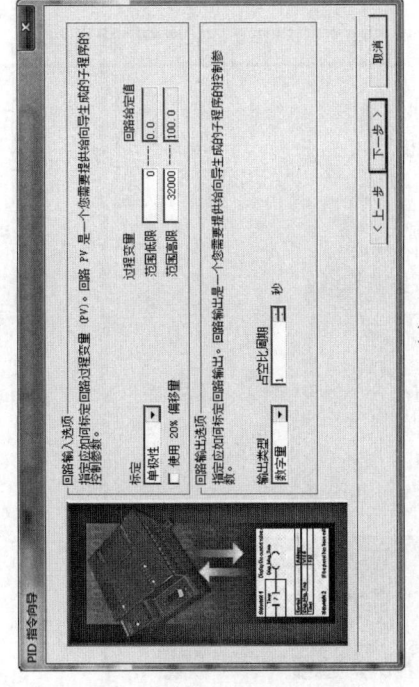

(c)

图 6.10（一）　PID 指令向导

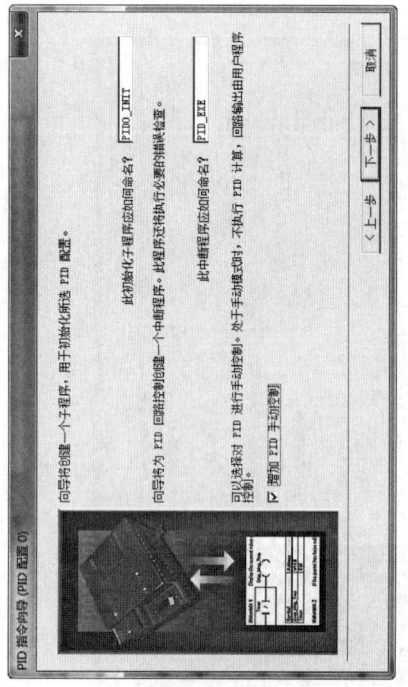

(e)

(f)

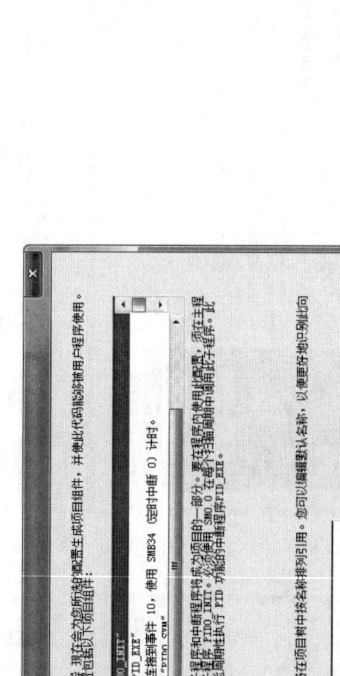

(g)

图6.10(二) PID指令向导

PLC 运行过程中，可在编程软件中单击菜单"工具→PID 调节控制面板"，在 PID 调节控制面板上可动态显示被控量的趋势曲线，并可手动设置 PID 参数，使系统达到较好的控制效果，如图 6.12 所示。

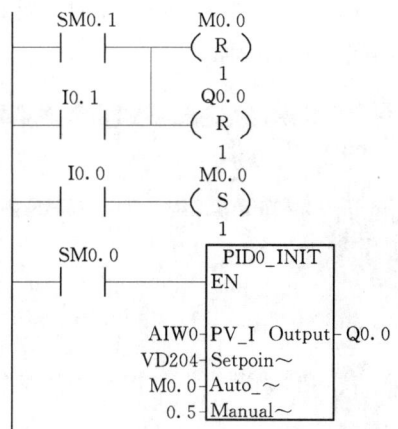

图 6.11　主程序

（5）监控器—TD400C 文本显示器的组态。设 PLC 采用第一种编程方式，即 PLC 指令编程方式，文本显示器的功能是能对 PID 的各参数进行设置，能对温度的设定值进行设置，还能对恒温箱的温度值进行实时监控。

组态变量表见表 6.4。

本项目组态了 2 个画面，分别为温度监控界面和 PID 参数设置界面。

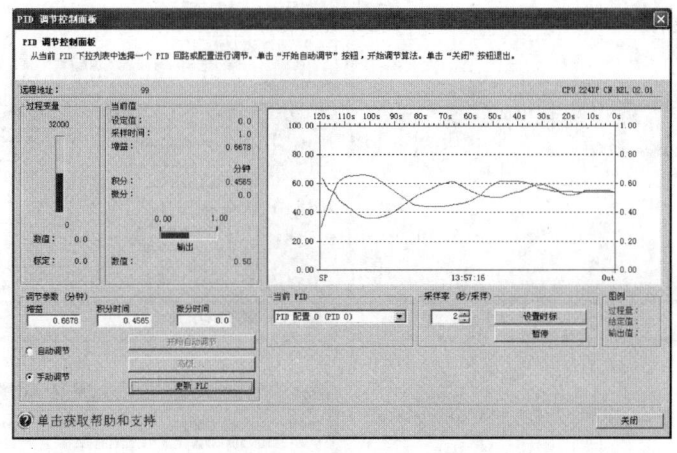

图 6.12　被控量的趋势曲线

表 6.4　　　　　　　　　　　　　　变　量　表

名称	数据类型	地址	数组计数	采集周期
设定值	Real	VD204	1	1s
回路增值	Real	VD212	1	1s
积分时间	Real	VD220	1	1s
微分时间	Real	VD224	1	1s
检测值	DINT	VD200	1	1s
控制量输出	Real	VD208	1	1s

第一步：温度监控界面的组态文本显示向导。

打开 STEP 7—Micro/Win 软件，单击菜单"工具→文本显示向导"，如图 6.13（a）所示，单击"下一步"按钮，出现图 6.13（b）画面，选择 TD 型号为 TD400C，单击"下一步"按钮。

单击 4 次 "下一步" 按钮（跳过的画面为默认设置），直到出现如图 6.13（c）所示 TD 配置完成画面。

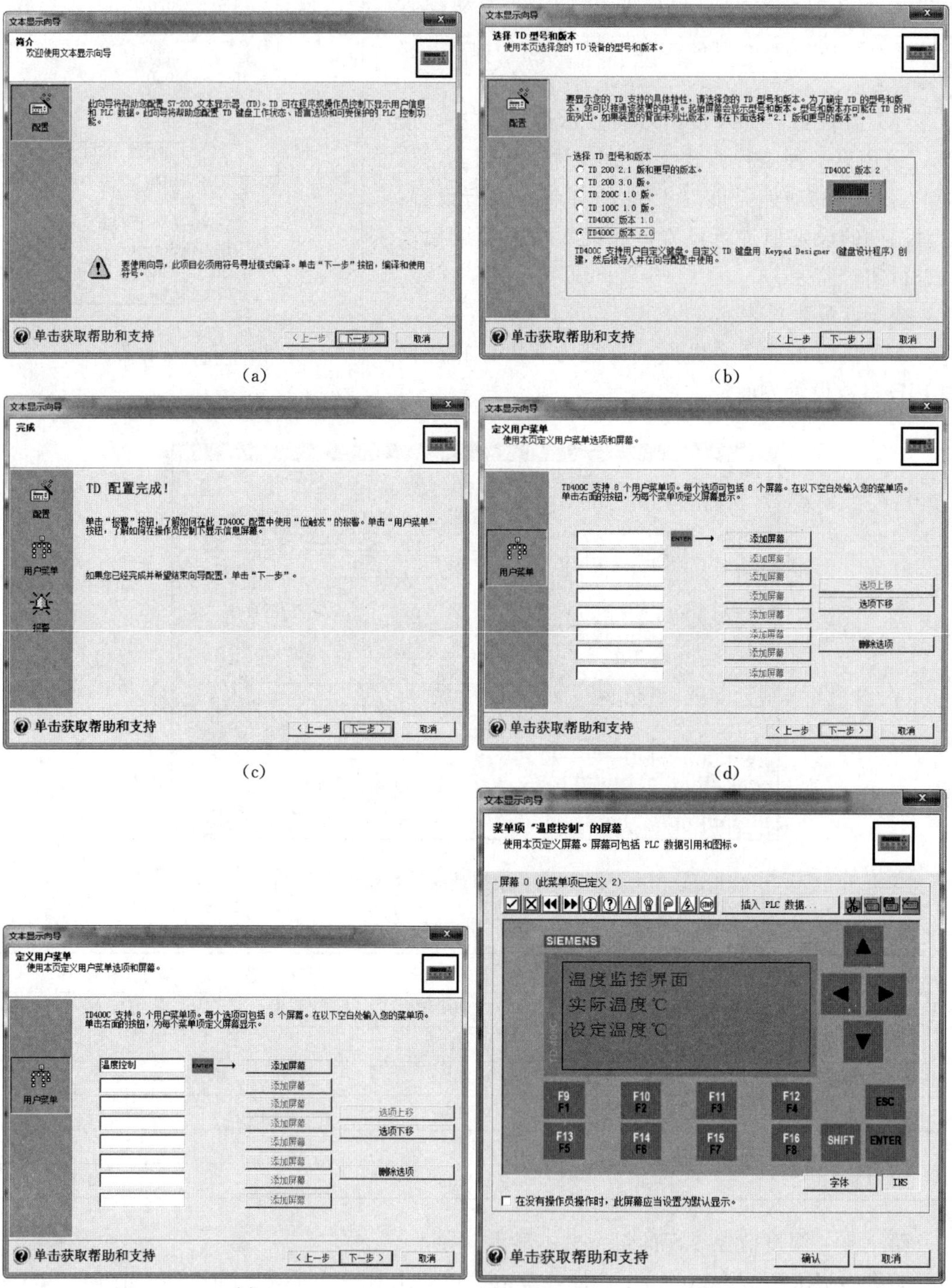

（a）

（b）

（c）

（d）

（e）

（f）

图 6.13（一） 文本显示向导

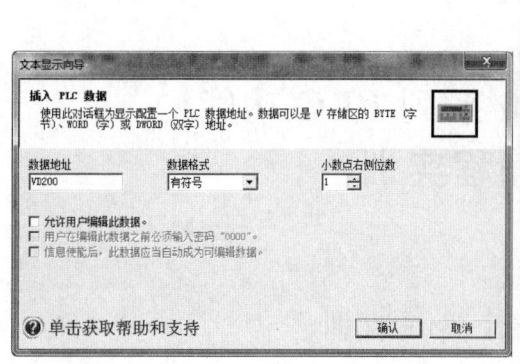

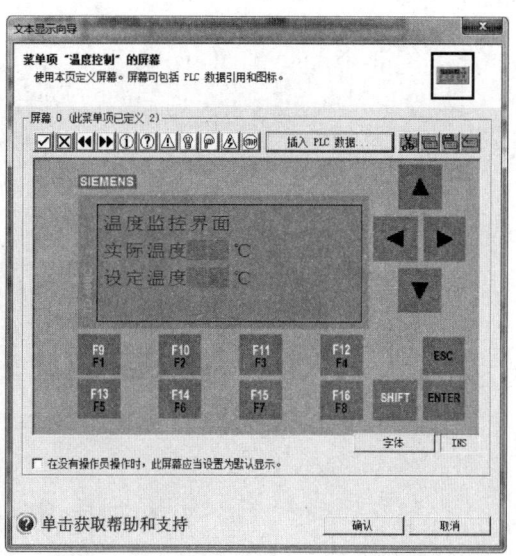

(g)　　　　　　　　　　　　　　　　(h)

图 6.13（二）　文本显示向导

在 6.13（c）中，单击"用户菜单"，然后单击"下一步"按钮，出现如图 6.13（d）所示定义用户菜单画面，按图中所示命名用户菜单名为"温度控制"，如图 6.13（e）所示，然后单击"添加屏幕"。在屏幕中输入文本"温度监控界面、实际温度及设定温度"，如图 6.13（f）所示。然后在该界面中"实际温度"后面单击"插入 PLC 数据"，出现如图 6.13（g）所示的界面，并将其中的组态数据地址设为"VD200"，数据格式为"实数"；再在"设定温度"后面单击"插入 PLC 数据"，并将其中的组态数据地址设为"VD204"，数据格式为"实数"。确认后，图 6.13（f）界面变为图 6.13（h）所示界面，按表 6.4 所示分配存储区后，该向导配置完成。

第二步：用类似方法组态好"PID 参数设定界面"。

5. 思考题

（1）本系统的温控范围和温控精度分别为多少？

（2）文本显示向导应如何合理使用？

第4篇 拓 展 篇

第7章 S7—200系列PLC功能指令及编程实训

7.1 中断指令实训

1. 目的与要求

（1）掌握中断允许指令的设置。

（2）掌握中断条件返回指令（CRETI）、中断连接指令（ATCH）、中断分离指令（DTCH）的使用方法。

2. 内容与操作

（1）中断允许和中断禁止。中断允许指令（ENI）全局地允许所有被连接的中断事件。中断禁止指令（DISI）全局地禁止处理所有中断事件。

当进入STOP模式时，中断被禁止。在RUN模式，用户可以执行全局中断允许指令（ENI）允许所有中断。全局中断禁止指令（DSI）不允许处理中断服务程序，但中断事件仍然会排队等候。

（2）中断条件返回。中断条件返回指令（CRETI）用于根据前面的逻辑操作的条件，从中断服务程序中返回。

（3）中断连接。中断连接指令（ATCH）将中断事件EVNT与中断服务程序号INT相关联，并使能该中断事件。

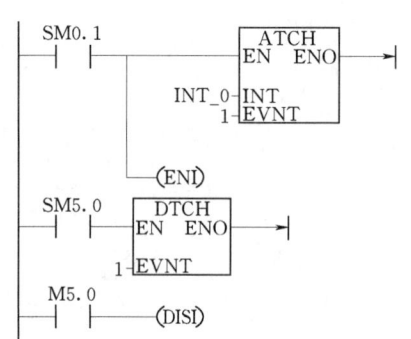

图7.1 基本中断指令梯形图

（4）中断分离。中断分离指令（DTCH）将中断事件EVNT与中断服务程序之间的关联切断，并禁止该中断事件。

（5）清除中断事件。清除中断事件指令从中断队列中清除所有EVNT类型的中断事件。使用此指令从中断队列中清除不需要的中断事件。如果此指令用于清除假的中断事件，在从队列中清除事件之前要首先分离事件。否则，在执行清除事件指令之后，新的事件将被增加到队列中。

（6）输入图7.1所示的梯形图程序，并对程序进

86

行调试。

7.2 定时中断编程实训

1. 目的与要求

熟悉子程序和中断程序的设计方法，熟悉定时中断的使用方法，掌握定时中断时间间隔寄存器 SMB34 的使用。

2. 内容与操作

定时中断的定时时间最长为 255ms，用定时中断 0 实现周期为 2s 的高精度定时。

为了实现周期为 2s 的高精度周期性操作的定时，可以将定时中断的定时时间间隔设为 250ms，在定时中断 0 的中断程序中，将 VB10 加 1，然后用比较指令判断 VB10 是否等于 8，若相等（中断了 8 次，对应的时间间隔为 2s），在中断程序中执行每 2s 一次的操作，使 QB0 加 1。

（1）定时中断程序如图 7.2 所示，按图 7.2 的程序调试控制程序。

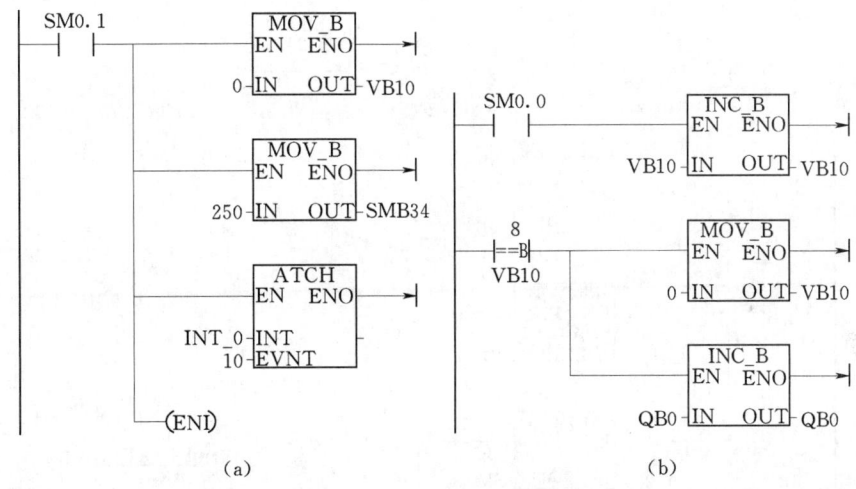

图 7.2　定时中断梯形图程序

(a) 主程序；(b) 中断程序

（2）编译和下载图 7.2 所示的周期为 2s 的定时中断程序后，运行程序。观察 Q0.0～Q0.7 对应的 LED，检查程序的运行情况。按以下步骤检查程序是否正确：

1）首次扫描时，特殊寄存器 SM0.1 该位 ON，打开状态表，观察 Q0.0～Q0.7 初始是否为 00000000。

2）打开状态表，观察 VB10 是否循环从 0 增至 8。

3）打开状态表，观察 Q0.0～Q0.7 是否从 00000000 循环增加一位。

4）打开状态表，观察 QB0 是否循环从 0 增至 255。

3. 思考题

定时中断定时与定时器定时有何区别？

7.3 中断程序编程实训

1. 目的与要求

(1) 熟悉子程序和中断程序的设计方法，熟悉定时中断的使用方法。

(2) 掌握使用定时中断控制流水灯。

2. 内容与操作

本项目使 8 位流水灯循环左移。定时中断 0 的中断号为 10，SMB34 中的定时时间设定值为 1～255ms。流水灯移位的延时时间一般大于 255ms，将中断的时间间隔设为 250ms，用 VB0 作中断次数计数器，在中断服务程序中将 VB0 加 1，然后用比较指令判断 VB0 是否为预设定的次数 N。若为 1 则将 QB0 循环左移一位，同时将 VB0 清零。移位的时间间隔为 0.25N（s）。

(1) 使用定时中断控制流水灯程序如图 7.3 所示，按图 7.3 所示的程序调试控制程序。

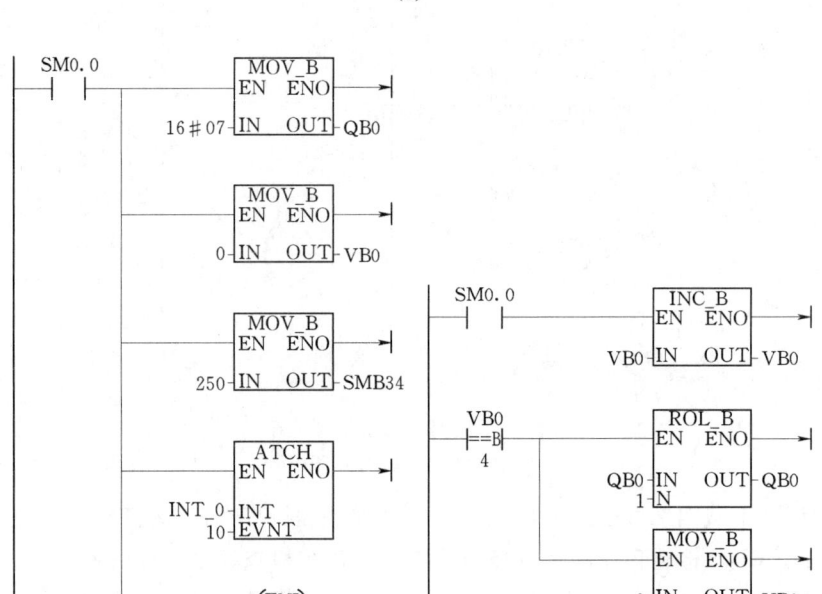

图 7.3 定时中断流水灯控制梯形图程序

(a) 主程序；(b) 子程序；(c) 中断程序

(2) 编译和下载图 7.3 所示的定时中断的流水灯控制程序后，运行程序。观察 Q0.0～Q0.7 对应的 LED，检查程序的运行情况。按以下步骤检查程序是否正确：

1) 首次扫描时，特殊寄存器 SM0.1 该位 ON，打开状态表，观察 Q0.0～Q0.7 初始是否为 00000111。

2）打开状态表，观察 VB0 是否循环从 0 增至 4。

3）打开状态表，观察 Q0.0～Q0.7 是否从 00000111 循环向右移动一位。

3. 思考题

（1）使用子程序及中断程序时，需要注意哪些问题？

（2）如何正确理解"中断"？

7.4　实时时钟指令实训

1. 目的与要求

熟悉读实时时钟指令（TODP）和设置（写）实时时钟（TODW）的使用。

2. 内容与操作

（1）读实时时钟和写实时时钟。读实时时钟（TODP）指令从硬件时钟中读当前时间和日期，并把它装载到一个起始地址为 T 的 8 字节时间缓冲区中，写实时时钟（TODW）指令将当前时间和日期写入硬件时钟，当前时钟存储在地址 T 开始的 8 字节时间缓冲区中。需要注意的是，必须按照 BCD 码的格式编码所有的日期和时间值，如 16♯13010223，16♯10370004 代表 2013 年 1 月 2 日 23 时 10 分 37 秒，星期三。

（2）使 END＝0 的错误条件。

1）0006（间接地址）。

2）0007（TOD 数据错误），只对写实时时钟指令有效。

3）000C（不存在）。

（3）8 个字节时间缓冲区格式见表 7.1（T 为起始字节）。

表 7.1　　　　　　　　　　　时 间 缓 冲 区 格 式

字节地址	T	T+1	T+2	T+3	T+4	T+5	T+6	T+7
含义	年	月	日期	小时	分钟	秒	保留	星期几
数据范围	0～99	1～12	1～31	0～23	0～59	0～59	00	1～7

需要说明的是，T+6 系统保留，数据始终为 00；T+7 表示的星期几中，1 为星期日，2 为星期一，依此类推。

（4）时钟指令的有效操作数见表 7.2。

表 7.2　　　　　　　　　　　时钟指令的有效操作数

输入/输出	数据类型	操　作　数
T	BYTE	IB、QB、VB、MB、SMB、SB、LB、＊VD、＊LD、＊AC

（5）编译和下载图 7.4 所示的实时时钟程序后，运行程序。

3. 思考题

实时时钟指令的应用场合是什么？

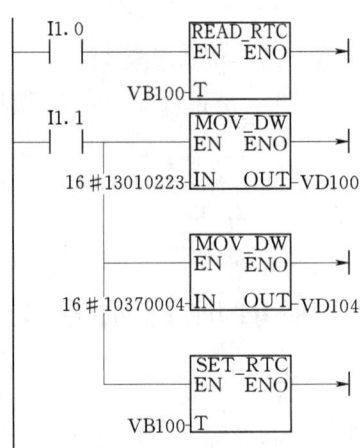

图 7.4 实时时钟程序

7.5 脉 冲 输 出 指 令 实 训

1. 目的与要求

(1) 掌握脉冲输出指令的操作。

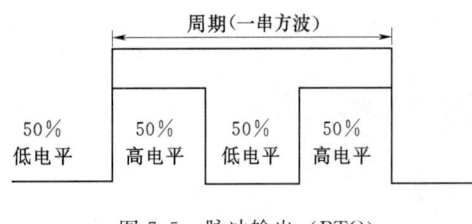

图 7.5 脉冲输出 (PTO)

(2) 了解脉冲指令的功能。

2. 内容与操作

脉冲输出指令 (PLS) 用于在高速输出 (Q0.0 和 Q0.1) 上控制脉冲串输出 (POT) 和脉宽调制 (PWM) 功能。

脉冲串操作 (PTO), 按照给定的脉冲个数和周期输出一串方波 (占空比 50%),

如图 7.5 所示, PTO 可以生产单段脉冲串或者多段脉冲 (使用脉冲包络)。可以指定脉冲数和周期 (以微秒或毫秒为增加量), 见表 7.3。

表 7.3 PTO 功能的脉冲个数及周期

脉冲个数/周期	结 果
周期小于 2 个时间单位	将周期缺省地设定为 2 个时间单位
脉冲个数＝0	将脉冲个数缺省地设定为 1 个脉冲

(1) PTO 脉冲串的单段管线。在单段管线模式, 需要为下一个脉冲串更新特殊寄存器。一旦启动了起始 PTO 段, 就必须按照第二个波形的要求改变特殊寄存器, 并再次执行 PLS 指令。第二个脉冲串的属性在管线中一直保持到第一个脉冲串发送完成。在管线中一次只能存储一段脉冲串的属性。当第一个脉冲串发送完成时, 接着输出第二个波形, 此时管线可以用于下一个新的脉冲串。重复这个过程可以再次设定下一个脉冲串的特性。

除去以下两种情况之外, 脉冲串之间可以做到平滑转换: 时间基准发生了变化或者在利用 PLS 输出新脉冲之前，启动的脉冲串已经完成。

（2）PTO 脉冲串的多段管线。在多段管线模式，CPU 自动从 V 存储区的包络表中读出每个脉冲串的特性。在该模式下，仅使用特殊存储区的控制字节和状态字节。选择多段操作，必须装入包络表在 V 存储器中的起始地址偏移量（SMW168 或 SMW178）。时间基准可以选择微秒或毫秒，但是，在包络表中的所有周期值必须使用同一个时间基准，而且在包络正在运行时不能改变。执行 PLS 指令来启动多段操作。

每段记录的长度为 8 个字节，有 16 位周期表、16 位周期增量值和 32 位脉冲个数值组成。表 7.4 种给出了包络表的格式。用户可以通过编程的方式使脉冲的周期自动增减。在周期增量处输入一个正值将增加周期；输入一个负值将减少周期；输入 0 将不改变周期。

当 PTO 包络执行时，当前启动的段的编号保存在 SMB166（或 SMB176）中。

表 7.4　　　　　　　　　　　多段 PTO 操作的包络表格式

字节偏移量	包络段数	描　　　　述
0		段数 1～255
1		初始周期（2～65535 时间基准单位）
3	♯1	每个脉冲的周期增量（有符号值）（−32768～32767 时间基准单位）
5		脉冲数（1～4294967295）
9		初始周期（2～65535 时间基准单位）
11	♯2	每个脉冲的周期增量（有符号值）（−32768～32767 时间基准单位）
13		脉冲数（1～4294967295）
（连续）	♯3	（连续）

输入 0 作为脉冲串的段数会产生一个非致命错误，将不产生 PTO 输出。

（3）脉宽调制（PWM）。PWM 产生一个占空比变化周期固定的脉冲输出，如图 7.6 所示，用户可以以微秒或毫秒为单位指定其周期和脉冲宽度。

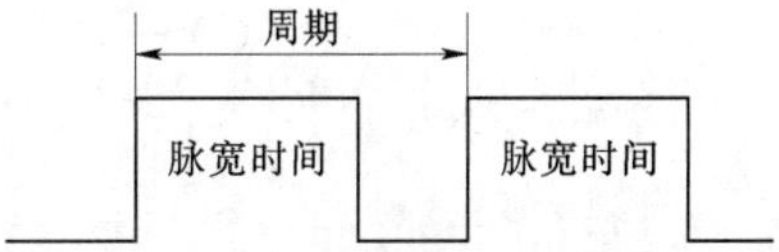

周期：10～65535μs 或者 2～65535ms。

脉宽：0～65535μs 或者 0～65535ms。

设定脉宽等于周期（使占空比为 100%），输出连续接通，设定脉宽等于 0（使占空比为 0%），输出断开，见表 7.5。

图 7.6　脉宽调制（PWM）

表 7.5　　　　　脉宽、周期和 PWM 功能的执行结果

脉宽/周期	结果
脉宽不小于周期	占空比为 100%：输出连续接通
脉宽＝0	占空比为 0%：输出断开
周期小于 2 个时间单位	将周期缺省地设定 2 个时间单位

有以下两个方法改变 PWM 波形的特性。

同步更新：如果不需要改变时间基准，就可以进行同步更新。利用同步更新，波形特

征的变化发生在周期边沿，提供平滑转换。

异步更新：PWM 的典型操作是当周期时间保持常数时变化脉冲宽度。所以，不需要改变时间基准。但是，如果需要改变 PTO/PWM 发生器的时间基准，就要使用异步更新。异步更新会造成 PTO/PWM 功能被瞬时禁止，与 PWM 波形不同步。这会引起被控设备的振动。因此，建议采用 PWM 同步更新。选择一个适合于所有周期时间的时间基准。

在 S7—200 系列中输出端 Q0.0 和 Q0.1 能够输出矩形波信号，而且方波信号的周期和脉宽均能独立调节，其中脉宽指的是在一个周期内，输出信号处于高电平的时间长度。

（4）程序流程。如图 7.7 所示的例子说明了脉宽调制（PWM）的工作方法。输出端 Q0.0 输出方波信号，其脉宽每周期递增 0.5s，周期固定为 5s，并且脉宽的初始值为 0.5s。当脉宽达到设定的最大值 4.5s 时，脉宽改为每周期递减 0.5s，直到脉宽为零为止。以上过程周而复始。

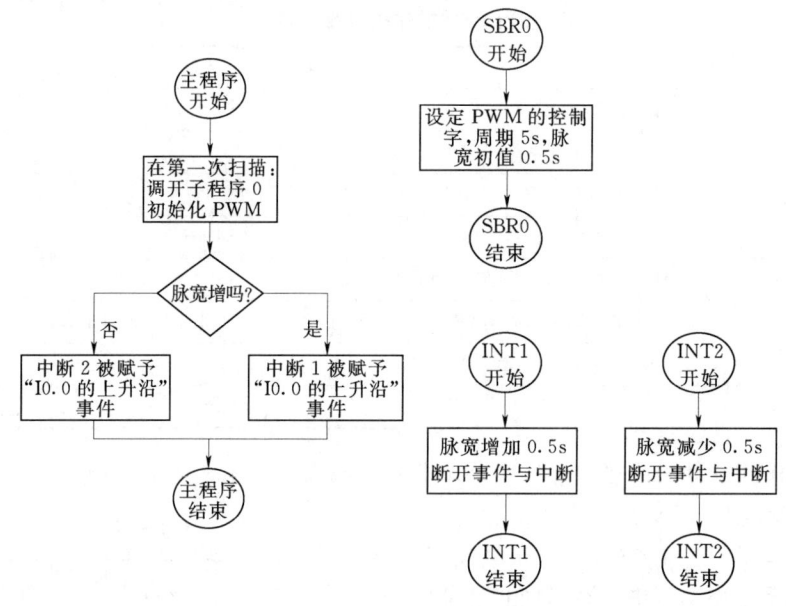

图 7.7　程序流程图

在这个例子中必须把输出端 Q0.0 与输入端 I0.0 连接，这样程序才能控制 PWM。

（5）程序及其注解。特殊存储字节 SMB67 用来初始化输出端 Q0.0 的 PWM。这个控制字内含 PWM 允许位，修改周期和脉宽的允许位以及时间基数选择位等，由子程序 0 来调整这个控制字节。通过 ENI 指令，使所有的中断成为全局允许，然后通过 PLS0 指令，使系统接受各设定值，并初始化"PTO/PWM 发生器"，从而在输出端 Q0.0 输出脉宽调制（PWM）信号。

另外，周期 5s 是通过将数值 5000 置入特殊存储字 SMW68 来实现的，初始脉宽 0.5s 则通过将 500 写入特殊存储字 SMW70 来实现。

这个初始化过程是在程序的第一个扫描周期通过执行子程序 0 来实现，第一个扫描周期标志是 SM0.1＝1。当一个 PWM 循环结束，即当前脉宽为 0s 时，将再一次初始化 PWM。

辅助内存标记 M0.0 用来表明脉宽是增加还是减少，初始化时将这个标记设为增加。输出端 Q0.0 与输入端 I0.0 相连，这样输出信号也可送到输入端 I0.0。当第一个方波脉冲输出时，利用 ATCH 指令，把中断程序 1（INT1）赋给中断事件 0（I0.0 的上升沿）。

每个周期中断程序 1 将当前脉宽增加 0.5s，然后利用 DTCH 指令分离中断 INT1，使这个中断再次被屏蔽。如果在下次增加时，脉宽不小于周期，则将辅助内存标记位 M0.0 再次置 0。这样就把中断程序 2 赋予事件 0，并且脉宽也将每次递减 0.5s。当脉宽值减为零时，将再次执行，初始化程序（子程序 0）。

```
// * * * * * * * * * * * 主程序 * * * * * * * * *
LD  SM0.1              // 在第一个扫描周期 SM0.1＝1。
CALL  0               // 调用子程序 0 来起动 PWM，即初始化 PWM。
LDW>=  SMW70，VW0      // 如果脉宽大于等于（周期—脉宽），
R  M0.0，1            // 则将辅助内存标记位 M0.0 置 0。
LDW=  SMW70，0        // 如果脉宽为零，
CALL  0               // 则调用子程序 0 来重新开始一个完整的 PWM。
LD  I0.0             // 如果输入 I0.0＝1。
A  M0.0             // 且辅助内存标记位 M0.0＝1（脉宽增加），
ATCH  1，0           // 则把 INT1 赋给事件 0（输入 I0.0 的正向上升沿）。
LD  I0.0             // 如果输入 I0.0＝1。
AN  M0.0            // 且辅助内存标记位 M0.0＝0（脉宽减少），
ATCH  2，0           // 则把 INT2 赋给事件 0（输入 I0.0 的正向上升沿）。
MEND               // 主程序结束。

// * * * * * * * * 子程序 0 * * * * * * * * *
SBR  0              // 初始化脉宽调制。
S  M0.0，1          // 将增加脉宽的辅助内存标记位 M0.0 置 1。
MOVB  16#CB，SMB67    // 设定输出端 Q0.0 的 PTO/PWM 控制字节。

                    // SM67.0：＝1   允许接受新的周期。
                    // SM67.1：＝1   允许接受新的脉宽。
                    // SM67.3：＝1   时间基数为 1ms（若为 0，则时间基数为 1μs）。
                    // SM67.6：＝1   选择 PWM 模式（若为 0，则为 PTO 模式）。
                    // SM67.7：＝1   允许高速输出功能。

MOVW  500，SMW70      // 指定初始脉宽（500ms）。
MOVW  5000，SMW68     // 周期为 5s。

ENI                // 允许全部中断。
PLS0               // 对 PTO/PWM 生成器编程的指令。
MOVW  SMW68，VW0      // 将周期置入数据字 VW0。
-1  500，VW0         // 将（周期—脉宽）的值置入数据字 VW0。
RET                // 子程序 0 结束并返回主程序。

// * * * * * * * * * 中断服务程序 1 * * * * * * * * *
INT  1             // 增加脉宽。
+1  500，SMW70       // 脉宽增加 500ms。
```

```
PLS  0                        // 对 PTO/PWM 生成器编程的指令。
DTCH  0                       // 将中断与事件 0 断开。
RETI                          // 中断服务程序 1 结束,并返回主程序。

// * * * * * * * * 中断服务程序 2 * * * * * * * *

INT  2                        // 减少脉宽。
-1  500, SMW70                // 脉宽减少 500ms。
PLS  0                        // 对 PTO/PWM 生成器编程的指令。
DTCH  0                       // 将中断与事件 0 断开。
RETI                          // 中断服务程序 2 结束,并返回主程序。
```

3. 思考题

(1) 脉冲输出指令的一般在何处使用?

(2) 两种脉冲输出指令的区别在什么地方?

7.6 高速计数器指令实训

1. 目的与要求

(1) 掌握高速计数器的基本工作方式。

(2) 掌握高速计数器的应用。

2. 内容与操作

(1) 程序流程及示意如图 7.8 所示。

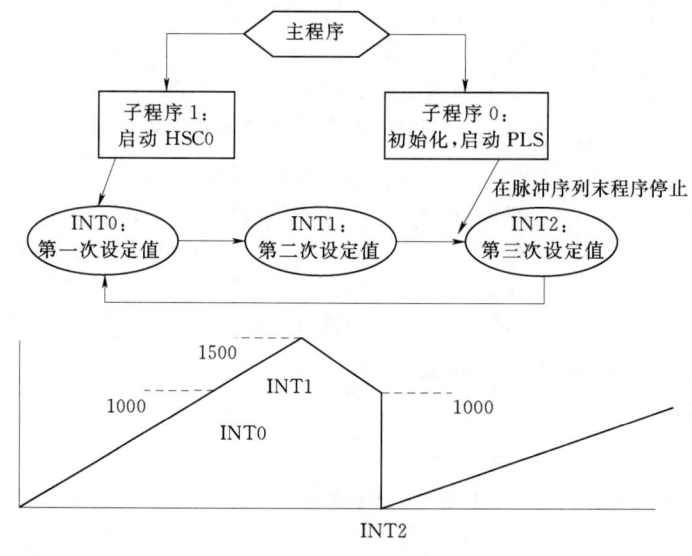

图 7.8 程序流程及示意图

本例介绍 SIMATIC S7—200 的高速计数器 (HSC) 的一种组态功能。对来自传感器 (如编码器) 信号的处理,高速计数器可采用多种不同的组态功能。

本例用脉冲输出 (PLS) 来为 HSC 产生高速计数信号,PLS 可以产生脉冲串和脉宽调制信号,如用来控制伺服电机。既然利用脉冲输出,必须选用 CPU 224DC/DC/DC。

下面这个例子,展示了用 HSC 和脉冲输出构成一个简单的反馈回路,以及如何编制一个程序来实现反馈功能。

(2)程序和注释。本例描述了 S7—200 DC/DC/DC 的高速计数器(HSC)的功能。HSC 计数速度比 PLC 扫描时间快得多,采用集成在 CPU 224 中的 20KB 硬件计数器进行计数。总的来说,每个高速计数器需要 10 个字节内存用来存控制位、当前值、设定值、状态位。

PLC 接线图如图 7.9 所示。

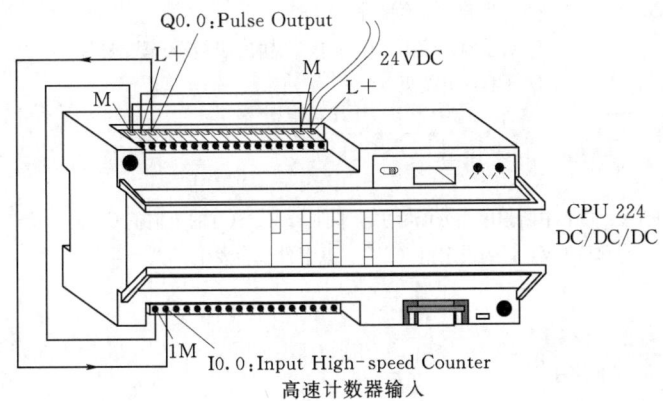

图 7.9 PLC 接线图

```
//主程序:
// 在主程序中,首先将输出 Q0.0 置 0,因为这是脉冲输出功能的需要。再初始化高速计数器 HSC0。
// 然后调用子程序 0 和 1。
// HSC0 启动后具有下列特性:可更新 CV 和 PV 值,正向计数。
// 当脉冲输出数达到 SMD72 中规定的个数后,程序就终止。

// 主程序
LD    SM0.1              // 首次扫描标志(SM0.1=1)。
R     Q0.0, 1            // 脉冲输出 Q0.0 复位(Q0.0=0)。
MOVB  16#F8, SMB37       // 装载 HSC0 的控制位:
                         //    激活 HSC0,可更新 CV,可更新 PV,
                         //    可改变方向,正向计数。
                         //    HSC 指令用这些控制位来组态 HSC。

MOVD  0, SMD38           // HSC0 当前值(CV)为 0。
MOVD  1000, SMD42        // HSC0 的第一次设定值(PV)为 1000。
HDEF  0, 0               // HSC0 定为模式 0。
CALL  0                  // 调用子程序 0。
CALL  1                  // 调用子程序 1。
MEND                     // 主程序结束。

// * * * * * * * * * * * * * * * * * * * * *

// 子程序 0:
```

// 子程序 0 初始化，并激活脉冲输出（PLS）。

// 在特殊存储字节 SMB67 中定义脉冲输出特性：脉冲串（PTO）、时基、可更新数值、激活 PLS。

// SMW68 定义脉冲周期，其值为时基的倍数。

// 最后，在 SMD72 中指定需要产生的脉冲数（SMD72 为内存双字，即 4 个字节）。

// 子程序 0：

```
SBR   0              // 子程序 0。

MOVB  16#8D, SMB67    // 装载脉冲输出（PLS0）的控制位：PTO，时基 1ms，可更新，激活。
MOVW  1, SMW68        // 脉冲周期 1ms。
MOVD  30000, SMD72    // 产生 30000 个脉冲。
PLS   0              // 启动脉冲输出（PLS0），从输出端 Q0.0 输出脉冲。
RET                  // 子程序 0 结束。
```

// *

// 子程序 1：

// 子程序 1 启动 HSC0，并把中断程序 0 分配给中断事件 12（HSC0 的当前值 CV 等于设定值 PV）。

// 只要脉冲计数值（当前值 CV）达到设定值（PV），该事件就会发生。

// 最后，允许中断。

// 子程序 1：

```
SBR   0         // 子程序 1。
ATCH  0, 12     // 把中断程序 0 分配给中断事件 12（HSC0 的 CV=PV）。
ENI             // 允许中断。
HSC   0         // 按主程序中对 HSC0 的初始组态特性，启动 HSC0。
RET             // 子程序 1 结束。
```

// *

// 中断程序 0：

// 当 HSC0 的计数脉冲达到第一设定值 1000 时，调用中断程序 0。

// 输出端 Q0.1 置位（Q0.1=1）。

// 为 HSC0 设置新的设定值 1500（第二设定值）。

// 用中断程序 1 取代中断程序 0，分配给中断事件 12（HSC0 的 CV=PV）。

// 中断程序 0：

```
INT   0              // 中断程序 0。
S     Q0.1, 1         // 输出端 Q0.1 置位（Q0.1=1）。
MOVB  16#A0, SMB37    // 重置 HSC0 的控制位，仅更新设定值（PV）。

MOVD  1500, SMD42     // HSC0 的下一个设定值为 1500（第二设定值）。
ATCH  1, 12          // 用中断程序 1 取代中断程序 0，分给中断事件 12。
HSC   0              // 启动 HSC0，为其装载新的设定值。
RETI                 // 中断程序 0 结束。
```

// *

// 中断程序 1：

// 当 HSC 0 的计数脉冲达到第二设定值 1500 时，调用中断程序 1。

// 输出端 Q0.2 置位（Q0.2＝1）。

// HSC 0 改成减计数，并置新的设定值 1000（第三设定值）。

// 用中断程序 2 取代中断程序 1，分配给中断事件 12（HSC0 的 CV＝PV）。

// 中断程序 1：

INT　1　　　　　　　　// 中断程序 1。

S　Q0.2，1　　　　　　// 输出端 Q0.2 置位（Q0.2＝1）。

MOVB　16♯B0，SMB37　　// 重置 HSC0 的控制位，更新设定值，并改成减计数（反向计数）。

MOVD　1000，SMD42　　 // HSC0 的下一个设定值为 1000（第三设定值）。

ATCH　2，12　　　　　　// 用中断程序 2 取代中断程序 1，分配给中断事件 12。

HSC　0　　　　　　　　 // 启动 HSC0，为其装载新的设定值和方向。

RETI　　　　　　　　　 // 中断程序 1 结束。

// ＊ ＊ ＊ ＊ ＊ ＊ ＊ ＊ ＊ ＊ ＊ ＊ ＊ ＊ ＊ ＊ ＊ ＊ ＊

// 中断程序 2：

// 当 HSC0 的计数脉冲达到第三设定值 1000 时，调用中断程序 2。

// 输出端 Q0.1 和 Q0.2 复位（Q0.1＝0，Q0.2＝0）。

// HSC0 的计数方向重新改为正向（增计数），并将当前计数值置为 0，而设定值 PV 保持不变（1000）。

// 重新把中断程序 0 分配给中断事件 12，程序再次启动 HSC0。

// 当脉冲数达到 SMD72 中规定的个数后，程序就终止。

// 中断程序 2：

INT　2　　　　　　　　 // 中断程序 2。

R　Q0.1，2　　　　　　 // 输出端 Q0.1 和 Q0.2 复位（Q0.1＝0，Q0.2＝0）。

MOVB　16♯D8，SMB37　　// 重置 HSC0 的控制位，更新 CV，改为正向计数（增计数）。

MOVD　0，SMD38　　　　 // HSC0 的当前值复位（CV＝0）。

ATCH　0，12　　　　　　// 把中断程序 0 分配给中断事件 12。

HSC　0　　　　　　　　 // 重新启动 HSC0。

RETI　　　　　　　　　 // 中断程序 2 结束。

3. 思考题

（1）高速计数器所记高速脉冲的来源是什么？

（2）使用高速计数器时，一般应注意哪些问题？

第8章 S7—200 系列 PLC 网络及通信实训

8.1 PLC 的通信编程实训

1. 目的与要求

熟悉通信指令的编程方法和操作过程。

2. 所需设备、工具及材料

计算机 1 台，S7—200PLC 2 台，RS—232/PPI 编程电缆 1 根，模拟输入开关 2 套，模拟输出装置 2 套，导线若干。

3. 内容与操作

两台 S7—200PLC 与装有编程软件的计算机通过 RS—485 通信接口组成通信网络。

（1）建立 PLC 与 PC 之间的通信。PLC 与 PC 之间的建立通信时，应将 PLC 的工作方式置为 STOP 状态。将 RS—232/PPI 电缆的 RS—232 端连接到计算机上，RS—485 端分别连接到两台 PLC（如 S7—200 CPU224 模块）的端口 1 上。通过编程软件的系统块分别将他们的端口 0 的站地址设为 2 和 3，并将系统块参数和用户程序分别下载到各自的 CPU 模块中。

（2）建立 PLC 与 PLC 之间的通信。PLC 与 PLC 之间建立通信时，应将 PLC 的工作方式置为 STOP 状态。用网络连接器将两台 PLC 的端口 0 连接起来。接在网络末端的连接器必须有终端匹配和偏置电阻，即将开关放在 ON 的位置上。连接器内有 4 个端子 A1、B1、A2、B2，用电缆连接时，请注意接线端子的连接，例如，分别将两个连接器的 A 端子和 A 端子连在一起，B 端子和 B 端子连在一起。

（3）PPI 主站模式的通信，如图 8.1 所示。

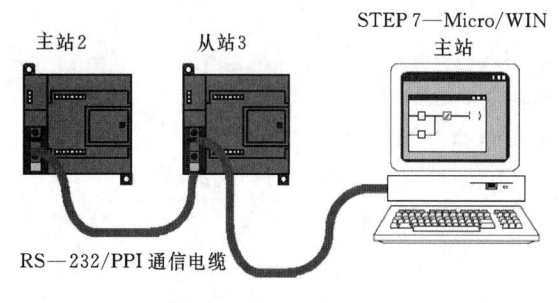

图 8.1　主站与从站示意图

将 PLC 甲（主站 2）和 PLC 乙（从站 3）的工作方式置为 RUN 状态。以图 8.2、图 8.3 为例进行通信操作。

将图 8.2、图 8.3 的通信程序分别输入到 PLC 甲（主站 2）和 PLC 乙（从站 3）中，并进行调试。当 PLC 乙（从站 3）的输入端子 I0.0 每接通一次，观察 VB207 各位的状态的变化，至少通、断 5 次以上。

为便于观察，在调试过程中可通过 PLC 甲（主站 2）的输出端口观察 VB207 各位的

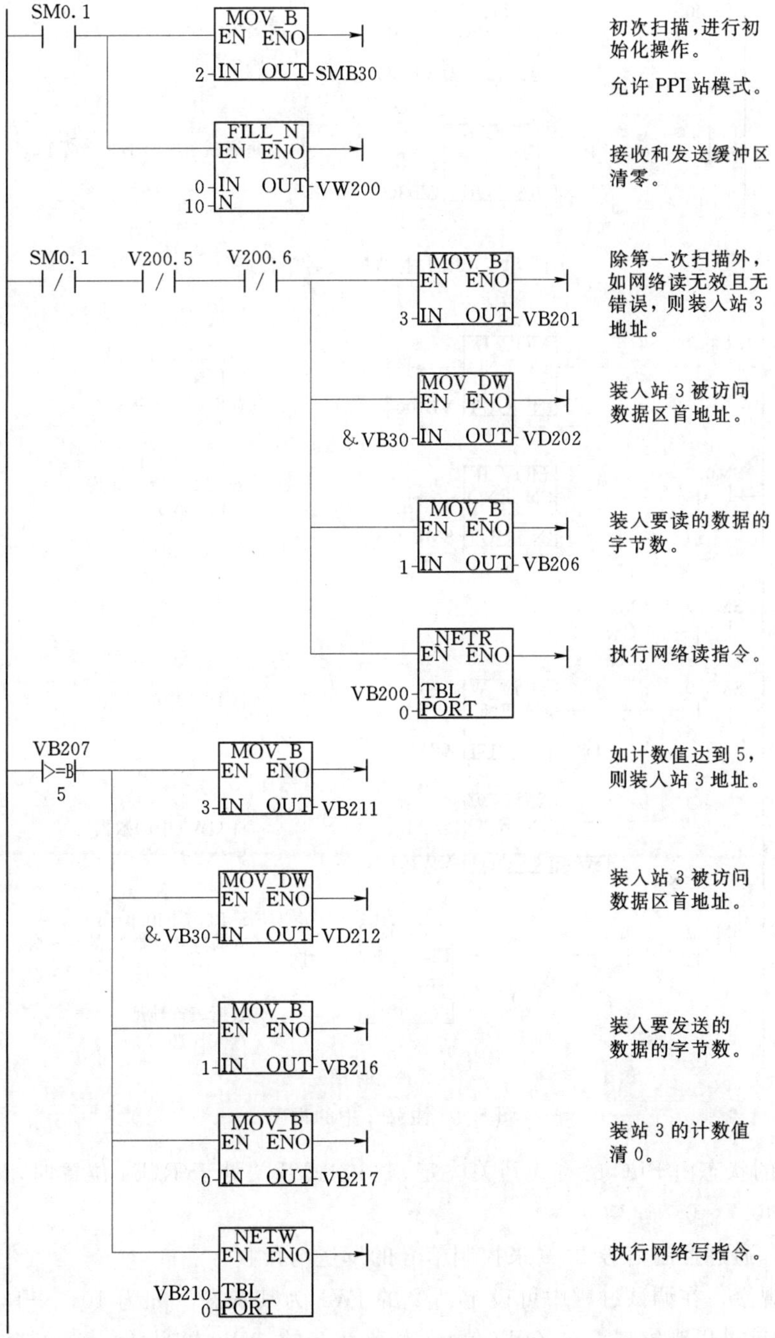

SM0.1　　　　MOV_B
├─┤ ├──────┤EN　ENO├──┤
　　　　　　2─│IN　OUT├─SMB30

　　　　　　　FILL_N
　　　├────┤EN　ENO├──┤
　　　　　　0─│IN　OUT├─VW200
　　　　　10─│N│

初次扫描,进行初始化操作。

允许 PPI 站模式。

接收和发送缓冲区清零。

SM0.1　V200.5　V200.6　　MOV_B
├─┤/├──┤/├──┤/├──────┤EN　ENO├──┤
　　　　　　　　　　　3─│IN　OUT├─VB201

　　　　　　　　　　　　MOV_DW
　　　　　　├────────┤EN　ENO├──┤
　　　　　　　　　&VB30─│IN　OUT├─VD202

　　　　　　　　　　　　MOV_B
　　　　　　├────────┤EN　ENO├──┤
　　　　　　　　　　1─│IN　OUT├─VB206

　　　　　　　　　　　　NETR
　　　　　　├────────┤EN　ENO├──┤
　　　　　VB200─│TBL│
　　　　　　0─│PORT│

除第一次扫描外,如网络读无效且无错误,则装入站 3 地址。

装入站 3 被访问数据区首地址。

装入要读的数据的字节数。

执行网络读指令。

VB207　　　　　MOV_B
│>=B├────────┤EN　ENO├──┤
　5　　　　　　3─│IN　OUT├─VB211

　　　　　　　　　MOV_DW
　　├──────────┤EN　ENO├──┤
　　　　　　&VB30─│IN　OUT├─VD212

　　　　　　　　　MOV_B
　　├──────────┤EN　ENO├──┤
　　　　　　　1─│IN　OUT├─VB216

　　　　　　　　　MOV_B
　　├──────────┤EN　ENO├──┤
　　　　　　　0─│IN　OUT├─VB217

　　　　　　　　　NETW
　　├──────────┤EN　ENO├──┤
　　　VB210─│TBL│
　　　　0─│PORT│

如计数值达到 5,则装入站 3 地址。

装入站 3 被访问数据区首地址。

装入要发送的数据的字节数。

装站 3 的计数值清 0。

执行网络写指令。

图 8.2　PPI 主站模式通信程序

状态的变化;通过 PLC 乙(从站 3)的输出端口观察 VB300 各位的状态的变化。

　　(4) 自由口通信。将 PLC 甲(主站 2)和 PLC 乙(从站 3)的工作方式置为 RUN 状态。以图 8.4、图 8.5 为例进行通信操作。将图 8.4、图 8.5 的通信程序分别输入到 PLC 甲(主站 2)和 PLC 乙(从站 3)中,并进行调试。

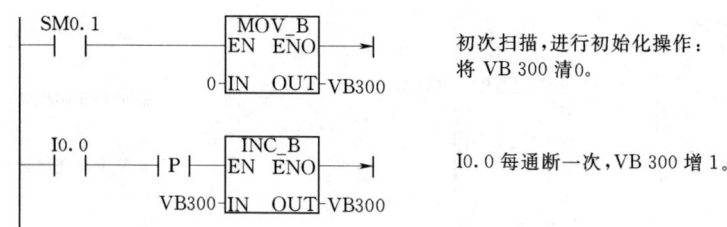

图 8.3　PPI 主站模式通信程序

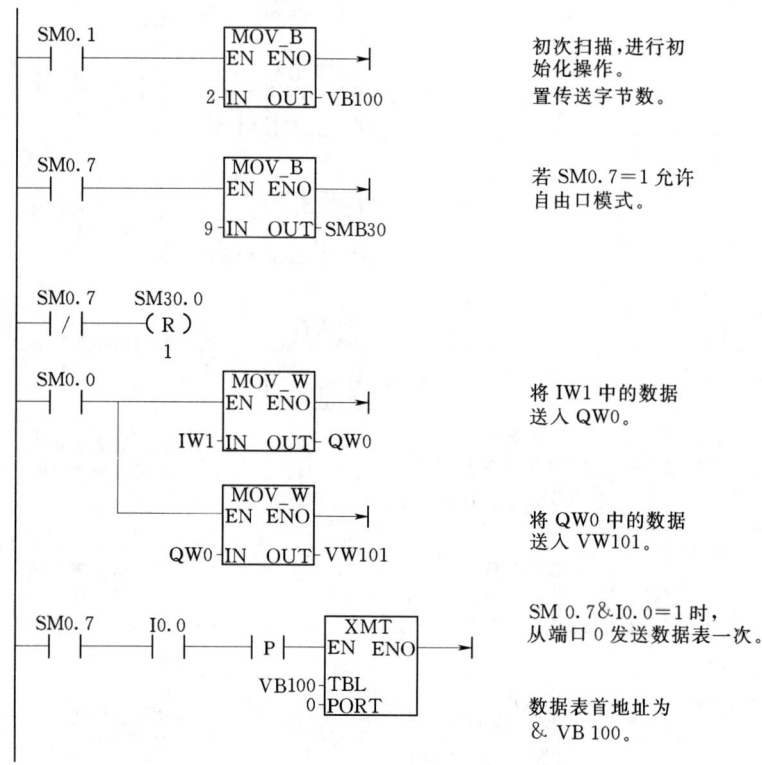

图 8.4　主站 2 中的程序

SM0.7 的状态由 PLC 的方式开关决定，当方式开关处于 RUN 位置时，SM0.7＝1；其他位置 SM0.7＝0。

操作时，通过控制信号 I0.0 来控制信号的发送与接收。

为便于观察，在调试过程中可设定站 2 的 IW1 为某状态（如为 1010—1010—1010—1010），这样就可以观察站 2 的 QW0 的状态和站 3 的 QW0 的状态。改变输入信号的状态，注意观察输出信号的变化。

4. 预习要求

复习 PLC 通信指令的内容，阅读本实训的有关程序。注意程序中的有关参数的设定。

5. 思考题

在接收指令（RCV）的操作过程中，如何定义信息的起始条件和结束条件？

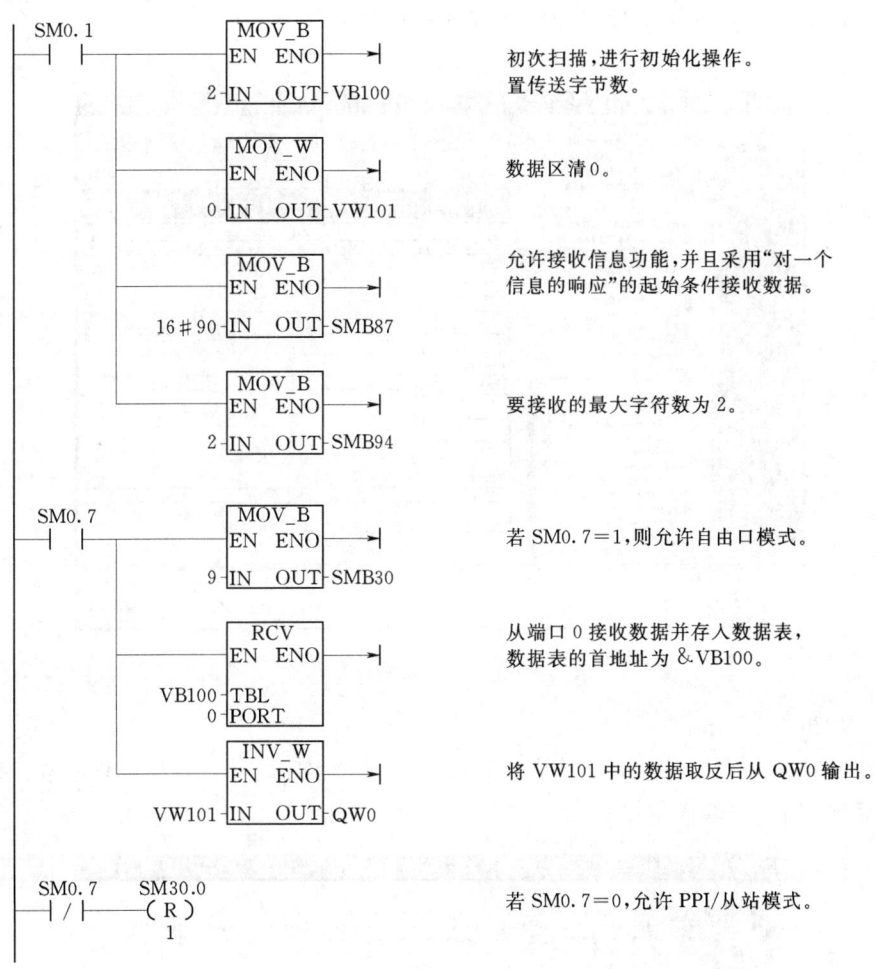

图 8.5　从站 3 中采用 RCV 指令进行接收数据的程序

8.2　CP243—1 与上位机的连接实现方法

1. 目的与要求

熟悉 CP243—1 模块与上位机的连接方法和参数设置的操作过程。

2. 所需环境

(1) 软件环境。带有 STEP 7—Micro/WIN 软件的编程环境，软件版本在 3.2SP1 以上。

(2) 硬件环境。安装了 STEP 7—Micro/WIN 软件且带有以太网卡的 PC 机 1 台；S7—200 PLC 1 台，CP243—1 模块 1 个，RS—232/PPI 编程电缆一根，1 个 PPI 电缆和对等网连线，导线若干。

3. 组态通信过程

组态 CP243—1。使用 STEP 7—Micro/WIN 中的向导程序。在命令菜单中选择

"Tools→Ethernet Wizard"，将弹出如图 8.6 所示对话框。

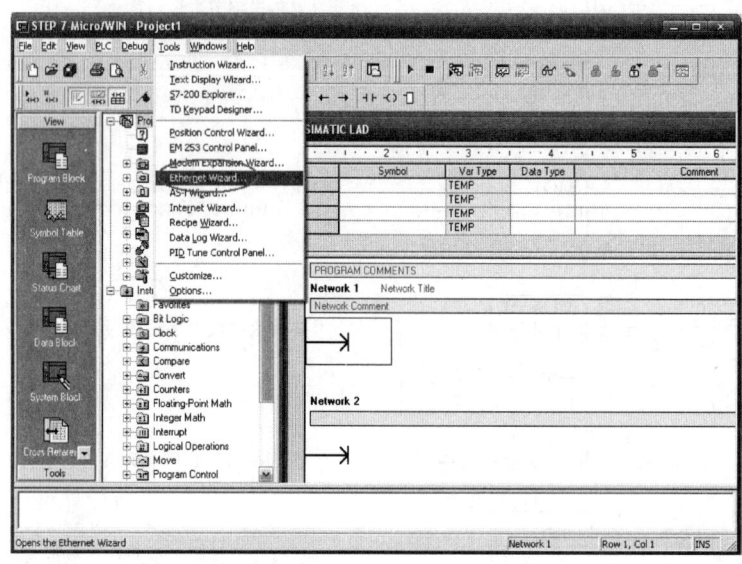

图 8.6　向导程序

（1）如图 8.7 所示：

1）点击"Next＞"按钮，系统会提示在使用向导程序之前，要先对程序进行编译。

2）点击"Yes"编译程序。

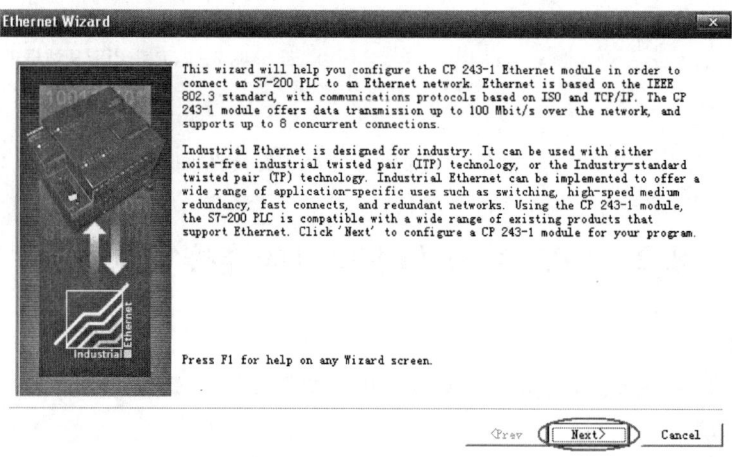

图 8.7　以太网向导（一）

（2）如图 8.8 所示：

1）在此处选择模块的位置。

2）在线的情况下，可以用"Read Modules"按钮搜寻在线的 CP243—1 模块。

3）点击"Next＞"按钮。

（3）如图 8.9 所示：

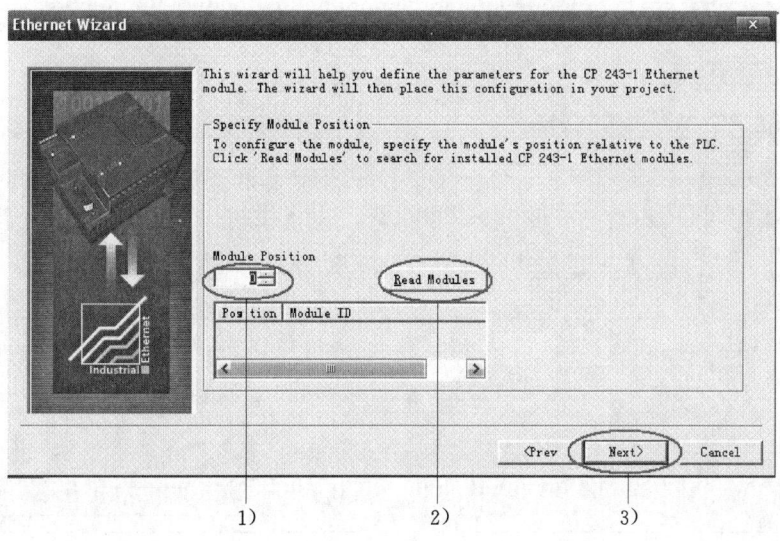

图 8.8　以太网向导（二）

1）填写 IP 地址。

2）填写子网掩码。

3）填写子网关地址，以上地址可在编程计算机上查找。

4）选择模块的通信类型。

5）点击"Next＞"按钮。

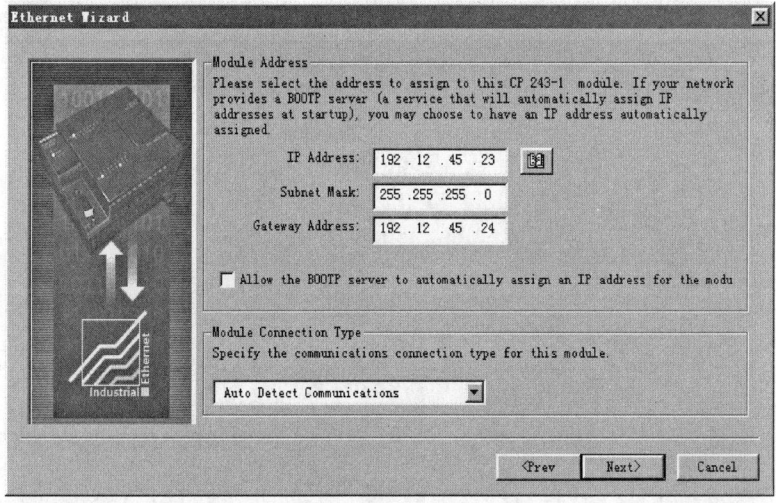

图 8.9　以太网向导（三）

（4）如图 8.10 所示：

1）填写模块占用的输出地址，建议使用缺省值。

2）配置模块的连接个数。

3）点击"Next＞"按钮。

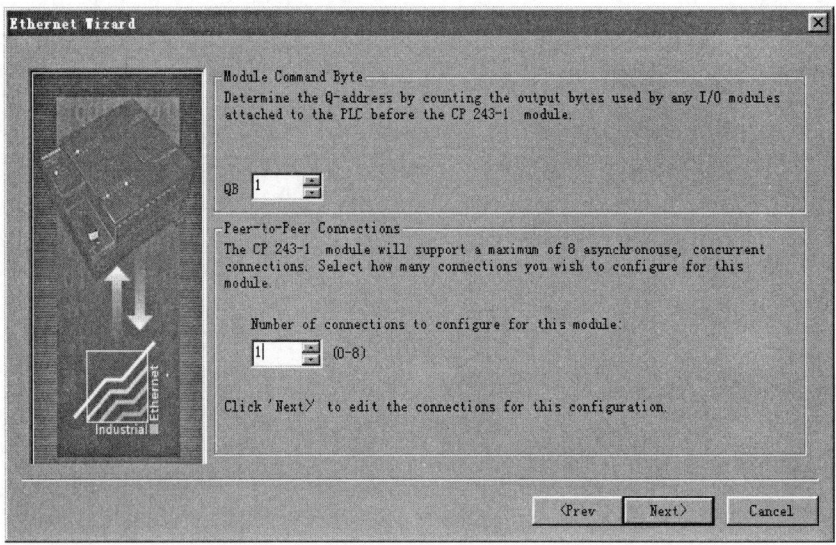

图 8.10　以太网向导（四）

（5）如图 8.11 所示：

1）配置该模块为服务器（SERVER）。

2）在此处填写 TSAP 地址，使用 10.00 。勾上接受所有的通信请求。

3）点击"OK"按钮。

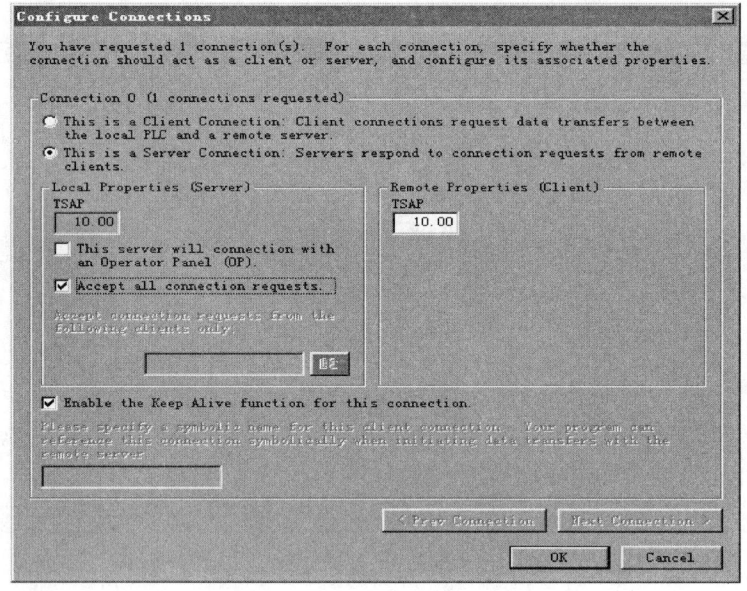

图 8.11　以太网向导（五）

（6）如图 8.12 所示：

1）选择 CRC 校验。

2）使用缺省的时间间隔 30s。

3）点击"Next>"按钮。

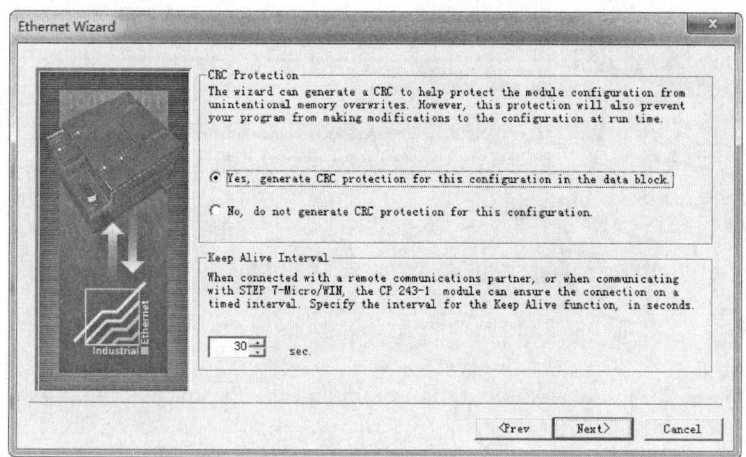

图 8.12　以太网向导（六）

（7）如图 8.13 所示：

1）填写模块所占用的 V 存储区的起始地址。

2）通过"Suggest Address"按钮来获得系统建议的 V 存储区的起始地址。

3）点击"Next>"按钮。

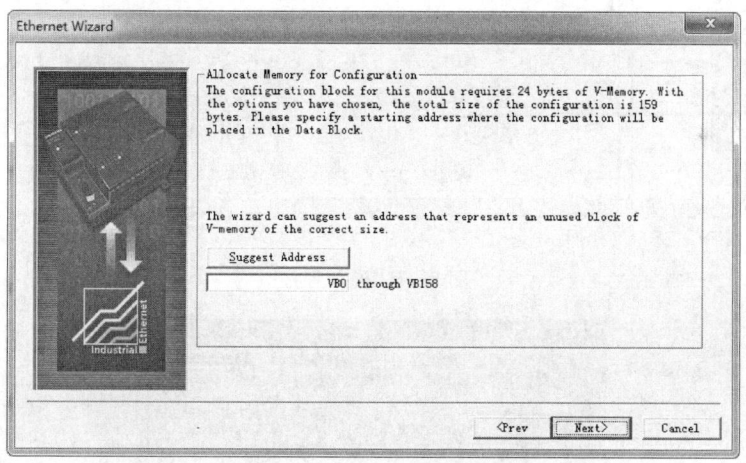

图 8.13　以太网向导（七）

（8）如图 8.14 所示：点击"Finish"按钮，完成对该模块的配置。

在 SERVER 上编写通信程序。

如图 8.15 所示：使用向导程序提供的子程序，在 SERVER 上编写图中的通信程序。然后，将整个项目下载到作 SERVER 的 CPU 上。

如图 8.16 所示：设置上位机的 IP 地址。

注意：在设置上位机的 IP 地址时必须保证该地址与以太网通信模块的 IP 地址在同一个网段中。

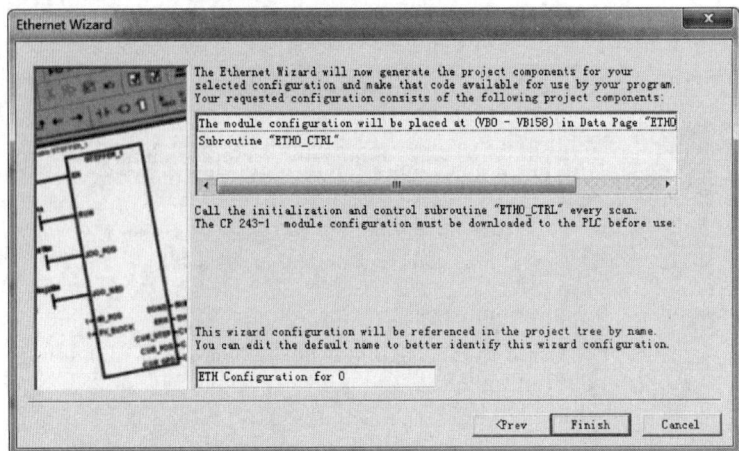

图 8.14 以太网向导（八）

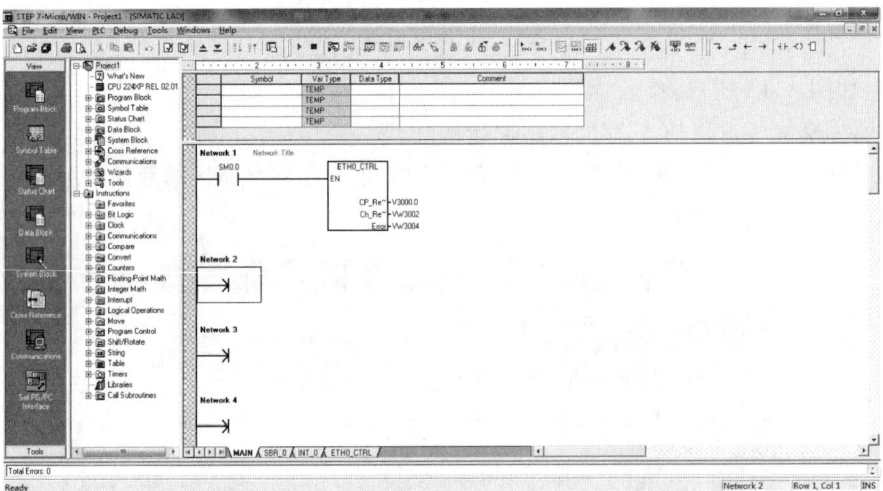

图 8.15 通信程序

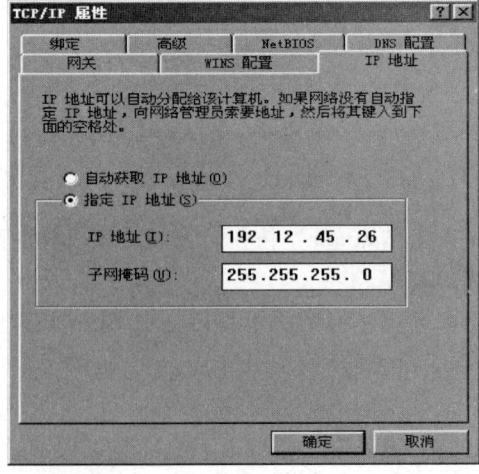

图 8.16 设置上位机的 IP 地址

监控所写程序，检查有无错误。改通信方式为以太网通信，如果正常连接，则可断开 RS—232/PPI 通信电缆，体会利用以太网通信的速度与 RS—232/PPI 的快慢程度。

8.3　通过电话网编程

1. 目的与要求

熟悉如何用 EM241 建立 Micro/WIN 与 S7—200 的连接，通信设置方法及注意事项。

2. 所需环境

（1）软件环境。带有 STEP 7—Micro/WIN 软件的编程环境，软件版本在 3.2SP1 以上。

（2）硬件环境。RS—232/PPI 电缆或者 CP5611/5511/5411 和 MPI 电缆，一个标准的调制解调器，一个 CPU224 及以上型号的 PLC，一个 EM241，两根程控电话线，或者电话交换机和电话线。

3. 组态通信过程

系统结构如图 8.17 所示。

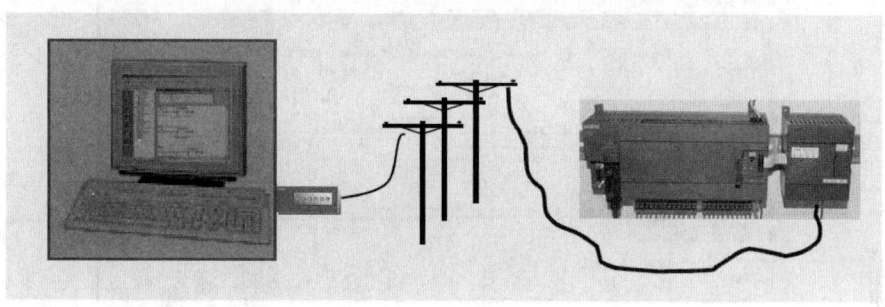

图 8.17　系统结构图

（1）如图 8.18 所示：使用 STEP 7—Micro/WIN 中的向导程序，在命令菜单中选择 "Tools>Modem Expansion Wizard"。

（2）如图 8.19 所示：选择 "Configure an EM241 Modem Module"。

1）点击 "Next>" 按钮。

2）点击 "YES" 编译当前程序。

（3）如图 8.20 所示：

1）在此处选择模块的位置。

2）在线的情况下可以用 "Read Module" 按钮搜寻在线的 EM241 模块。

3）点击 "Next>" 按钮。

（4）如图 8.21 所示：

1）在此选择模块是否需要密码保护，选项密码保护后，任何人要通过 EM241 连接 PLC 都必须提供密码。

2）在此处填写密码。

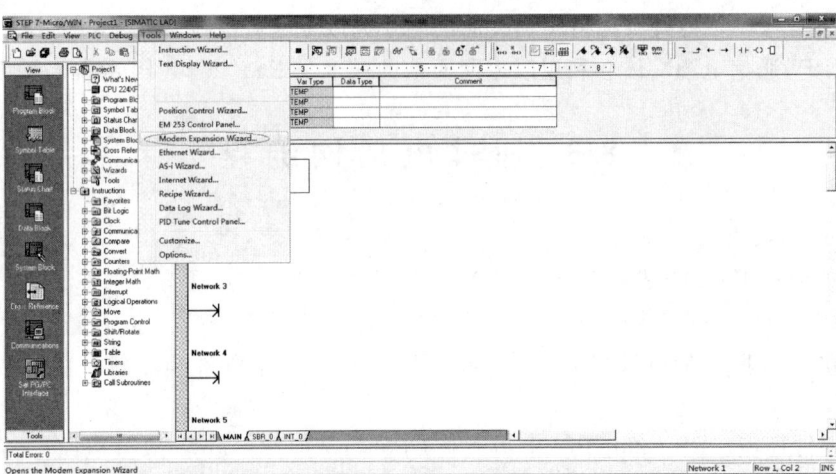

图 8.18　调制解调器扩展向导（一）

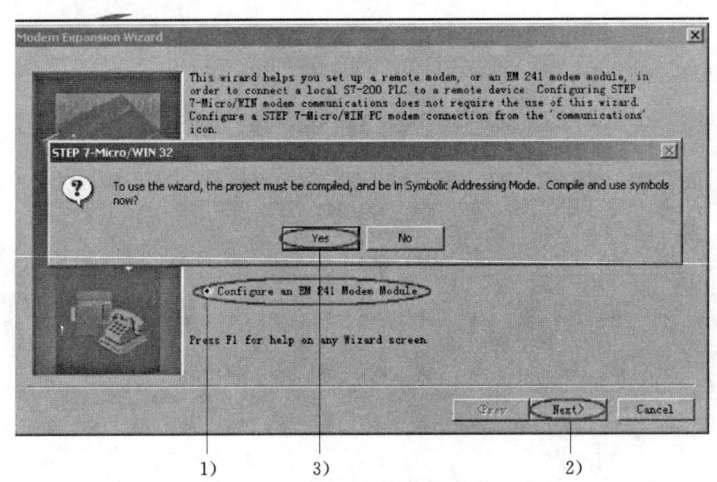

图 8.19　调制解调器扩展向导（二）

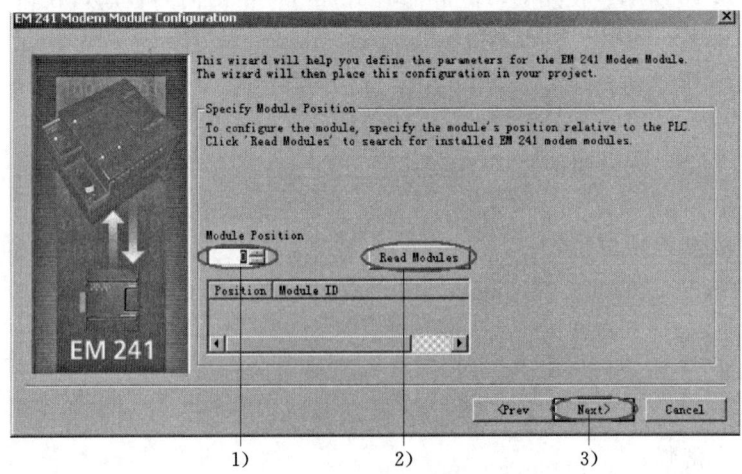

图 8.20　调制解调器扩展向导（三）

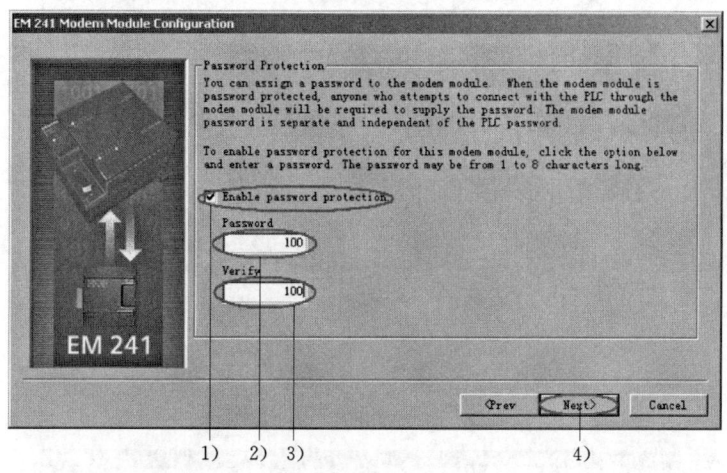

图 8.21 调制解调器扩展向导（四）

3）在此处确认密码。

4）点击 "Next＞" 按钮。

（5）如图 8.22 所示：

1）选择 "Enable PPI Protocol for the modem module"。

2）点击 "Next＞" 按钮。

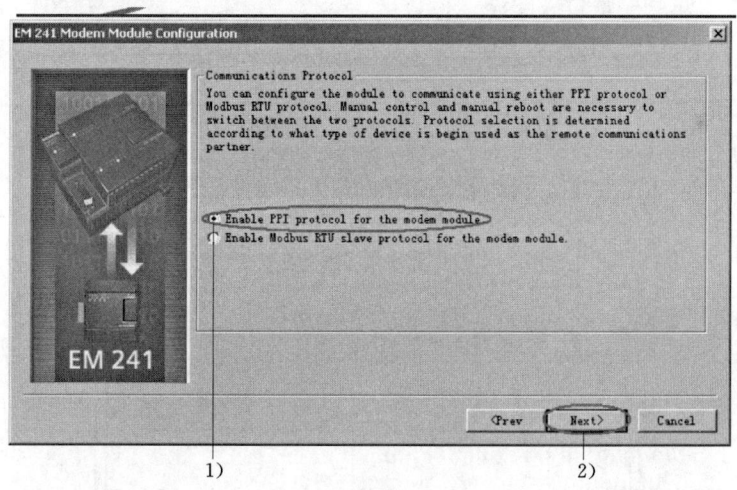

图 8.22 调制解调器扩展向导（五）

（6）如图 8.23 所示：点击 "Next＞" 按钮。

（7）如图 8.24 所示：

1）选择 "Enable callback in this configuration"。

2）点击 "Configure Callback" 按钮。

（8）如图 8.25 所示：

1）选择 "Enable callback to any phone number"。

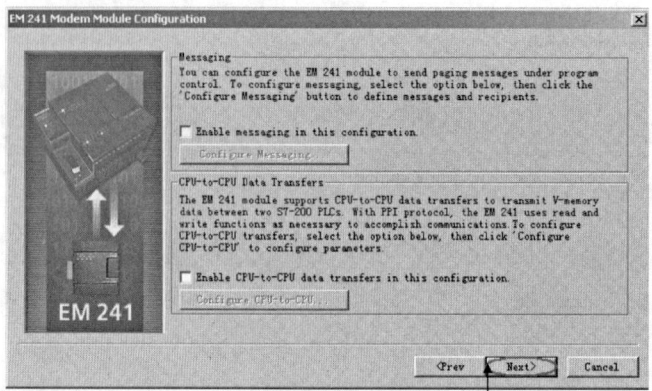

图 8.23　调制解调器扩展向导（六）

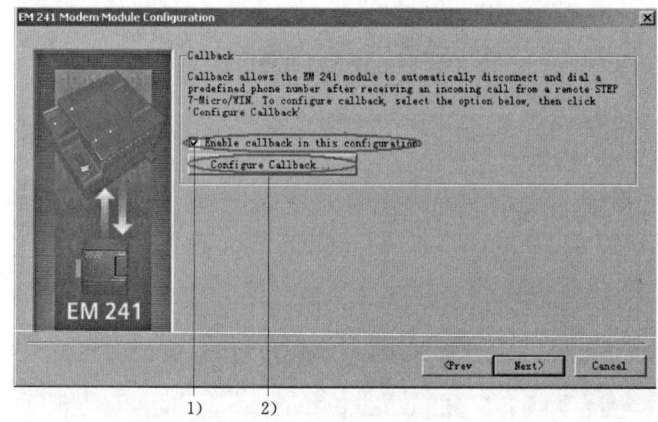

图 8.24　调制解调器扩展向导（七）

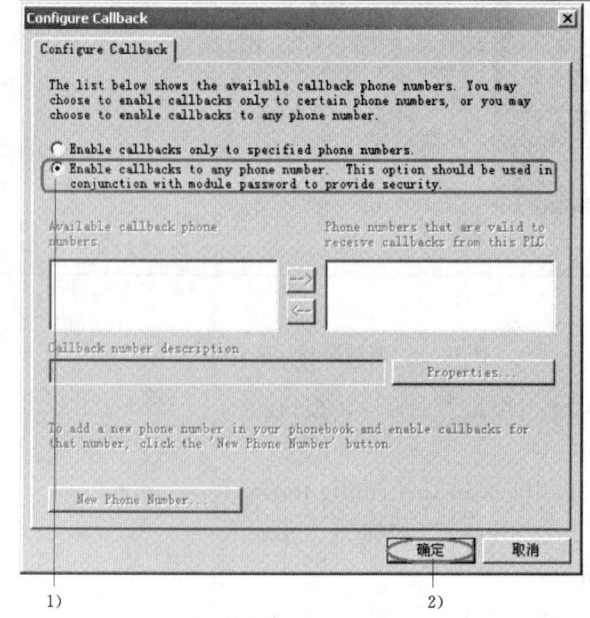

图 8.25　调制解调器扩展向导（八）

2）点击"确定"按钮。

3）点击"Next＞"按钮。

（9）如图 8.26 所示：点击"Next＞"按钮。

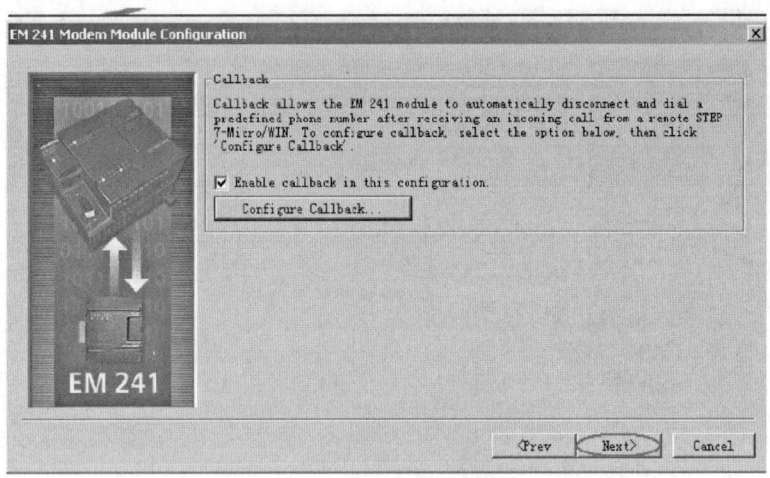

图 8.26　调制解调器扩展向导（九）

（10）如图 8.27 所示：

1）在此设置 EM241 在拨号失败时进行重拨的次数。

2）在此选择以音频方式还是以脉冲方式拨号。

3）选择"Enable dialing without dial tone"可以在没有拨号音的情况下进行拨号。

4）点击"Next＞"按钮。

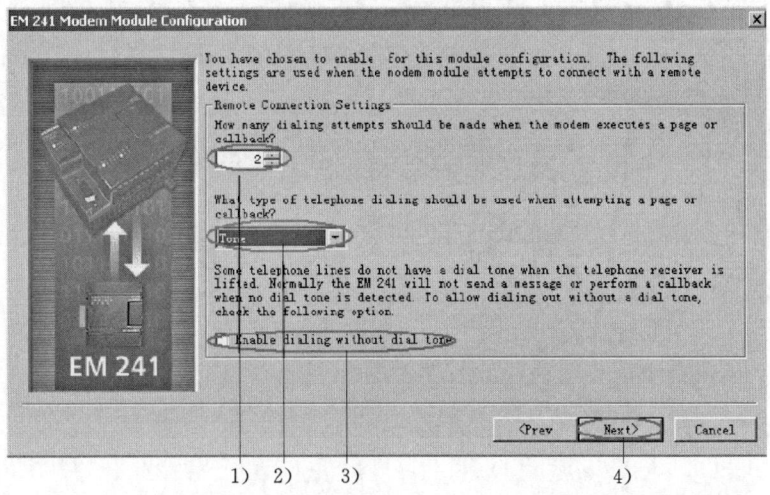

图 8.27　调制解调器扩展向导（十）

（11）如图 8.28 所示：

1）填写模块所占用的 V 存储区的起始地址。

2）也可以通过"Suggest Address"按钮来获得系统建议的 V 存储区的起始地址。

3）点击"Next＞"按钮。

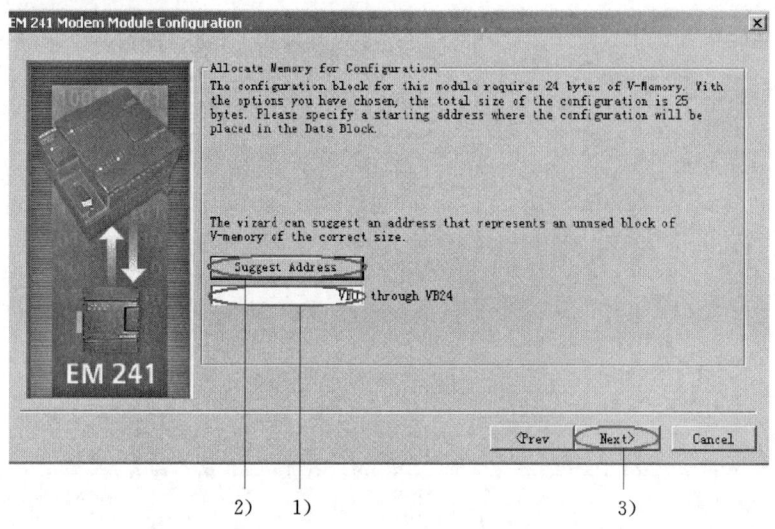

图 8.28　调制解调器扩展向导（十一）

（12）如图 8.29 所示：

1）填写模块所占用的 Q 存储区的起始地址，如果使用的是当前连接到 PLC 的 EM241 模块，则可以使用默认的地址。

2）点击"Next＞"按钮。

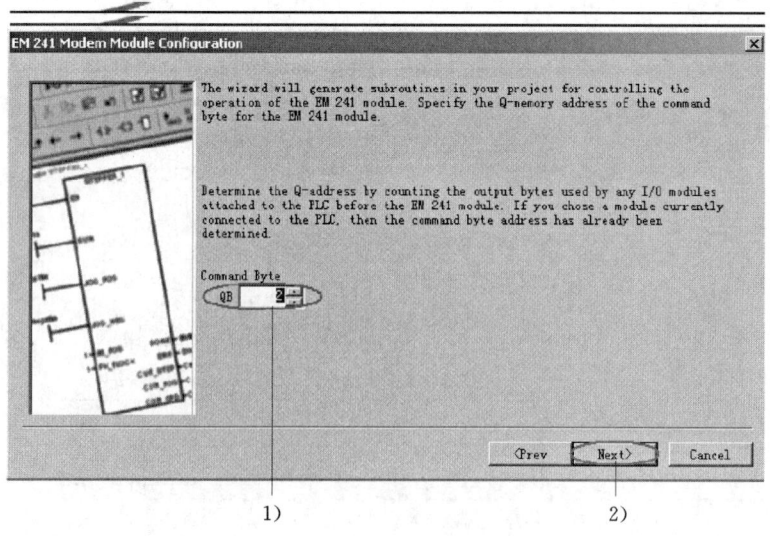

图 8.29　调制解调器扩展向导（十二）

（13）如图 8.30 所示：点击"Finish"按钮，完成对该模块的配置。

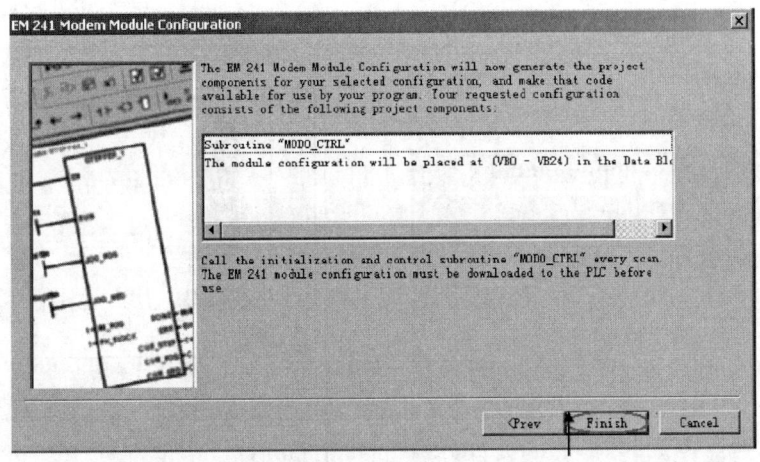

图 8.30　调制解调器扩展向导（十三）

（14）如图 8.31 所示：将图 8.31 中的程序下载到 PLC 中，重新上电使所作的配置生效。配置 Micro/WIN。

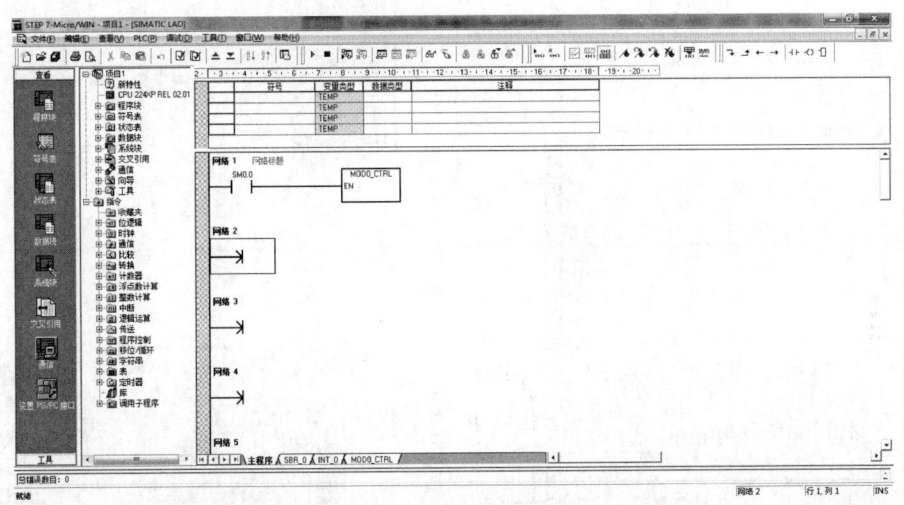

图 8.31　通信程序

（15）如图 8.32 所示：

1）点击"Communication"按钮。

2）双击"PC/PPI cable（PPI）"。

（16）如图 8.33 所示：点击"Properties"按钮。

（17）如图 8.34 所示：

1）选择 Modem 所连接的端口。

2）选中"Modem connection"。

3）点击"OK"按钮。

（18）如图 8.35 所示：双击"Connect"。

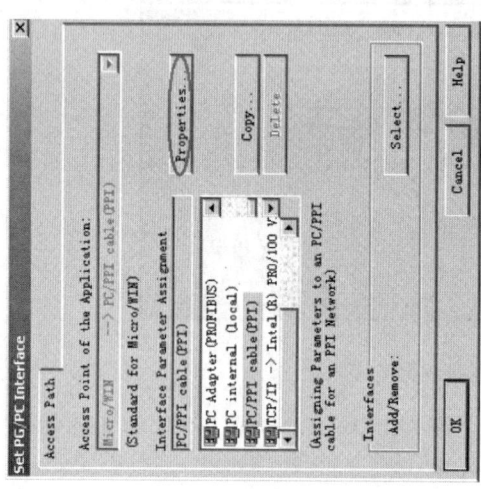

图 8.32 通信连接

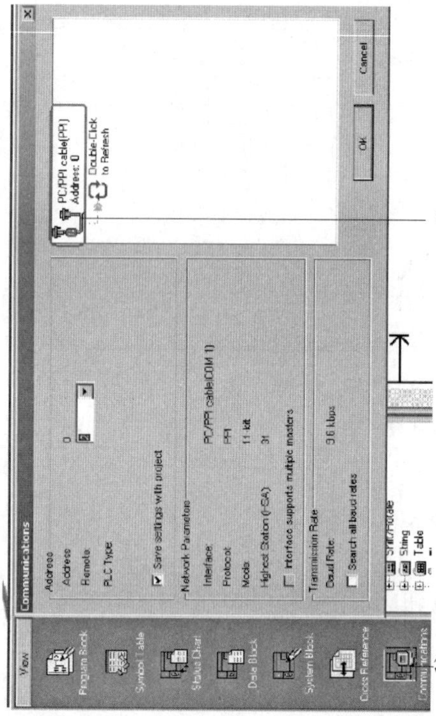

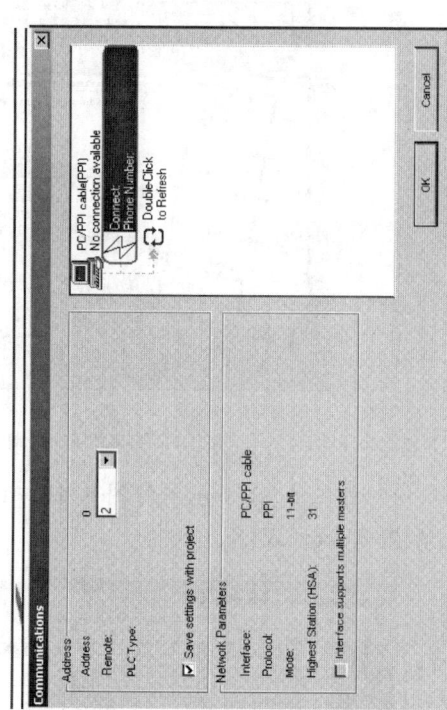

图 8.33 设置 PC/PG 接口

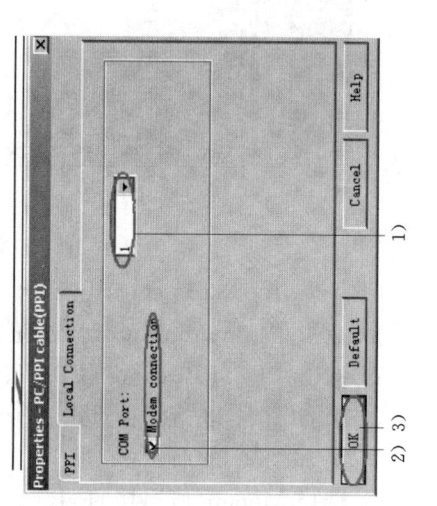

图 8.35 通信连接

图 8.34 接口属性

（19）如图 8.36 所示：点击"Settings..."按钮。

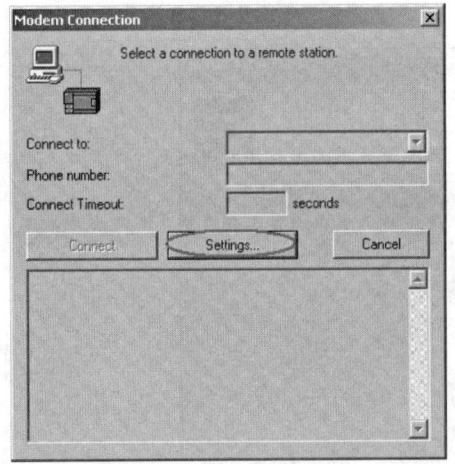

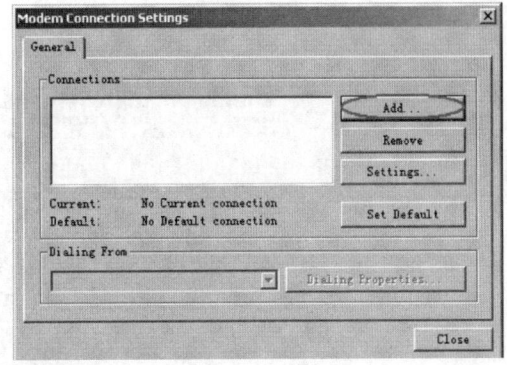

图 8.36　连接设定　　　　　　　　　　图 8.37　添加连接

（20）如图 8.37 所示：点击"Add..."按钮。

（21）如图 8.38 所示：

1）选择在计算机上使用的调制解调器。

2）在此为联接输入一个名称。

3）点击"Next>"按钮。

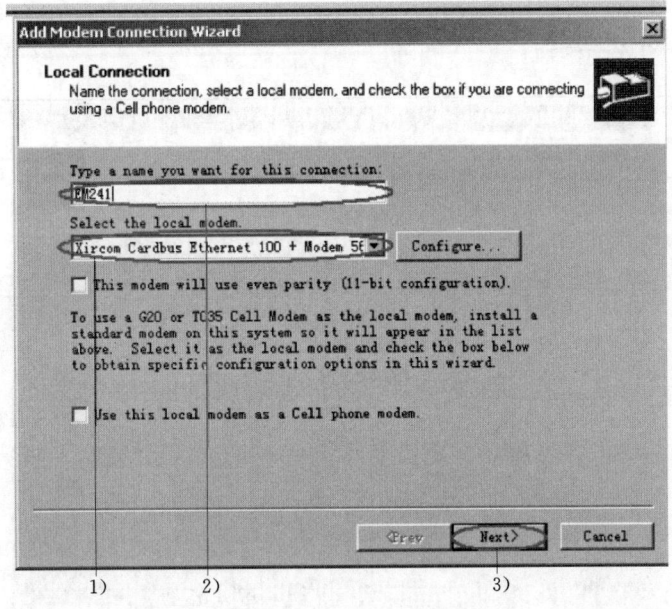

图 8.38　添加调制解调器连接向导（一）

（22）如图 8.39 所示：

1）在此输入 EM241 所使用的电话号码。

2）确保此为实际所要拨叫的号码。

3）点击"Next＞"按钮。

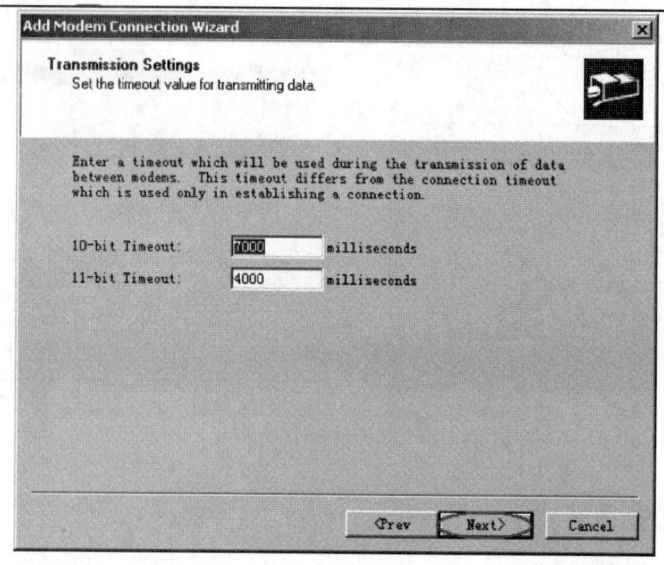

图 8.39　添加调制解调器连接向导（二）

(23) 如图 8.40 所示：

1）在此输入 EM241 所使用的电话号码。

2）确保此为实际所要拨叫的号码。

3）点击"Next＞"按钮。

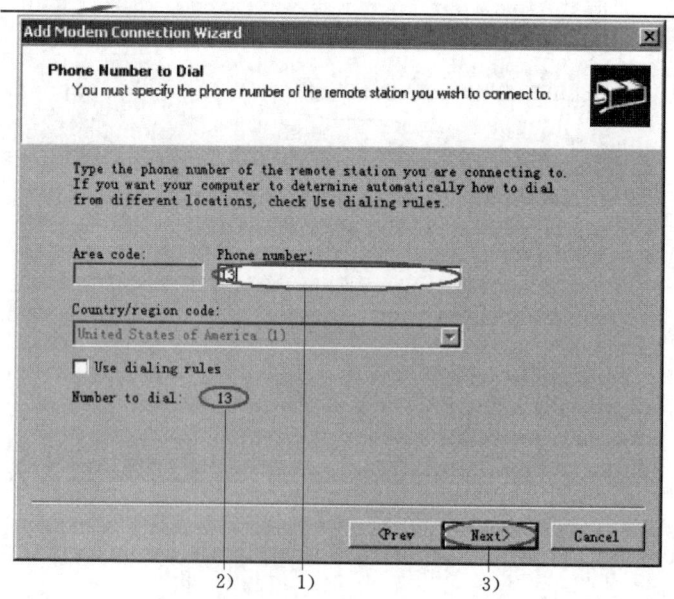

图 8.40　添加调制解调器连接向导（三）

(24) 如图 8.41 所示：点击 "Finish" 按钮。

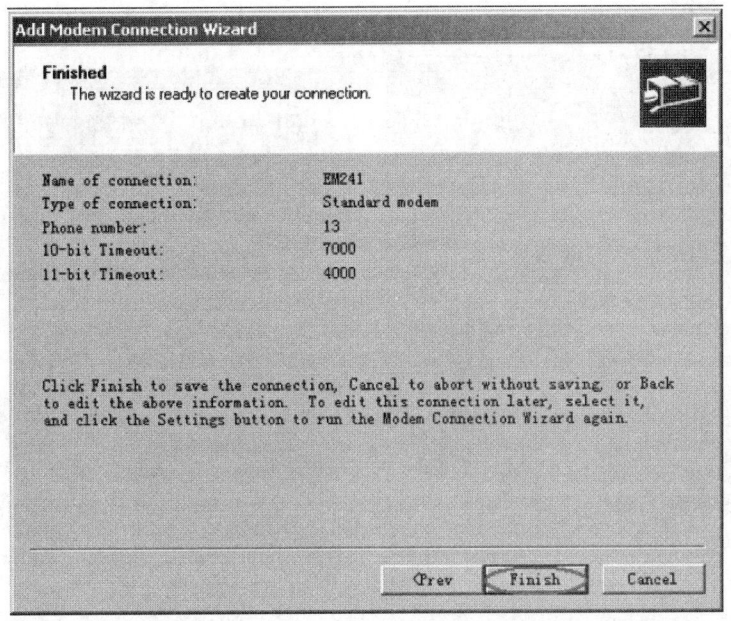

图 8.41　添加调制解调器连接向导（四）

(25) 如图 8.42 所示：弹出 EM241 (Default)，点击 "Close" 按钮。

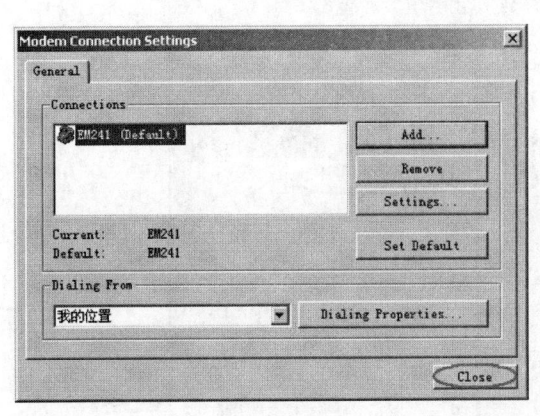

图 8.42　调制解调器连接设置

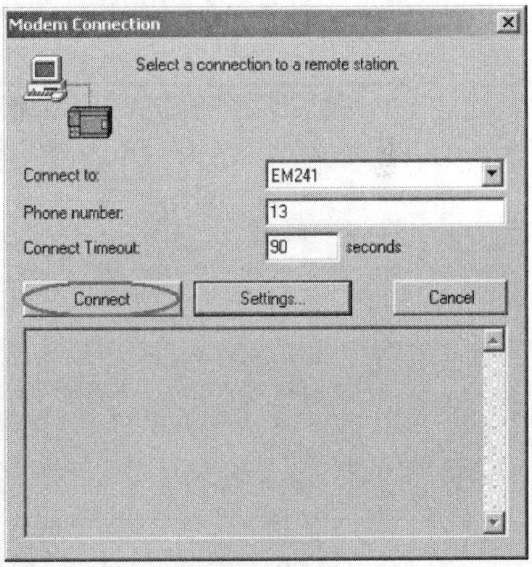

图 8.43　调制解调器连接（一）

(26) 如图 8.43 所示：确认调制解调器及所拨叫的电话号码，点击 "Connect" 按钮。

(27) 如图 8.44 所示：

1）输入密码。

2）点击 "OK" 按钮。

(28) 如图 8.45 所示：

1）输入回拨号码。

2）点击"OK"按钮。

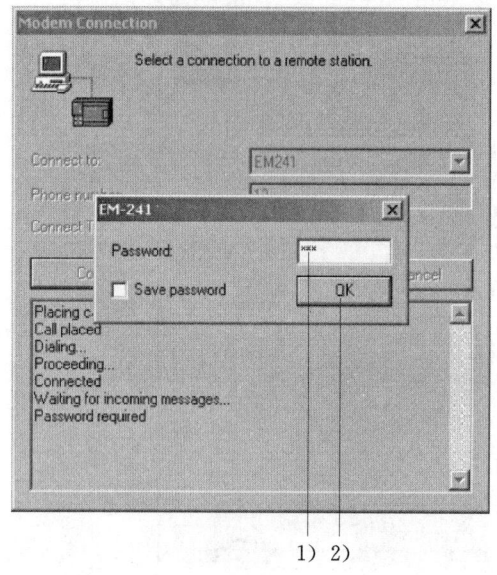

图 8.44　调制解调器连接（二）　　　　　　图 8.45　回拨号码输入

（29）如图 8.46 所示：

1）双击"Double-Click to Refresh"。

2）点击"OK"按钮。

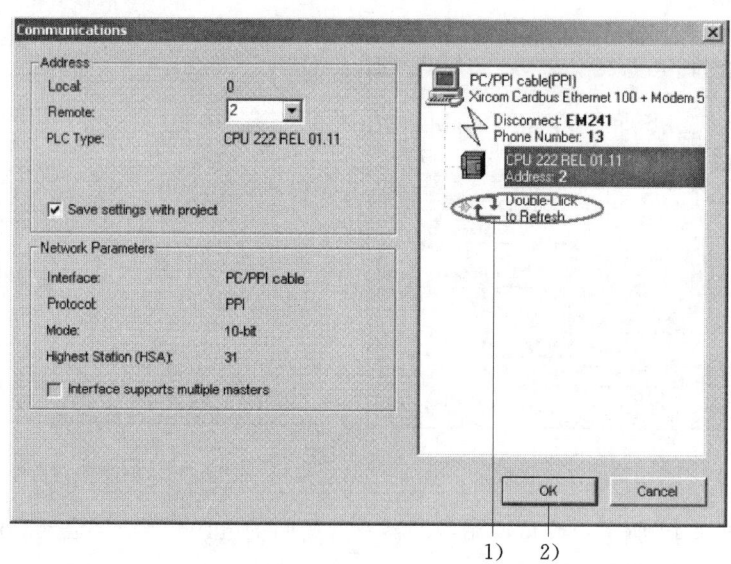

图 8.46　刷新连接

（30）如图 8.47 所示：编写如图 8.47 所示的程序，并下载，就可以直接使用 EM241 跟直接使用 RS—232/PPI 电缆一样进行通信了。

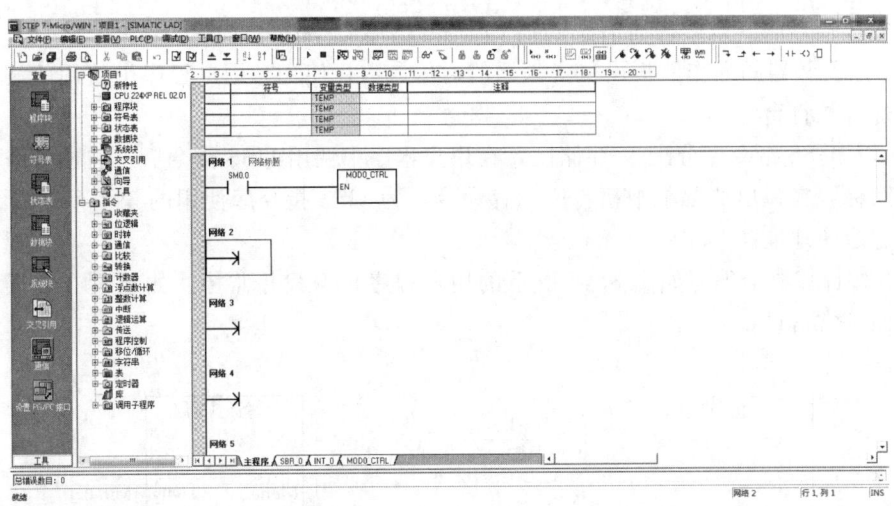

图 8.47　通信程序

8.4　USS 协议实现 PLC 对变频器的控制

1. 目的与要求

（1）熟悉 USS 协议在通信中的使用方法。

（2）了解和掌握在 USS 协议下实现 PLC 对变频器控制的程序的书写方法，变频器参数的设置方法。

2. 所需设备、工具及材料

（1）S7—200 CPU224 PLC 及通信电缆 1 套，MM440 变频器 1 台。

（2）安装有 STEP 7—Micro/WIN 的计算机（编程器）1 台。

（3）导线、螺丝刀等。

（4）通信接头一副。

3. 具体电路

如图 8.48 所示，RS—485 的一端接好线后插入 S7—200 的端口 0，另外一端的两根接线必须插在 MM440 驱动的终端。在做 MM440 驱动的电缆连接时，取下驱动的前盖板露出接线终端。接线终端的连接以数字标识。在 S7—200 端使用 PROFIBUS 连接器，将 A 端连接至驱动端的 30，将 B 端连到接线端 29。

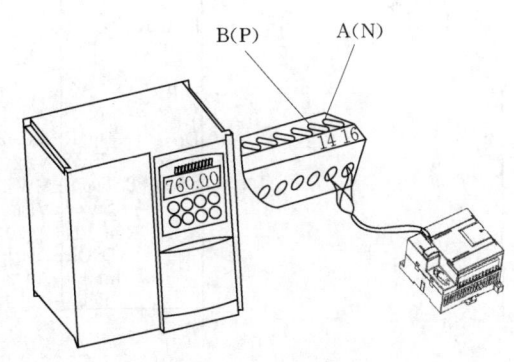

图 8.48　接线示意图

在 PLC 的输入端 I0.0、I0.1、I0.2、I0.3、I0.4 分别接入常开按钮，并且分别定义为启动、自由停车、快速停车、参数返回、正反转控制。

4. 内容与操作

（1）按要求完成 PLC、电源、变频器之间的连线。注意变频器的通信端子 29、30 和通信头的接线方法。最后将通信头插到 PLC 的 PORT0 端口。

（2）用变频器的操作面板设置变频器的通信参数，使之与用户程序中使用的波特率和从站地址等相符合。

（3）为 USS 指令库分配 V 存储区，在用户程序中调用 USS 指令后，右击指令树中的程序块图标，在弹出的菜单中执行库内存命令，为 USS 指令库使用的 397 个字节的 V 存储区指定起始地址。

（4）在计算机上编写如图 8.49 所示的用户程序，下载并监控。如果没有错误，变频器将返回正常信息。

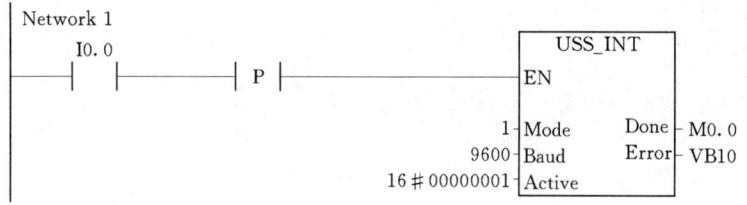

图 8.49　梯形图程序

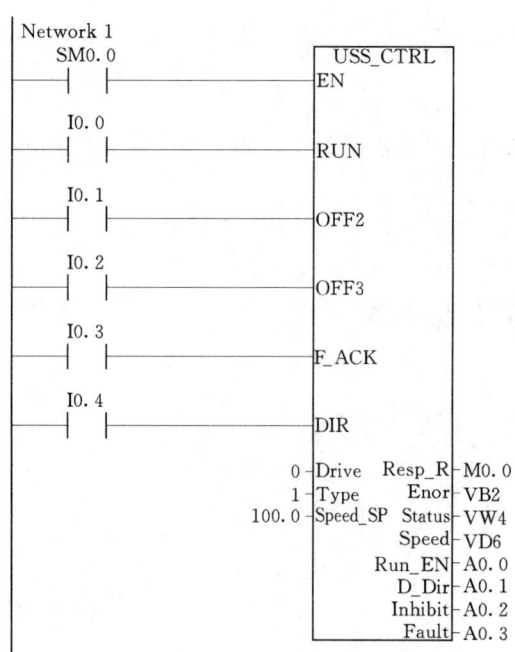

图 8.50　梯形图程序

3）检查驱动的电动机设置：

P0304＝额定电动机电压（V）。

P0305＝额定电动机电流（A）。

P0307＝额定功率（W）。

P0310＝额定电动机频率（Hz）。

（5）根据所写的程序，如图 8.50 所示，按下变频器的启动按钮，约过十几毫秒则电动机运转正常，此时记下变频器所显示的频率值。

5．注意事项

实训之前，仔细阅读下列内容。

（1）在设置 MM440 驱动。将驱动连至 S7—200 之前，必须确保驱动具有以下变频器参数，使用驱动上的 BOP 按键设置参数。

1）将驱动恢复为出厂设置（可选）：P0010＝30、P0970＝1。

如果忽略该步骤，需要确保以下参数的设置：

USS PZD 长度：P2012 Index 0＝2。

USS PKW 长度：P2013 Index 0＝127。

2）使能对所有参数的读/写访问（专家模式）：P0003＝3。

P0311＝额定电动机速度（r/min）。

这些设置因使用的电动机而不同。

要设置参数 P304、P305、P307、P310 和 P311，必须先将参数 P010 设为 1（快速调试模式）。当完成参数设置后，将参数 P010 再设为 0。参数 P304、P305、P307、P310 和 P311 只能在快速调试模式下修放。

4）设置本地/远程控制模式：P0700 Index0＝5。

5）在 COM 链接中设置到 USS 的频率设定值：P1000 Index0＝5。

6）斜坡上升时间（可选）：P1120＝0～650.00。

这是一个以秒为单位的时间，在这个时间内，电动机加速至最高频率。

7）斜坡下降时间（可选）：P1121＝0～650.00。

这是一个以秒为单位的时间，在这个时间内，电动机减速至完全停止。

8）设置串行链接参考频率：P2000＝1～650.00Hz。

9）设置 USS 标准化：P2009 Index0＝0。

10）设置 RS—485 串口波特率：

P2010 Index0＝ 4（2400 波特）。

P2010 Index0＝ 5（4800 波特）。

P2010 Index0＝ 6（9600 波特）。

P2010 Index0＝ 7（19200 波特）。

P2010 Index0＝ 8（38400 波特）。

P2010 Index0＝ 9（57600 波特）。

P2010 Index0＝ 12（115200 波特）。

11）输入从站地址：P2011 Index0＝0～31，每个驱动（最多 31）都可通过总线操作。

12）设置串行链接超时：P2014 Index 0＝0～65535ms（0＝超时禁止）。

这是到来的两个数据报文之间最大的间隔时间。该特性可用来在通信失败时关断变频器。当收到一个有效的数据报文后，计时启动。如果在指定时间内未收到下一个数据报文，变频器触发并显示故障代码 F0070。该值设为零则关断该控制。

13）从 RAM 向 EEPROM 传送数据：P0971＝1（启动传送），将参数设置的改变存入 EEPROM。

（2）有关参数设置的说明。初始化程序 USS＿INIT 指令用来使能、初始化或禁止 Micro Master 驱动的通信。USS＿INIT 指令必须无错误地执行，才能够执行其他的 USS 指令。指令完成后，在继续进行下一个指令之前，Done 位立即被置位。

当 EN 输入接通时，每一循环都执行该指令。

在每一次通信状态改变时只执行一次 USS＿INIT 指令。使用边沿检测指令脉冲触发 EN 输入接通。要改变初始化参数，需执行一个新的 USS＿INIT 指令。

通过 USS 输入值可选择不同的通信协议：输入值为 1 指定 Port0 为 USS 协议并使能该协议，输入值为 0 指定 Port 0 为 PPI 并且禁止 USS 协议。

Baud 设置波特率为 1200、2400、4800、9600、19200、38400、57600 或 115200。

Active 指示哪个驱动激活，有些驱动只支持地址 0～30。

图 8.51 所示为对激活的驱动输入的描述和格式。所有标为 Active（激活）的驱动都会在后台被自动地轮询，控制驱动搜索状态，防止驱动的串行链接超时。

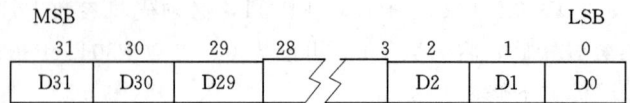

图 8.51　驱动输入的描述和格式

Di—驱动 i 激活位，0 表示驱动未激活，1 表示驱动激活

USS＿CTRL 指令用于控制激活的 Micro Master 驱动。

USS＿CTRL 指令将选择的命令放到通信缓冲区内；然后，如果已经在 USS＿INIT 指令的激活参数中选择了驱动，则此命令将被发送到寻址驱动（驱动参数）中。

每一个驱动只能使用一个 USS＿CTRL 指令。

有些驱动只以正值的形式报告速度。如果速度为负，驱动报告一个正的速度值同时使能反向 D＿Dir 位（方向位）。

EN 位必须接通使能 USS＿CTRL 指令。该指令要始终保持使能。

RUN（RUN/STOP）指示驱动是否接通（1）或断开（0）。

当 RUN 位接通时，Micro Master 驱动接收命令，以指定的速度和方向运行。为使驱动运行，必须满足以下条件：

1）该驱动必须在 USS＿INIT 中激活。

2）OFF2 和 OFF3 必须设为 0。

3）Fault 和 Inhibit 位必须为 0。

当 RUN 断开时，命令 Micro Master 驱动斜坡减速直至电动机停止。OFF2 位用来允许 Micro Master 驱动斜坡减至停止，OFF3 位用来命令 Micro Master 驱动快速停止。

Resp＿R（响应收到）位应答来自驱动的响应，轮询所有激活的驱动以获得最新的驱动的状态信息。

每次 S7—200 接收到来自驱动的响应时，Resp＿R 位在一个循环周期内接通并且刷新以下各值：

F＿ACK（故障应答）位用于应答驱动的故障。当 F＿ACK 从 0 变 1 时，驱动清除该故障（Fault）。

DIR（方向）位指示驱动应向哪个方向运动。

Drive（驱动地址）是 Micro Master 驱动的地址，USS＿CTRL 命令发送到该地址。有效地址为 0～31。

Type（驱动类型）选择驱动的类型。对于 3 系列的（或更早的）Micro Master 驱动，类型为 0，对于 4 系列的 Micro Master 驱动，类型为 1。

Speed＿SP（速度设定值）是驱动的速度，是满速度的百分比。Speed＿SP 的负值使驱动反向旋转。范围为−200.0%～200.0%。

Error 是错误字节，包含最近一次向驱动发出的通信请求的执行结果。

Status 是驱动返回的状态字的原始值。

Speed 是驱动速度，是满速度的百分比，范围为 $-200.0\% \sim 200.0\%$。

Run _ EN（RUN 使能）指示驱动是运行（1）还是停止（0）。

D _ Dir 指示驱动转动的方向。

Inhibit 指示驱动上禁止位的状态（0 表示未禁止，1 表示禁止）。要清除禁止位，Fault（故障）位必须为零，而且 RUN、OFF2 和 OFF3 输入必须断开。

Fault 指示故障位的状态（0 表示无故障，1 表示有故障）。驱动显示故障代码（请参考设备的驱动手册）。要清除 Fault，必须排除故障并接通 F _ ACK 位。

有 3 个用于 USS 协议的读指令：①USS _ RPM _ W 指令读取一个无符号字类型的参数；②USS _ RPM _ D 指令读取一个无符号双字类型的参数；③USS _ RPM _ R 指令读取一个浮点数类型的参数。

同时只能有一个读（USS _ RPM _ x）或写（USS _ WPM _ x）指令激活。当 Micro Master 驱动对接收的命令应答或有报错时，USS _ RPM _ x 指令的处理结束，逻辑扫描继续执行。

只有 Done 位输出接通时，Error 和 Value 输出才有效。

有 3 个用于 USS 协议的写指令：①USS _ WPM _ W 指令写一个无符号字类型的参数；②USS _ WPM _ D 指令写一个无符号双字类型的参数；③USS _ WPM _ R 指令写一个浮点数类型的参数。同时只能有一个读（USS _ RPM _ x）或写（USS _ WPM _ x）指令激活。

当 Micro Master 驱动对接收的命令应答或有报错时，USS _ WPM _ x 指令处理结束，在这一过程等待应答时，逻辑扫描继续执行。

如图 8.52 所示，要实现对一个请求的传送，EN 位必须接通并且保持为 1，直至 Done 位置 1，即意味着过程结束。例如，当 XMT _ REQ 输入接通时，每次循环扫描向 Micro Master 驱动传递一个 USS _ RPM _ x 请求。因此，应使用脉冲边沿检测作为 XMT _ REQ 的输入，这样，每当 EN 输入有一个正的改变时，只发送一个请求。Drive 是向其发送 USS _ WPM _ x 命令的 Micro Master 驱动的地址。每个驱动的有效地址为 0～31。

Param 是参数号码，Index 是要写的参数的索引值。Value 是要写到驱动上的 RAM 中的参数值。

必须为 DB _ Ptr 输入提供一个 16 字节缓存区的地址。该缓存区由 USS _ WPM _ x 指令使用，存储向 Micro Master 驱动发送的命令的执行结果。

当 USS _ WPM _ x 指令结束时，Done 输出接通，Error 输出字节包含该指令的执行结果。

当 EEPROM 输入接通后，指令对驱动的 RAM 和 EEPROM 都进行写操作。当此输入断开后，指令只对驱动的 RAM 进行写操作。由于 Micro Master 3 驱动并不支持此功能，所以必须确保输入为断开，以便能对一个 Micro Master 3 驱动使用此指令。

（3）注意事项。

1）在程序中插入 USS _ INIT 指令并且该指令只在一个循环周期内执行一次，可以用 USS _ INIT 指令启动或改变 USS 通信参数。

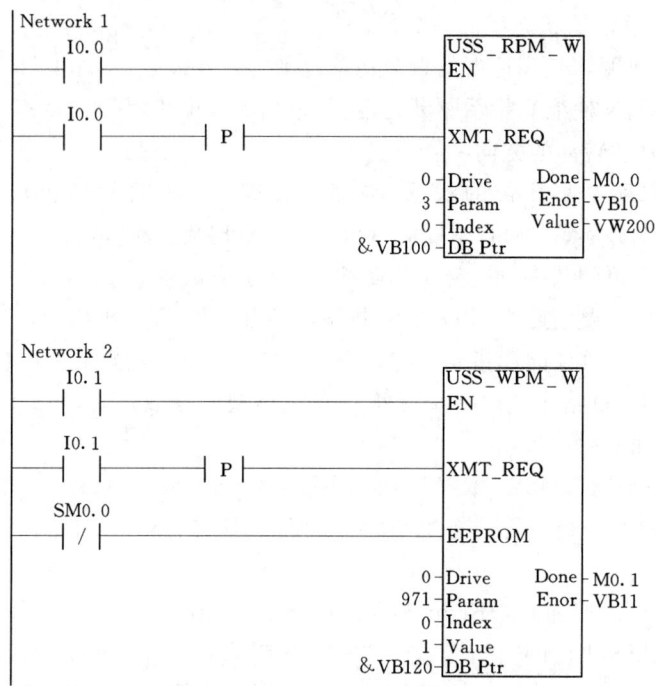

图 8.52　梯形图程序

2）当插入 USS＿INIT 指令时，若干个隐藏的子程序和中断服务程序会自动地加入到用户的程序中。

3）在程序中，每个激活的驱动只使用一个 USS＿CTRL 指令。

图 8.53　库指令分配 V 区

4）可以按需求尽可能多地使用 USS＿RPM＿x 和 USS＿WPMx 指令，但是，在同一时刻，这些指令中只能有一条是激活的。

5）在指令树中选中程序块图标（Program Block）右击（显示菜单），为这些库指令分配 V 区。选择库存储区选项，显示库存储区分配对话框。

组态驱动参数使之与程序中所用的波特率和站地址相匹配。

图 8.53 所示为库指令分配 V 区。

8.5　SIMATIC NET OPC Server 与 S7—200／EM277 的 S7 连接

1. 目的与要求

（1）熟悉如何通过 Profibus 实现 SIMATIC NET OPC Server 与 S7－200/EM277 的 S7 连接。

（2）通信设置及注意事项。

2.所需环境

(1) 软件环境。Windows XP Professional SP2，SIMATIC NET PC Software V6.4，STEP 7 Professional 2006 SR5 (V5.4+SP4)，STEP 7 Micro/WIN V4.0 Incl. SP6。

(2) 硬件环境。CP5611，6GK1561—1AA01；CPU224XP，6ES7214—2AD23—0XB0；EM227，6ES7277—0AA22—0AA0；Profibus 电缆，6XV1830—0EH10；DP 连接器，6ES7972—0BB50—0XA0。

3.组态通信过程

(1) 配置 PC Station。

1) 打开 "Station Configuration Editor"，分别在第一槽插入 "OPC Server"，第二槽插入 "CP 5611" 卡，如图 8.54 所示。

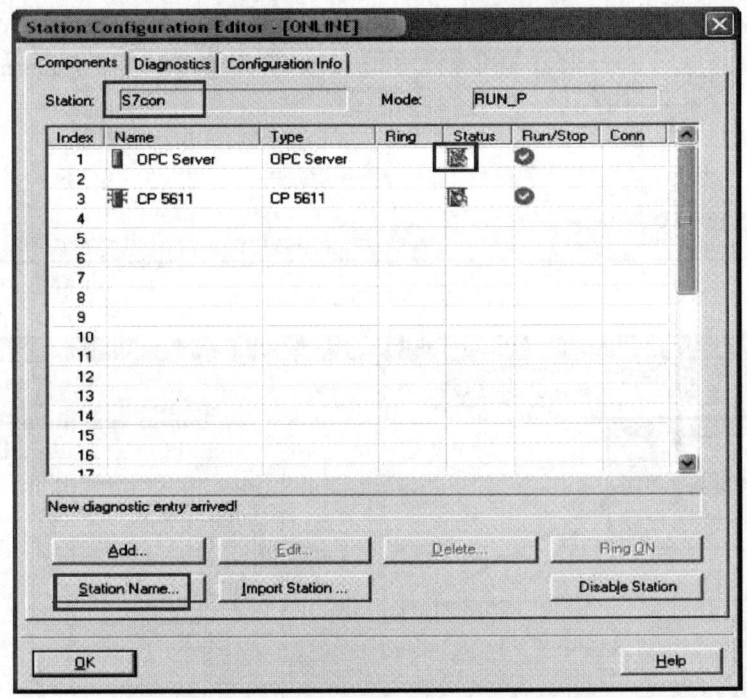

图 8.54 配置 PC Station

2) 配置 CP 5611，PROFIBUS 参数，如图 8.55 所示。

3) 更改 "Station Name"，取名 "S7con"，如图 8.56 所示。

(2) 在 STEP 7 中组态 PC Station。

1) 新建一个项目，通过 "insert→station→simatic PC Station" 插入一个 PC 站，注意站名要更改成 "Station Configuration Editor" 中所命名的 "Station Name"，即命名为 "S7con"，如图 8.56 所示。

2) 打开硬件组态窗口，组态与所安装的 SIMATIC NET 软件版本相一致的硬件，插槽结构与在 "Station Configuration Editior" 组态的 PC Station 一致，编译并保存，如图 8.57 所示。

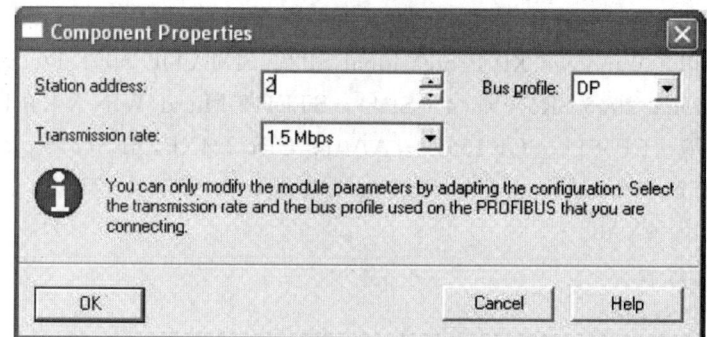

图 8.55　配置 CP5611 PROFIBUS 参数

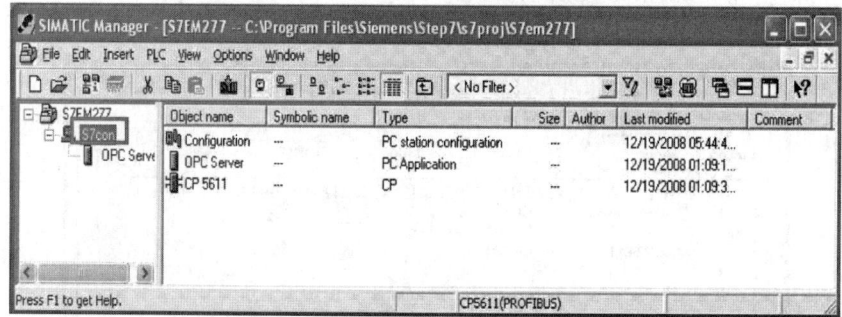

图 8.56　更改 Station Name

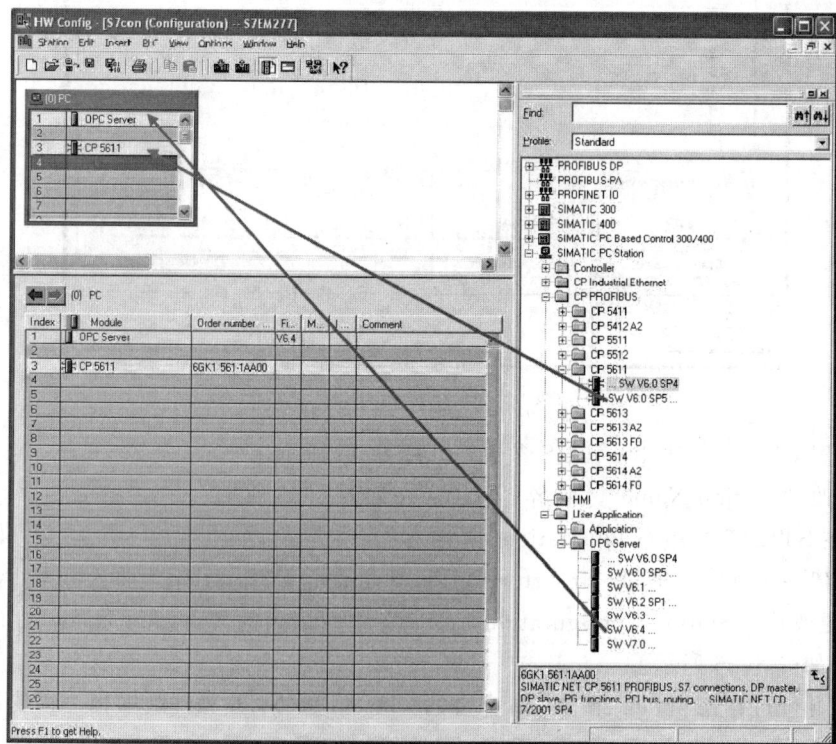

图 8.57　硬件组态窗口

3）打开 "NetPro"，在 "OPC Server" 的连接表的第一行右击 "Insert New Connect" 或 "Insert→New Connection" 插入新的连接，如图 8.58 所示。

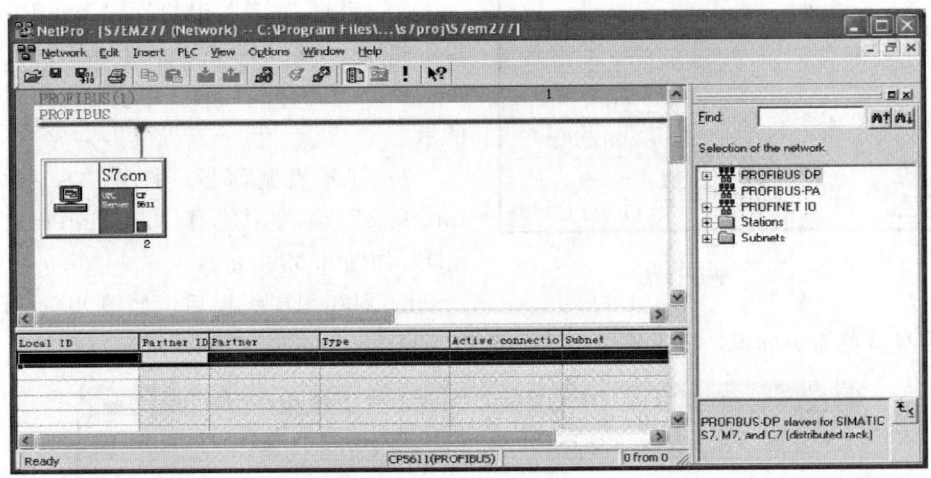

图 8.58　插入新连接

4）为 "OPC Server" 定义新连接，连接伙伴选择 "Unspecified"，连接类型选择 "S7 Connection"，如图 8.59 所示。

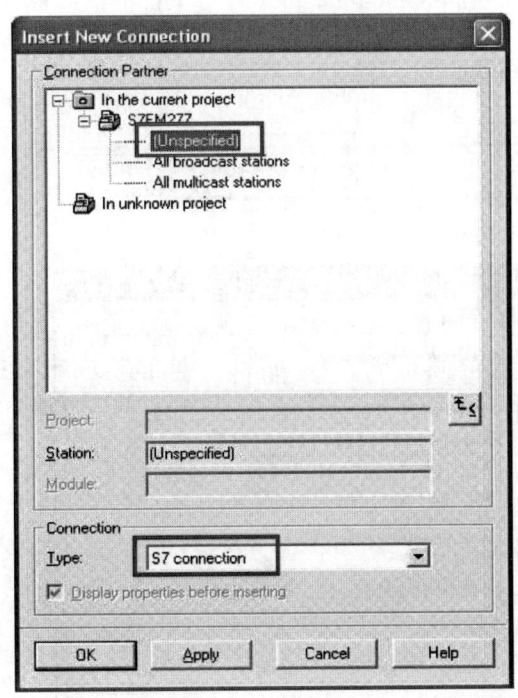

图 8.59　定义新连接

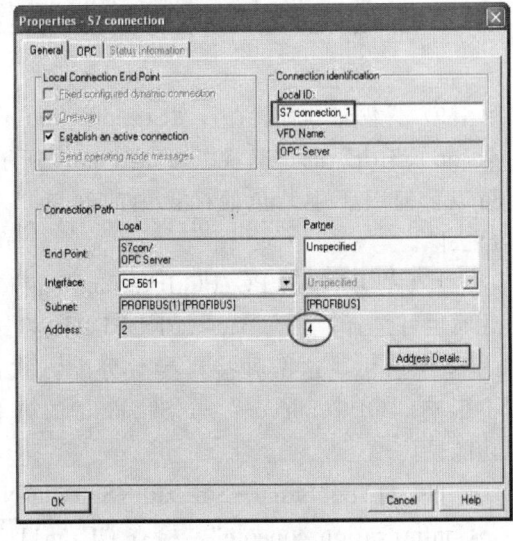

图 8.60　填写通信方地址

5）点击 "Apply" 编辑连接属性，"Partner" 地址填写通信方 EM277 的地址，如图 8.60 所示，生成的连接名称可更改，地址详情如图 8.61 所示。

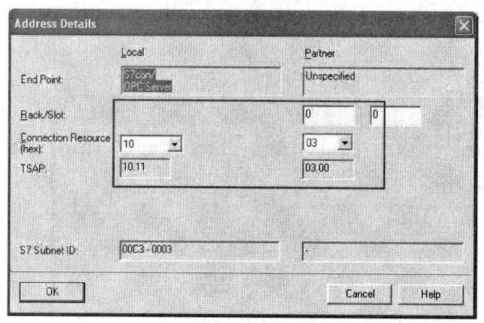

图 8.61　地址详情

注意"Partner"侧 TSAP 号 03.00 不能更改，但 EM277 可在任意槽位。

6）点击"OK"退出至"Net Pro"窗口，生成连接"S7 Connection _1"，点击"Save and Compile"编译并保存，如图 8.62 所示。

7）打开控制面板，打开"Set PG/PC Interface"窗口，选择"PC internal（local)"如图 8.63 所示。

8）保存编译无误后，如图 8.64 所示的图标会有黄色箭头标识，将正确组态下载到 PC Station 中，如图 8.65 所示。

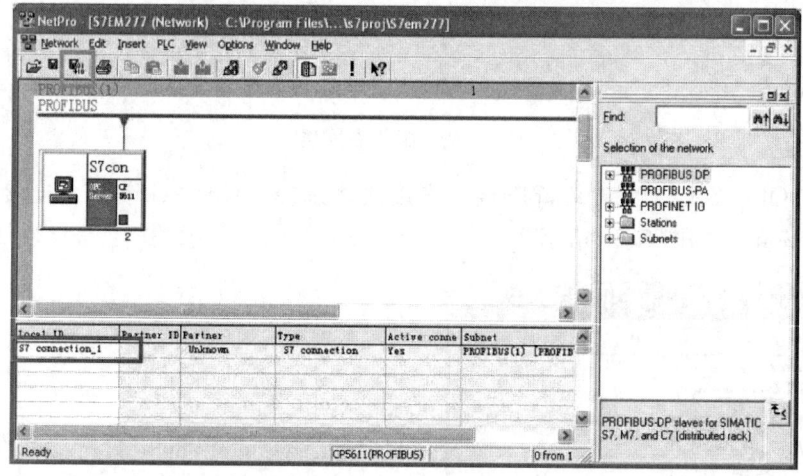

图 8.62　生成连接

9）下载完毕后，查看"Station Configuration Editor"的正确状态，如图 8.66 所示，可以看到图 1 中紫色的标识中的红色"X"已去除。

10）打开"Set PG/PC Interface"窗口，此时也可选择"CP 5611（PROFIBUS)"如图 8.67 所示，这两种接口参数分配方式都不影响"OPC Server"与 S7—200 的通信功能。

11）打开"Start→Simatic→Simatic Net→Configuration console"，检查 CP 5611 工作模式及插槽号，如图 8.68 所示。

（3）生成 S7—200 项目。

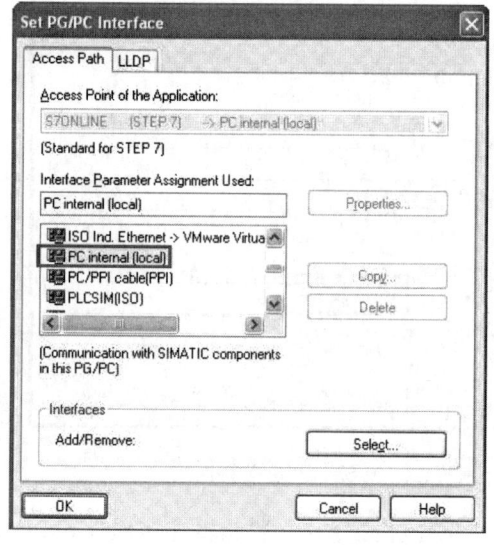

图 8.63　设置 PG/PC 接口

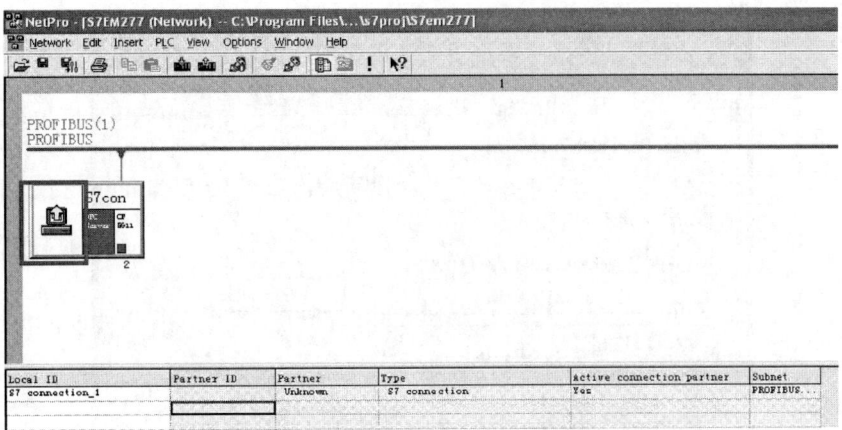

图 8.64　NetPro 界面

图 8.65　下载正确组态

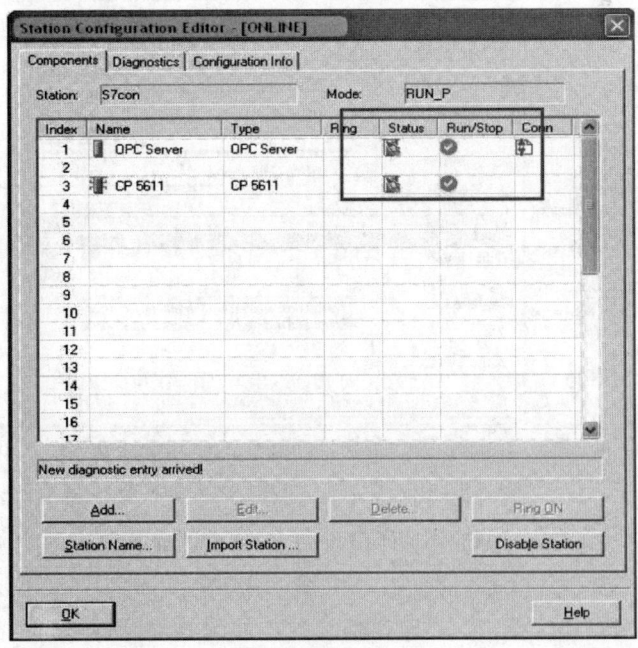

图 8.66　查看正确状态

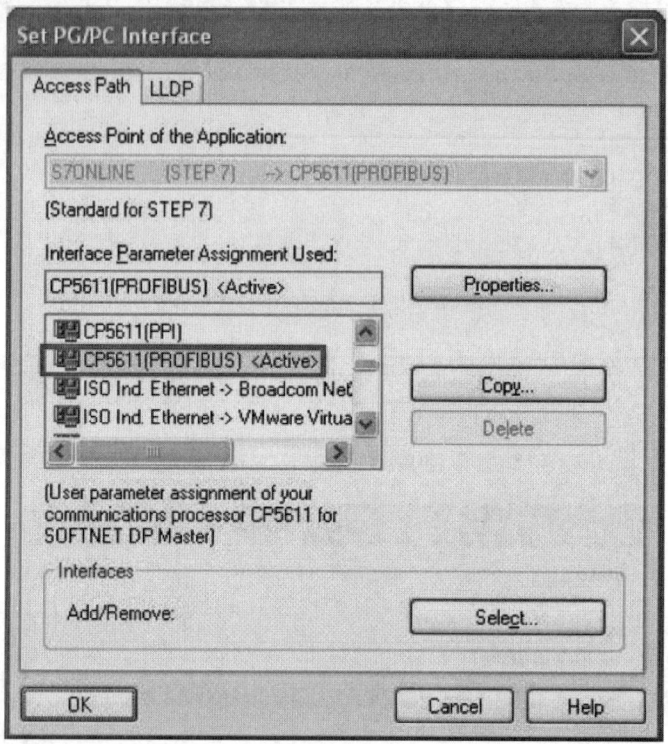

图 8.67 Set PG/PC Interface 窗口

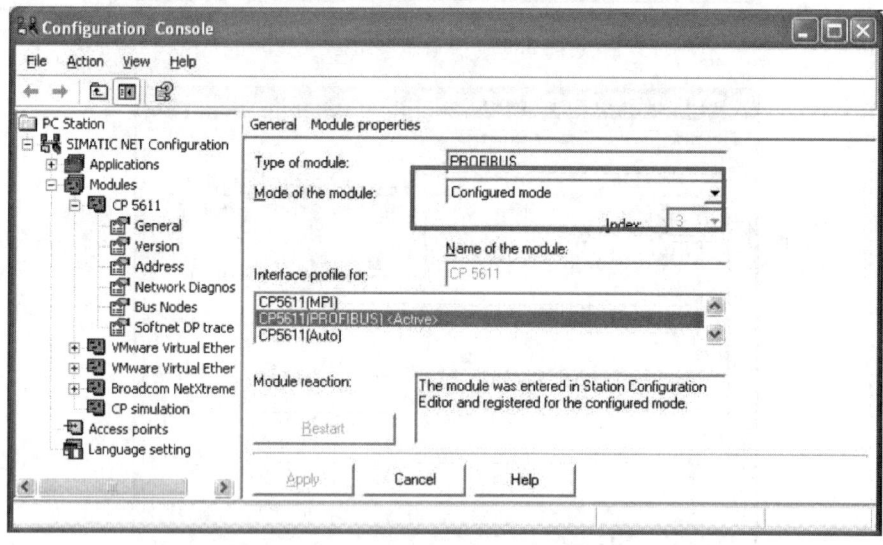

图 8.68 检查 CP5611 工作模式及插槽号

1) 打开 STEP 7—Micro/WIN 软件,生成 S7—200 项目,双击"通信"功能图标,配置 Micro/WIN 与 S7—200CPU 的连接,如图 8.69 所示。

2) 点击"设置 PG/PC 接口"设定通信参数,如图 8.70 所示,选择"CP5611(Profibus)"方式,通过 EM277 访问 200CPU,该接口参数分配方式不影响"OPC Server"与

S7—200 的通信功能。

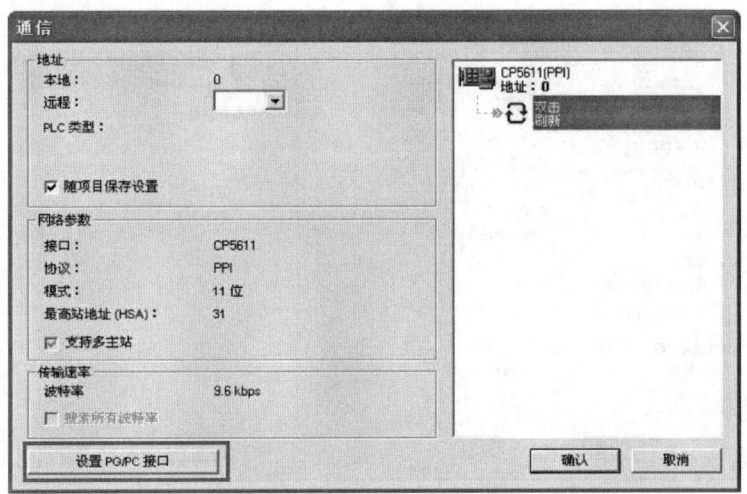

图 8.69 设置 PC/PG 接口

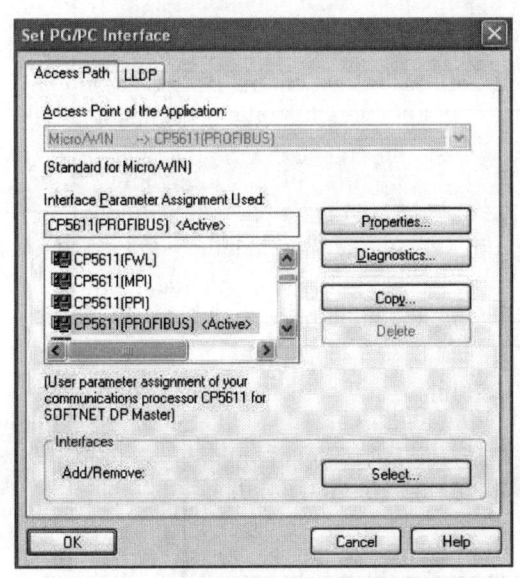

图 8.70 选择通信方式

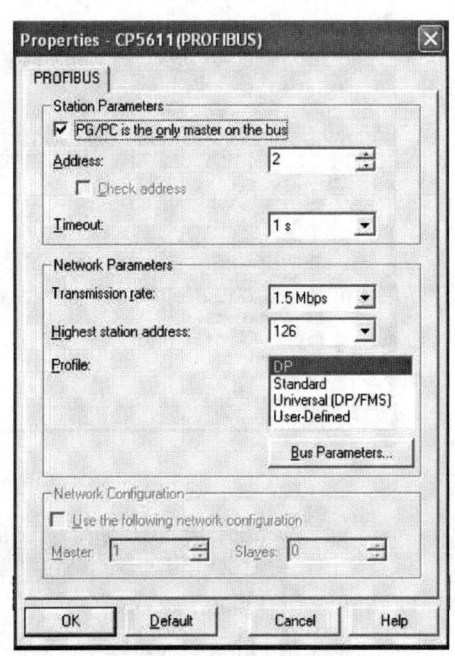

图 8.71 核对网络参数

点击"Properties",核对网络参数,如图 8.71 所示,点击"OK",返回图 8.69 所示页面。

3)双击"刷新",搜索 200CPU 节点地址,选中该节点,地址栏中的远程地址更改为 EM277 地址"4",如图 8.72 所示,点击"OK"退出,通信配置完成。

(4) OPC Scout 测试通信。

1)打开"Start→Simatic→Simatic Net→OPC Scout",点击"OPC. Simatic. NET",添加一个组,为此组取名为 CPU224,如图 8.73、图 8.74 所示。

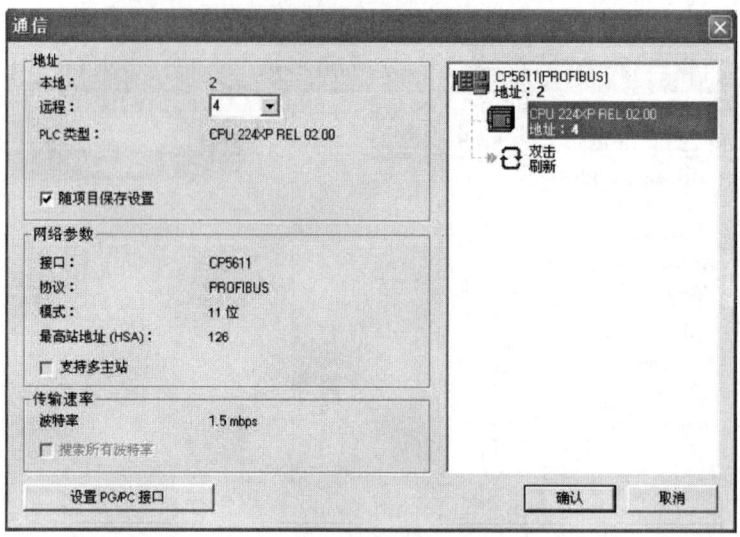

图 8.72 地址刷新

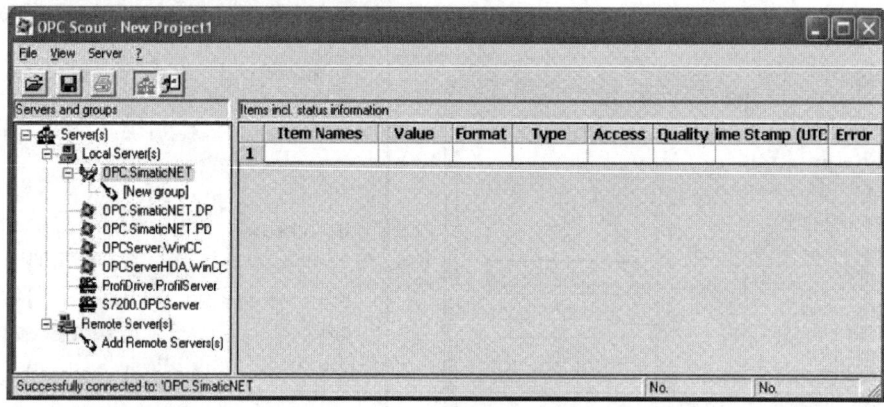

图 8.73 添加组

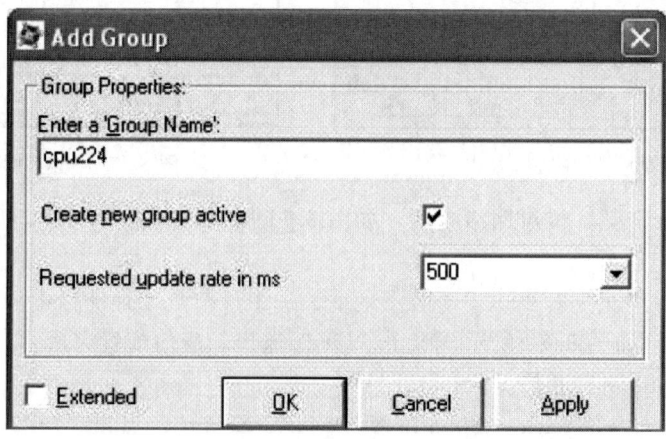

图 8.74 命名组

2）双击生成的连接组"CPU224"，打开 OPC—Navigatior，选则"S7"协议，自动显示已组态的"S7 Connect＿1"，点击"objects"显示所有通信数据区，以 I/M/Q/DB 为例创建通信数据，如图 8.75、图 8.76 所示，点击"→"将条目移送至右侧窗口，如图 8.77 所示，点击"OK"，如通信正常，则在图 8.79 中"Quality"一栏中显示为"good"。

注意：DB 数据即为 200CPU 的数据 V 区，通信所能配置的数据区域为：I、M、Q、DB。

3）在 200CPU 侧对 V 变量 VB200 和 VB0 赋值，在 OPC Scout 中对应 DB 变量接受无误，如图 8.78 所示。

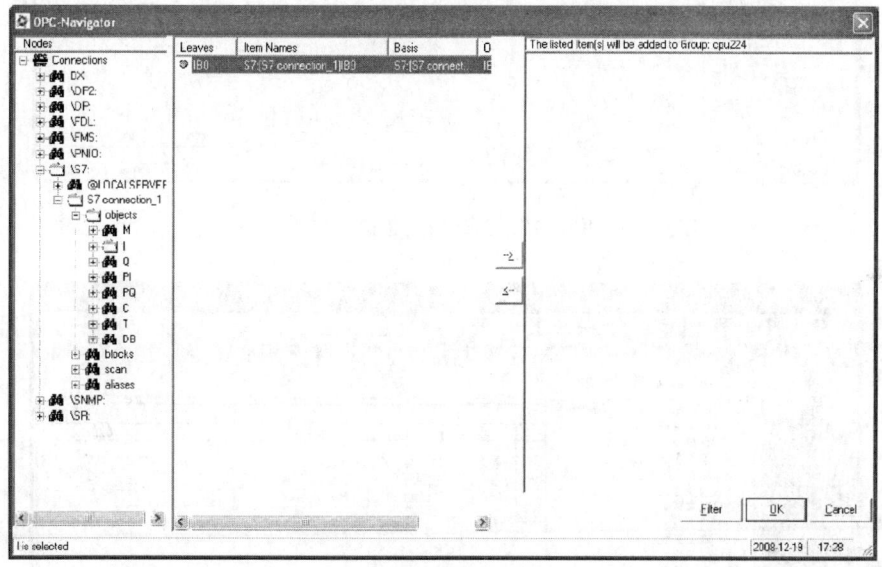

图 8.75　创建通信数据（一）

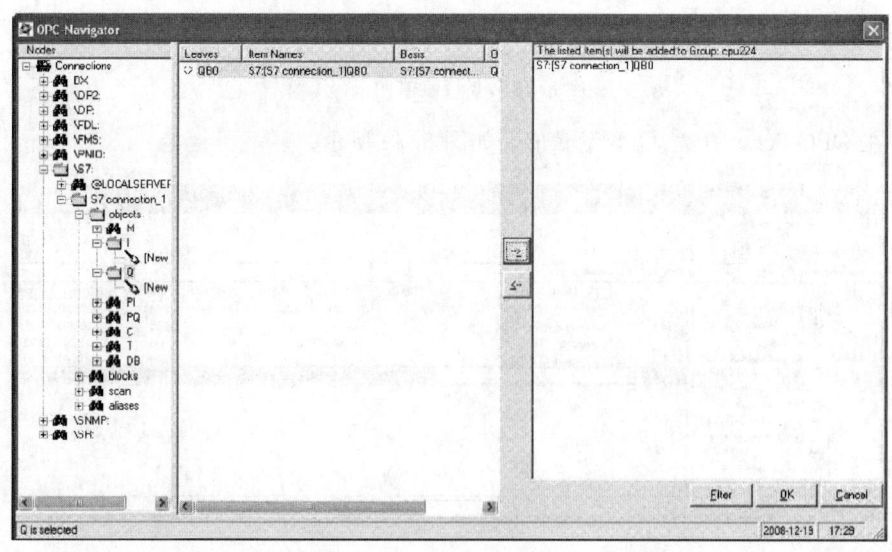

图 8.76　创建通信数据（二）

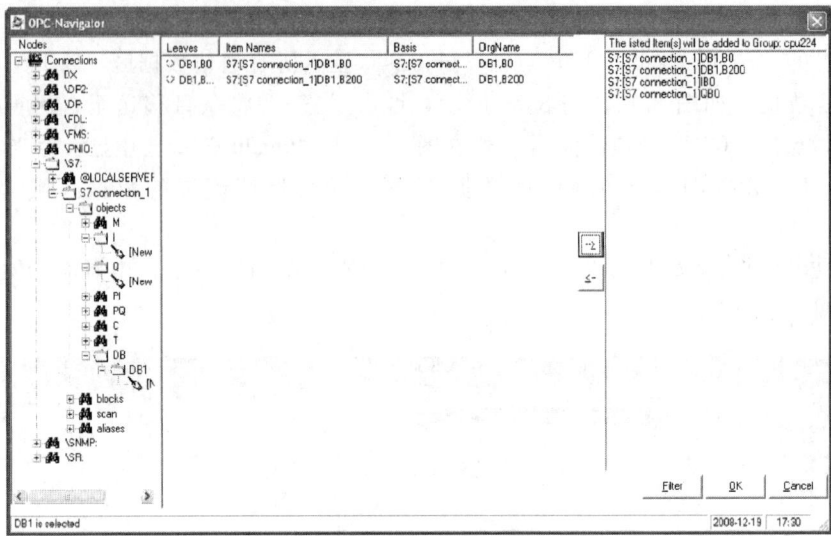

图 8.77 创建通信数据（三）

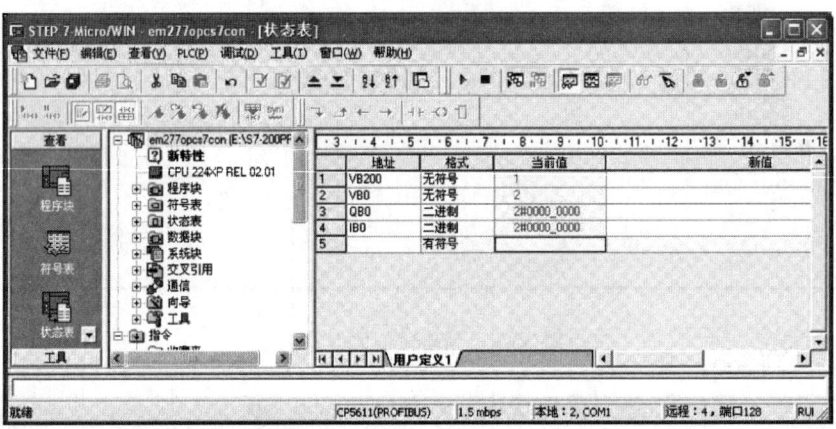

图 8.78 变量赋值图（一）

4）在 OPC Scout 中对 Q 变量赋值，如图 8.79 所示。

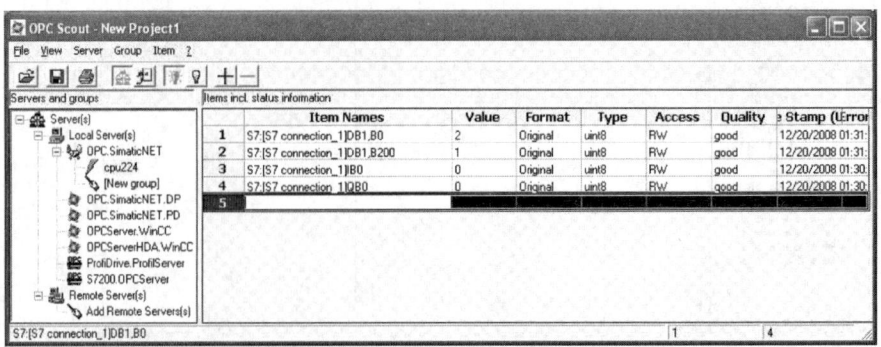

图 8.79 变量赋值图（二）

5）200CPU 中对应 Q 变量接受无误，如图 8.80 所示。

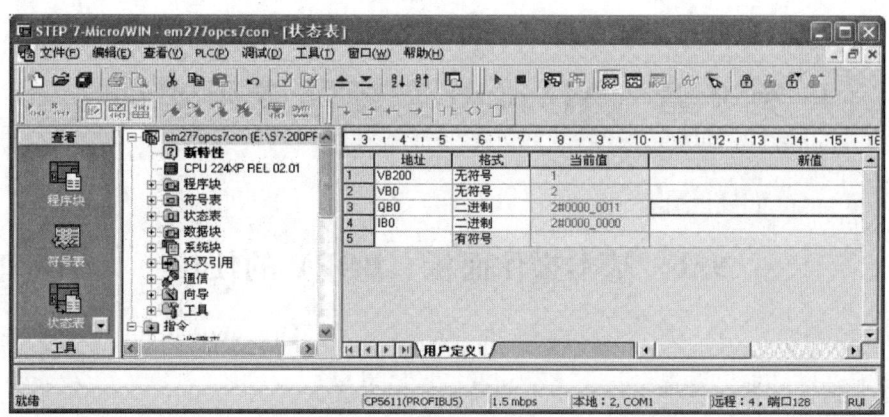

图 8.80　状态表

（5）总结。本实训是以一个 200CPU 与 CP 5611 建一个连接为例，仅说明其通信功能的可行性，不能作为最优的配置方案，如果 "OPC Server" 建多于 8 个与 EM277 的连接，则需要考虑到 CP 5611 的连接资源问题，可以考虑使用 CP 5613，在实际工程项目中，应使用上位机来组态上述设备。

第9章 MM440变频器应用实训

9.1 基本操作面板（BOP）的使用

1. 目的与要求

（1）掌握变频器在各种工作模式下的操作使用方法。

（2）掌握将变频器参数恢复到出厂设置方法。

（3）理解变频器各参数的意义。

（4）掌握变频器操作面板的基本操作。

（5）了解变频器的基本结构及工作原理。

2. 所需设备、工具及材料

MM440变频器一台；电位器；连接导线；电动机；螺丝刀等。

3. 内容与操作

（1）变频器BOP按键功能介绍，如图9.1所示。

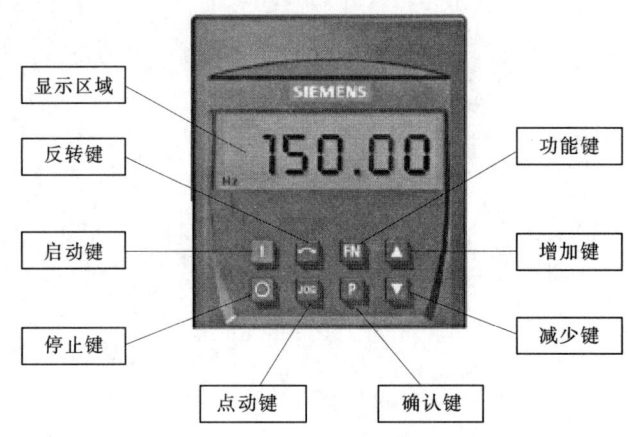

图 9.1　MM440 变频器的 BOP

（2）BOP修改参数。下面通过将参数P1000的第0组参数，即设置P1000 [0] =1的过程为例，介绍通过操作BOP面板修改一个参数的流程，具体设置方法见表9.1。

在后续出现的参数修改过程中，将直接使用P1000 [0] = 1的方式来表达这一设置过程。

（3）故障复位操作。当变频器运行中发生故障或者报警，变频器会出现提示，并会按照设定的方式进行默认的处理（一般是停车）。此时，需要用户查找并排除故障发生的原因后，在面板上进行确认故障的操作。这里通过一个F0003（电压过低）的故障复位过程来演示具体的操作流程。

表 9.1　　　　　　　　　　　　　　参 数 设 置 步 骤

	操 作 步 骤	BOP 显示结果
1	按 P 键，访问参数	r0000
2	按向上键，直到显示 P1000	P1000
3	按 P 键，显示 In000，即 P1000 的第 0 组值	In000
4	按 P 键，显示当前值 2	2
5	按向下键，达到所要求的值 1	1
6	按 P 键，存储当前设置	P1000
7	按 EN 键，显示 r0000	r0000
8	按 P 键，显示频率	50.00

当变频器欠压的时候，面板将显示故障代码 F0003。点击"EN"，如果故障点已经排除，变频器将复位到运行准备状态，显示设定频率 50.00 并闪烁。如果故障点仍然存在，则故障 F0003 代码重现。

（4）用 BOP 面板控制变频器。按照以下步骤通过 BOP 面板直接对变频器进行操作，见表 9.2。

表 9.2　　　　　　　　　　　　　　设 置 步 骤

操作步骤	设置参数	功能解释
1	P0700	＝1 起停命令源于面板
2	P1000	＝1 频率设定命令源于面板
3	5.00	返回监视状态
4	按启动键	启动变频器
5	按上下键	通过增减修改运行频率
6	按停止键	停止变频器

（5）参考变频器的快速调试参数表，通过设置参数将变频器设置为通过 BOP 控制，使电动机以某一固定频率运行，按下启动按钮则启动，按下停止按钮则停止，按下反转按钮，电动机改变方向运行。

（6）参数复位，将变频器的参数恢复到出厂时的参数默认值。在变频器初次调试或者参数设置混乱时，需要执行该操作，以便于将变频器的参数值恢复到一个确定的默认状态。

复位方法：

P003＝1　　　　　　　　　　　　定义参数访问等级为标准级

P0010＝30　　　　　　　　　　　进入工厂复位准备状态

P0970＝1　　　　　　　　　　　将参数复位到出厂设定值

BUSY　　　　　　　　　　　　 等待状态（等待时间因变频器功率等级而不同）

P0970　　　　　　　　　　　　 复位完成操作完成后，显示 P0970

复位完成　　　　　　　　　　此时 P0970＝0，P0010＝0

在参数复位完成后，需要进行快速调试的过程。根据电动机和负载具体特性以及变频器的控制方式等信息进行必要的设置之后，变频器就可以驱动电动机工作。

4. 思考题

（1）根据你所了解的变频器的结构，你认为所有的变频器的结构和参数的设置都一样吗？

（2）根据图9.2，分别说明变频器的各个构成部分所起的作用。

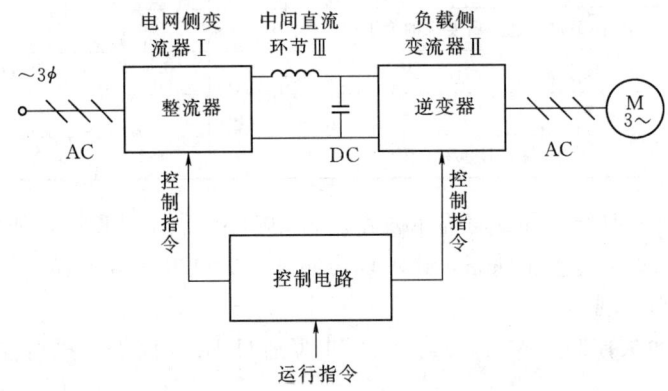

图 9.2　交—直—交变频器的基本构成

（3）变频器的调速原理是什么？

9.2　变频器外部运行操作模式实训

1. 目的与要求

（1）掌握变频器的各种工作模式设定方法。

（2）掌握变频器的基本操作。

（3）巩固并掌握变频器的基本参数的意义及设定方法。

（4）掌握变频器有关参数在特殊用法时的接线方式。

2. 所需设备、工具及材料

MM440变频器一台，电位器，连接导线，电动机，螺丝刀等。

3. 内容与操作

（1）设置外部运行操作模式时，利用外部开关、电位器将外部操作信号送到变频器，并用开关控制电动机以25Hz正、反转运行。

（2）利用外部点动信号，控制电动机以点动频率10Hz运行。

4. 步骤

（1）变频器上电，按P键到参数设定，P0700［0］＝2，I/O端子控制。

（2）设置频率给定源，设置P1000［0］＝2，模拟输入1通道（端子3，4）。

（3）设置变频器下限频率，设置P1080［0］＝0，最小0Hz。

（4）设置最大变频器上限频率，设置P1082［0］＝50，最大50Hz。

（5）设置电动机从静止加速到最大频率所需时间，P1120［0］＝10。

（6）设置电动机从最大频率减速到静止所需时间，P1121［0］＝10。

（7）按图 9.3 所示电路接好线路，当按 SB$_1$ 时，电动机正转，断开 SB$_1$，电动机停止工作；当按下 SB$_2$ 时，电动机反转，断开 SB$_2$，电动机停止工作。

（8）顺时针缓慢旋转电位器（频率设定电位器）到满刻度，显示的频率数值逐渐增大，显示为 50.00Hz；反之，逆时针缓慢旋转电位器（频率设定电位器）到频率显示逐渐减小到 0.00Hz 时，电动机停止运行。

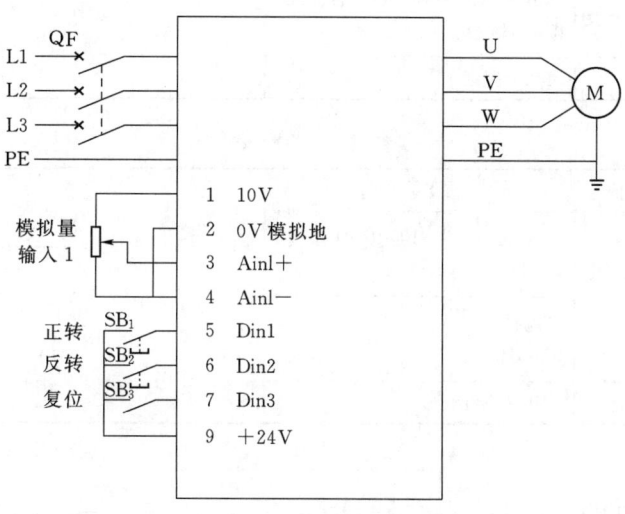

图 9.3 变频器接线图

注意：①如果正转和反转开关都处于 ON 时，电动机不启动，如果在运行期间，两开关同时处于 ON 时，电动机减速至停止状态；②MM440 变频器有两路模拟量输入，相关参数以 In000 和 In001 区分，可以通过 P0756 分别设置每个通道属性，见表 9.3。

表 9.3   P0756 设置及说明

参数号码	设定值	参数功能	说　明
P0756	＝0	单极性电压输入（0～＋10V）	"带监控"是指模拟通道具有监控功能，当断线或信号超限，报故障 F0080
	＝1	带监控的单极性电压输入（0～＋10V）	
	＝2	单极性电流输入（0～20mA）	
	＝3	带监控的单极性电流输入（0～20mA）	
	＝4	双极性电压输入（－10～＋10V）	

除了上面这些设定范围，还可以支持常见的 2～10V 和 4～20mA 这些模拟标定方式。

以模拟量通道 1 电压信号 2～10V 作为频率给定，需要设置的参数见表 9.4。

以模拟量通道 2 电流信号 4～20mA 作为频率给定，需要设置的参数见表 9.5。

对于电流输入，必须将相应通道的拨码开关拨至 ON 的位置。

5. 思考题

（1）变频器为什么能变频？其输入输出电压分别是多少？

（2）根据图 9.4 所示接线图，分别说明变频器的各个接线端子内部的电路结构，理解接线的方法。

表 9.4　　　参 数 设 置 表

参数号码	设定值	参数功能
P0757 [0]	2	电压 2V 对应 0 的标度，即 0Hz
P0758 [0]	0	
P0759 [0]	10	电压 10V 对应 100% 的标度，即 50Hz
P0760 [0]	100%	
P0761 [0]	2	死区宽度

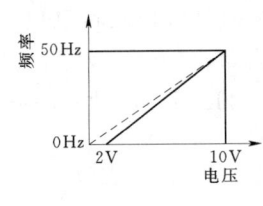

表 9.5　　　参 数 设 置 表

参数号码	设定值	参数功能
P0757 [1]	4	电流 4mA 对应 0 的标度，即 0Hz
P0758 [1]	0	
P0759 [1]	20	电流 20mA 对 100% 的标度，即 50Hz
P0760 [1]	100%	
P0761 [1]	4	死区宽度

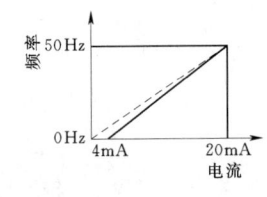

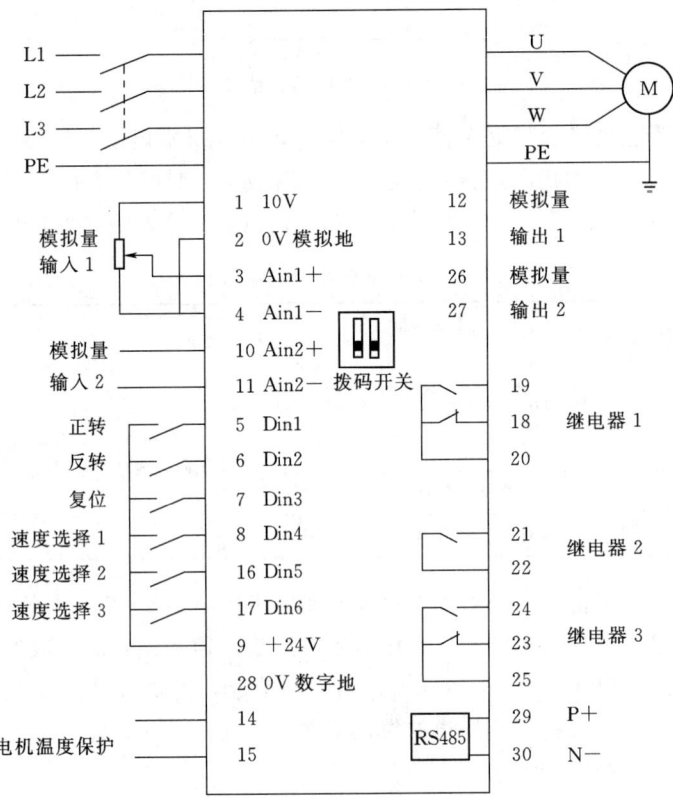

图 9.4　MM440 变频器接线图

9.3　变频器组合运行操作模式

1. 目的与要求

(1) 掌握变频器的各种工作模式设定方法。

(2) 掌握变频器的基本操作。

(3) 巩固并掌握变频器的基本参数的意义及设定方法。

(4) 掌握变频器有关参数在特殊用法时的接线方式。

2. 所需设备、工具及材料

MM440 变频器一台，电位器，连接导线，电动机，螺丝刀等。

注：MM440 变频器开关量输入、输出功能表详见附录 E。

3. 内容与操作

(1) 组合运行操作模式 1，即由 BOP 面板给定启动信号（正转或反转），由外部电位器调节运行频率。

(2) 组合运行操作模式 2（以下以模式 2 为例，说明操作步骤，模式 1 的操作请读者自己完成）。

(3) 外部输入启动信号（开关、继电器等）用 BOP 设定运行频率。不接受外部的频率设定信号和 BOP 的正转、逆转、停止键的操作，具体实训控制要求是：用外部开关启动电动机，在不接电位器的情况下，以 30Hz 频率启动电动机运行。

4. 操作步骤

(1) 变频器上电，确认上电指示灯亮。

(2) 按 P 键到参数设定，P0700 [0] ＝2，I/O 端子控制。

(3) 设置频率给定源，设置 P1000 [0] ＝3，固定频率。

(4) 参照图 9.4 接线，用 SB_1 或 SB_2 使正转或反转中的一个信号接通。

(5) 用 BOP 面板设定运行频率为 30Hz。

(6) 停止、断开 SB_1 或 SB_2，电动机停止运行。

5. 思考题

变频器本身的控制器是怎样工作的？主要完成哪些功能？

9.4　变频器多段速度运行实训

1. 目的与要求

(1) 巩固并掌握变频器的基本操作。

(2) 巩固并掌握变频器基本参数的意义及设定方法。

(3) 掌握变频器有关参数的特殊用法。

(4) 掌握变频器有关参数在特殊用法时的接线方式。

2. 所需设备、工具及材料

MM440 变频器 1 台，电位器，连接导线，电动机，螺丝刀等。

3. 内容与操作

(1) 多段速度相关知识。

在工业控制应用中，经常用到多段速度控制实际生产设备，用参数将多种速度预先设定，用输入端子进行转换。如恒压供水控制、电梯速度控制等。多段速功能也称为固定频率组合控制，就是设置参数 P1000＝3 的条件下，用开关量端子选择固定频率的组合，实现电动机多段速度运行。可通过如下三种方法实现。

1) 直接选择 (P0701～P0706 = 15)。在这种操作方式下，一个数字输入选择一个固定频率，见表 9.6。

表 9.6　　　　　　　　　　　　　多段速频率的设定参数表

端子编号	对应参数	对应频率设置	说　　明
5	P0701	P1001	
6	P0702	P1002	
7	P0703	P1003	(1) 频率给定源 P1000 必须设置为 3
8	P0704	P1004	(2) 当多个选择同时激活时，选定的频率是它们的总和
16	P0705	P1005	
17	P0706	P1006	

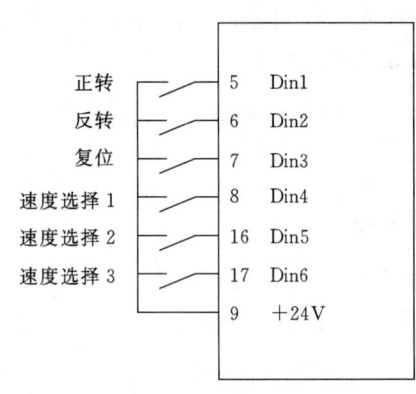

图 9.5　变频器的接线端子图

左侧标注：正转、反转、复位、速度选择 1、速度选择 2、速度选择 3
端子：5 Din1、6 Din2、7 Din3、8 Din4、16 Din5、17 Din6、9 +24V

具体接线图如图 9.5 所示，开关符号可为按钮或继电器的触点。

2) 直接选择 + ON 命令 (P0701～P0706 = 16)。在这种操作方式下，数字量输入既选择固定频率 (见表 9.7)，又具备启动功能。

3) 二进制编码选择 + ON 命令 (P0701～P0704 = 17)。使用这种方法最多可以选择 15 个固定频率，各个固定频率的数值根据表 9.7 选择。

(2) 控制要求。

某电动机在生产过程中要求按 15Hz、20Hz、25Hz、30Hz、35Hz 的速度运行，请设置参数模拟运行。

表 9.7　　　　　　　　　　　　　多段速度的参数设定表

频率设定	端子 8	端子 7	端子 6	端子 5
P1001				1
P1002			1	
P1003			1	1
P1004		1		
P1005		1		1
P1006		1	1	

续表

频率设定	端子 8	端子 7	端子 6	端子 5
P1007		1	1	1
P1008	1			
P1009	1			1
P1010	1		1	
P1011	1		1	1
P1012	1	1		
P1013	1	1		1
P1014	1	1	1	
P1015	1	1	1	1

4. 操作步骤

(1) 变频器上电，确认上电指示灯亮。

(2) 按 P 键到参数设定，P1000 [0] ＝3，多段速。

(3) 参照图 9.5 接线，参照表 9.7 设置参数，合上端子 5 所对应的开关，观察电动机的转速变化，注意当多个开关同时闭合时，选定的频率是否是它们的总和。

了解多段速的工程应用场合。

5. 思考题

(1) 为什么要引入多段速的调速方式，多段速的实际应用场合有哪些？

(2) 在实际工程中应注意哪些事项？

9.5 变频器快速调试

1. 目的与要求

(1) 巩固并掌握变频器的基本操作。

(2) 巩固并掌握变频器基本参数的意义及设定方法。

(3) 掌握变频器有关参数的特殊用法。

2. 所需设备、工具及材料

MM440 变频器 1 台，电位器，连接导线，电动机，螺丝刀等。

3. 内容与操作

快速调试是指通过设置电动机参数和变频器的命令源及频率给定源，从而达到简单快速运转电动机的一种操作模式。根据快速调试的步骤，学会快速设置变频器的参数。

4. 快速调试步骤

按照表 9.8 中的步骤设置参数，即可完成快速调试的过程。

在完成快速调试后，变频器就可以正常的驱动电动机了。接下来就可以根据需要设置控制的方式和各种工艺参数。

表 9.8   参 数 设 置 表

参数号	参 数 描 述	推荐设置
P0003	设置参数访问等级： ＝1，标准级（只需要设置最基本的参数） ＝2，扩展级 ＝3，专家级	3
P0010	＝1，开始快速调试 注意： (1) 只有在 P0010＝1 的情况下，电动机的主要参数才能被修改，如：P0304，P0305 等。 (2) 只有在 P0010＝0 的情况下，变频器才能运行	1
P0100	选择电动机的功率单位和电网频率： ＝0，单位 kW，频率 50Hz ＝1，单位 hp（马力，1hp＝735.5W），频率 60Hz ＝2，单位 kW，频率 60Hz	0
P0205	变频器应用对象： ＝0，恒转矩（压缩机，传送带等） ＝1，变转矩（风机，泵类等）	0
P0300 [0]	选择电动机类型： ＝1，异步电动机 ＝2，同步电动机	1
P0304 [0]	电动机额定电压： 注意电动机实际接线（ Y/△)	根据电动机铭牌
P0305 [0]	电动机额定电流： 注意电动机实际接线（ Y/△)，如果驱动多台电动机，P0305 的值要大于电流总和	根据电动机铭牌
P0307 [0]	电动机额定功率： 如果 P0100＝0 或 2，单位是 kW；如果 P0100＝1，单位是 hp（马力）	根据电动机铭牌
P0308 [0]	电动机功率因数	根据电动机铭牌
P0309 [0]	电动机的额定效率： 如果 P0309 设置为 0，则变频器自动计算电动机效率；如果 P0100 设置为 0，看不到此参数	根据电动机铭牌
P0310 [0]	电动机额定频率： 通常为 50/60Hz；对于非标准电动机，可以根据电动机铭牌修改	根据电动机铭牌
P0311 [0]	电动机的额定速度： 矢量控制方式下，必须准确设置此参数	根据电动机铭牌
P0320 [0]	电动机的磁化电流： 通常取默认值	0
P0335 [0]	电动机冷却方式： ＝0 利用电动机轴上风扇自冷却（普通电机） ＝1 利用独立的风扇进行强制冷却（变频电机）	0

参数号	参 数 描 述	推荐设置
P0640 [0]	电动机过载因子： 以电动机额定电流的百分比来限制电动机的过载电流	150
P0700 [0]	选择命令给定源（启动/停止）： = 1 BOP（操作面板） = 2 I/O 端子控制 = 4 经过 BOP 链路（RS232）的 USS 控制 = 5 通过 COM 链路（端子 29，30） = 6 PROFIBUS（CB 通信板） 注意：改变 P0700 设置，将复位所有的数字输入输出至出厂设定	2
P1000 [0]	设置频率给定源： = 1 BOP 电动电位计给定（面板） = 2 模拟输入 1 通道（端子 3，4） = 3 固定频率 = 4 BOP 链路的 USS 控制 = 5 COM 链路的 USS（端子 29，30） = 6 PROFIBUS（CB 通信板） = 7 模拟输入 2 通道（端子 10，11）	2
P1080 [0]	限制电动机运行的最小频率	0
P1082 [0]	限制电动机运行的最大频率	50
P1120 [0]	电动机从静止状态加速到最大频率所需时间	10
P1121 [0]	电动机从最大频率降速到静止状态所需时间	10
P1300 [0]	控制方式选择： = 0 线性 V/F，要求电动机的压频比准确 = 2 平方曲线的 V/F 控制 = 20 无传感器矢量控制 = 21 带传感器的矢量控制	0
P3900	结束快速调试： = 1 电动机数据计算，并将除快速调试以外的参数恢复到工厂设定 = 2 电动机数据计算，并将 I/O 设定恢复到工厂设定 = 3 电动机数据计算，其他参数不进行工厂复位	3
P1910	= 1 使能电动机识别，出现 A0541 报警，马上启动变频器	1

5. 思考题

设置各个参数的意义是什么？

9.6 闭 环 PID 控 制

1. 目的与要求

（1）掌握 PID 控制的工作原理。

（2）掌握在变频器中关于 PID 参数的设定方法。

（3）掌握变频器有关参数的特殊用法的连线。

2. 所需设备、工具及材料

MM440 变频器 1 台，电位器，连接导线，电动机，光电编码器，螺丝刀等。

3. 内容与操作

（1）PID 控制原理简单说明。MM440 变频器的闭环控制，是应用 PID 控制使控制系统的被控量迅速而准确地接近目标值的一种控制手段。实时地将传感器反馈回来的信号与被控量的目标信号相比较，如果有偏差，则通过 PID 的控制作用，使偏差最大程度地接近 0。适用于压力控制、温度控制、流量控制等。

（2）MM440 变频器 PID 控制原理如图 9.6 所示。

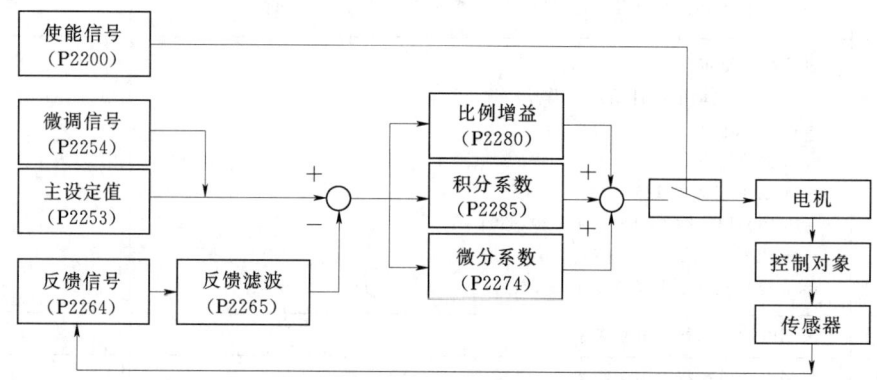

图 9.6 PID 控制原理简图

（3）MM440 变频器 PID 控制参数设定表见表 9.9 和表 9.10。

表 9.9   PID 控制参数设定表

PID 给定源	设定值	功能解释	说　　明
	＝2250	BOP 面板	通过改变 P2240 改变目标值
P2253	＝755.0	模拟通道 1	通过模拟量大小来改变目标值
	＝755.1	模拟通道 2	

表 9.10   PID 控制参数设定表

PID 反馈源	设定值	功能解释	说　　明
P2264	＝755.0	模拟通道 1	当模拟量波动较大时，可适当加大滤波时间，确保系统稳定
	＝755.1	模拟通道 2	

（4）操作设置。从 MM440 变频器在恒压供水中的应用为例进行设置。

由 BOP 面板作为压力给定，模拟量通道 2 接入压力反馈信号，具体参数如下（对于比例积分参数的设定，需要现场调试）：

P0700＝2   控制命令源于端子

P0701＝1   端子 5 作为启动信号

P0756.1＝2   反馈信号为电流信号

P1000＝1	频率给定源于 BOP 面板
P2200＝1	使能 PID
P2253＝2250	PID 目标给定源于面板
P2240＝X	用户压力设定值的百分比
P2264＝755.1	PID 反馈源于模拟通道 2
P2265＝5	PID 反馈滤波时间常数
P2280＝0.5	比例增益设置
P2285＝15	积分时间设置
P2274＝0	微分时间设置（通常微分需要关闭）

（5）操作步骤。

1）变频器上电，确认上电指示灯亮。

2）按照以上参数进行设定。

3）参照图 9.4 接线，合上端子 5 对应的开关，启动电动机。

4）用 BOP 面板设定运行频率，设置为 25Hz。

4. 思考题

（1）设置变频器 PID 控制的步骤和相关参数的意义是什么？

（2）改变 PID 的设定参数，电动机的转速会发生怎样的变化，与哪些因素有关？

9.7　起重机控制系统实训

1. 目的与要求

（1）了解用 S7—200 PLC 与 MM400 系列变频器控制的起重机在工业现场中的应用与操作。

（2）了解现场级操作手柄的控制。

（3）了解电机电磁制动程序的设计方法。

（4）了解称重传感器。

2. 内容与操作

两台变频电动机分别控制起重机沿悬臂导轨平行移动和自身吊钩的升降移动，操作柄提供了手动控制功能，称重传感器用于检测吊钩所悬挂料斗的重量，行程左/右极限保护开关，用于避免起重机在悬臂移动过程中发生冲出导轨的危险。需要指出的是，两台变频器均属于西门子 Micro Master400 变频器系列，一台为 MM440，另一台为 MM420，其中控制电动机导轨上移动的变频器位于控制柜内，另一台负责实现吊钩的升降的变频器位于机架上。

（1）检查接线正确后，接通 PLC 和变频器电源。

（2）MM420 变频器的设置。

1）恢复变频器工厂默认值，P0010 设为 30，P0970 设为 1，按下变频器操作面板上的 P 键，变频器开始复位到工厂默认值。

2）电动机参数按如下所示设置，电动参数设置完成后，设 P0010 为 0，变频器当前处于准备状态，可正常运行。

P0003 设为 2，访问级为扩展级。

P0700 设为 2，命令源为端子排。

P0701 设为 16，数字输入 1 为固定频率加开始命令。

P0702 设为 16，数字输入 2 为固定频率加开始命令。

P0703 设为 12，数字输入 3 为反转命令。

P1000 设为 3，频率设定值为固定频率。

P1001 设为 2，频率设定值为 2Hz。

P1004 设为 5，频率设定值为 5Hz。

（3）设置 MM440 的固定频率控制参数。

1）恢复变频器工厂默认值，P0010 设为 30，P0970 设为 1，按下变频器操作面板上的"P"键，变频器开始复位到工厂默认值。

2）电动机参数按如下所示设置，电动参数设置完成后，设 P0010 为 0，变频器当前处于准备状态，可正常运行。

P0003 设为 2，访问级为扩展级。

P0700 设为 2，命令源为端子排。

P0701 设为 16，数字输入 1 为固定频率加开始命令。

P0702 设为 16，数字输入 2 为固定频率加开始命令。

P0703 设为 12，数字输入 3 为反转命令。

P1000 设为 3，频率设定值为固定频率。

P1001 设为 2，频率设定值为 2Hz。

P1004 设为 5，频率设定值为 5Hz。

（4）PLC 的 I/O 分配。

I1.0，向左；I1.1，向右；I1.2，向上；I1.3，向下。

Q0.0，固定频率设置，接 MM440 数字输入端子"5"。

Q0.1，固定频率设置，接 MM440 数字输入端子"6"。

Q1.0，固定频率设置，接 MM420 数字输入端子"5"。

Q1.1，固定频率设置，接 MM420 数字输入端子"6"。

Q0.7，固定频率设置，接 MM420 数字输入端子"7"。

（5）PLC 程序设计。具体操作过程如下：

1）PLC 分别先后向两个变频控制器发送平移和下降命令，使得起重机到达源工位。

2）操作人员将起重机吊钩挂于料斗顶部并手动锁紧。

3）PLC 发送起吊命令吊起料斗，同时通过对于称重传感器信号的处理获得料斗的重量（若将重量显示于 S7—200 操作员站的文本显示器则更好）。

4）操作人员通过目测观察吊起高度达指定高度，发送停止命令终止吊钩上升。

5）PLC 发送平移命令，使得起重机连同料斗，向目标工位缓慢移动。

6）通过目测观察到起重机达到目标工位，发送停止命令终止起重机平移。

7）PLC 发送下降命令，料斗缓慢下降直到到达目标工位。

8）将料斗从吊钩处解下（若 S7—200 操作员站的文本显示器，还能同时显示起重机的工作状态，即上、下、左、右四个运行方向则更好）。

9）PLC 程序的编写如图 9.7 所示。注：此程序为整体控制程序的一部分，模拟量处理的程序并未给出，请读者自行设计。

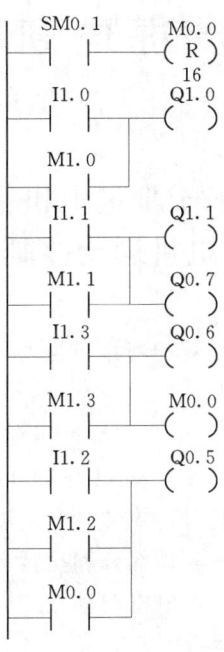

图 9.7　梯形图程序

（6）注意事项。

1）送电前先检查电源接线是否正确，有无短路。

2）送电后检查各项电压是否正常。

3）PLC 的输入输出电压是否正确，接地是否良好。

4）电机启动前应先检查电压是否正常，接地是否良好，运动是否灵活。

5）限位开关是否良好。

6）起重机启动前，应先检查重物有无超重；操作人员应离开重物一定的距离，运动时，操作人员的眼睛一定要跟随重物移动，防止突发事件的发生。

3. 思考题

起重机控制系统在实际运行中需要注意的问题及其程序设计思想分别是什么？

第 10 章 步进电机控制实训

10.1 基于步进电机驱动器的
步进电机运动控制实训

1. 目的与要求

(1) 熟悉 DM432C 步进电机驱动器的使用方法。

(2) 掌握步进电动机的运动特性。

2. 内容与操作

本次实训的主要内容为基于 S7—200 PLC 与 DM432C 步进电机驱动器的步进电机直线运动的控制。运动控制是有关如何对物体位置和速度进行精密控制的技术，典型的运动控制系统出三部分组成：控制部分，驱动部分和执行部分。

具体要求为：按下启动按钮，步进电机启动慢速向上运行；延时 10s 后，步进电机快速向下运行，再延时 10s 后，一个运行周期完成，系统会自动重新运行。电机运行过程中按下停止按钮，步进电机即停止运行。

(1) 按图 10.1 连接电路图，检查接线正确后，接通 PLC 电源。

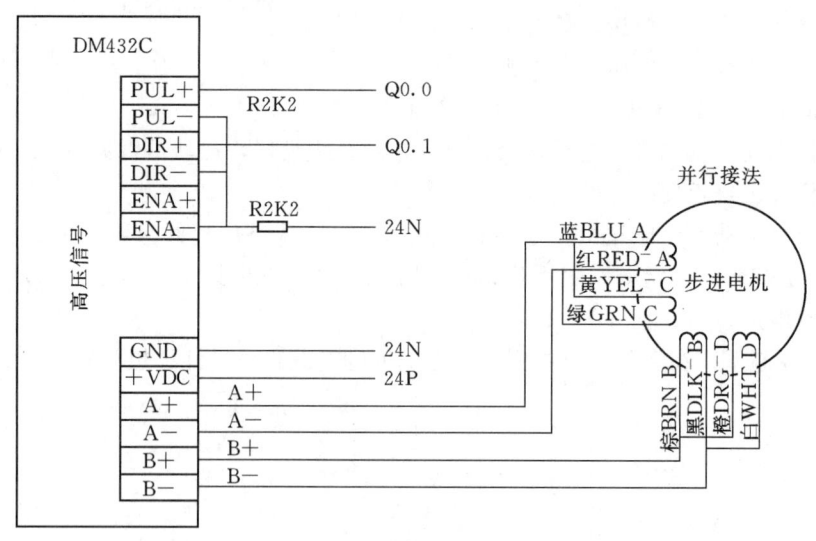

图 10.1 PLC 与步进电机的运动控制电路接线图

(2) 步进驱动器的设置。DM432C 步进驱动器的外形如图 10.2 所示，其中拨码开关需要按图 10.3 所示拨到正确的位置。

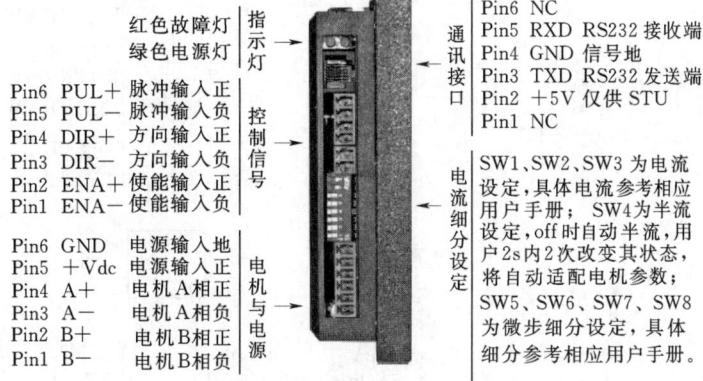

图 10.2　DM432C 步进驱动器
　　　　　　外形图

图 10.3　DM432C 步进电机驱动器拨码
　　　　　　开关及其含义

（3）PLC 的 I/O 分配。

I0.0，步进电机运行，对应步进电机运行按钮 SB_1。

I0.1，步进电机停止，对应步进电机停止按钮 SB_2。

Q0.0，步进电机的高速脉冲输出信号。

Q0.1，步进电机的方向控制信号。

PLC 和步进电机的控制电路图如图 10.1 所示。

（4）程序设计思想。PLC 程序应包括以下控制：

1）当按下启动按钮 SB_1 时，PLC 的 Q0.0 向步进驱动器发出高速脉冲信号，滑块向上/下运动。

2）当走完预设的位移量后，PLC 的 Q0.1 向步进驱动器发出反向信号，滑块向下/上运动。

3）当按下停止按钮 SB_2 时，PLC 的 Q0.0 复位为 OFF，步进电机停止运行。

（5）PLC 程序的设计。本程序包括一个主程序，一个子程序和一个中断程序，如图 10.4 所示。

3．注意事项

（1）送电前先检查电源接线是否正确，有无短路。

（2）送电后检查各项电压是否正常。

（3）PLC 的输入输出电压是否正确，接地是否良好。

（4）步进电机启动前应先检查电压是否正常，接地是否良好；有无卡死现象，滑块螺丝有无松动；为防止速度过快，检查上下两个限位开关位置是否妥当。

4．思考题

不同的步进电机驱动器设置及使用方法都类似吗？

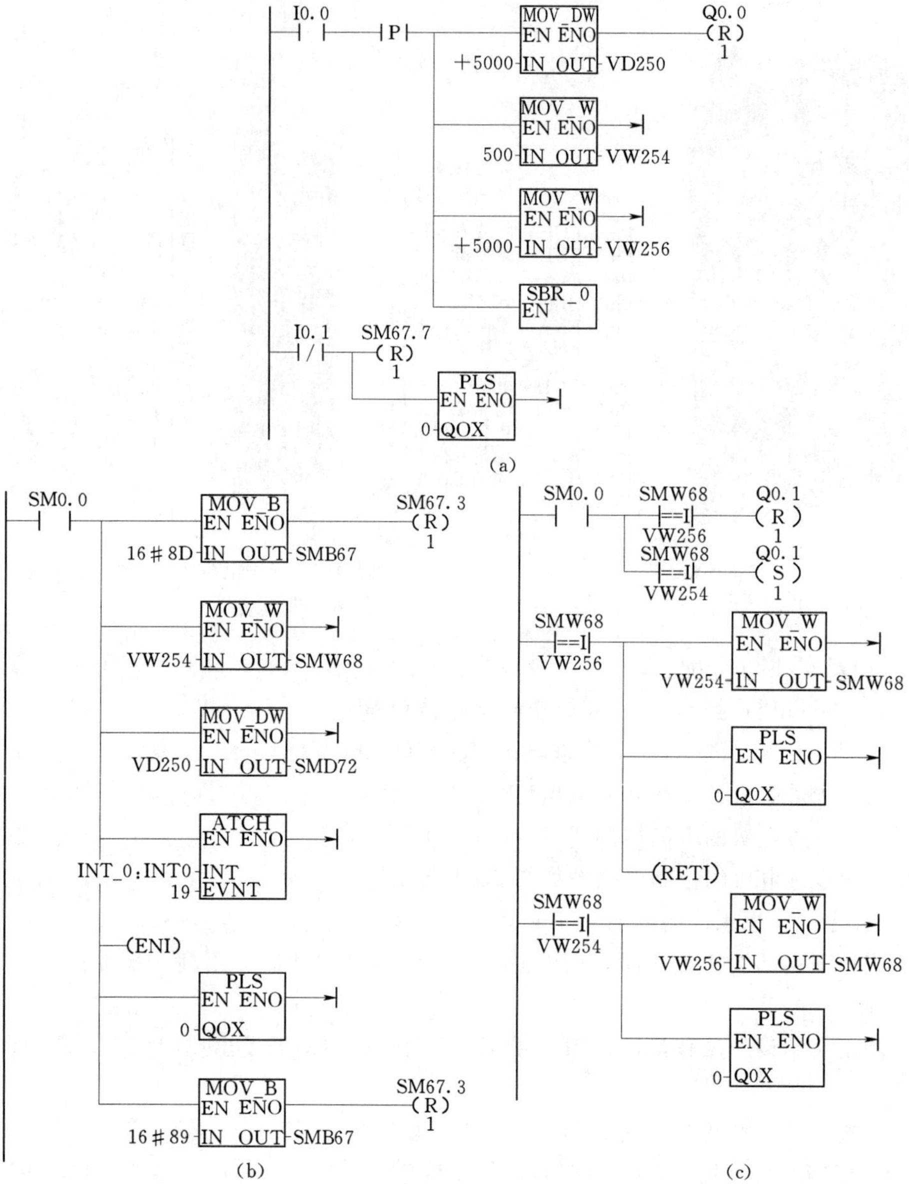

图 10.4 梯形图程序

(a) 主程序；(b) 子程序；(c) 中断程序

10.2 步进电机定位控制实训

1. 目的与要求

(1) 掌握定位控制的实现方法。

(2) 进一步熟悉脉冲指令的功能。

2. 内容与操作

（1）定位控制（Positioning）、调节（Regulated）和控制（Controlled）操作。定位控制、调节和控制操作之间存在一些区别。步进电机不需要连续的位置控制，如图 10.5 所示。在以下的程序例子中，借助于 S7—200 产生的脉冲输出，通过步进电机来实现相对的位置控制，程序流程图如图 10.6 所示。虽然这种类型的定位控制不需要参考点，本例还是简单地描述了确定参考点的基本步骤。因为实际上它总是相对一根轴确定一个固定的参考点，因此，用户借助于一个输入字节的对偶码（Duul coding）给 CPU 指定定位角度。用户程序根据该码计算出所需的定位步数，再由 CPU 输出相关个数的控制脉冲。

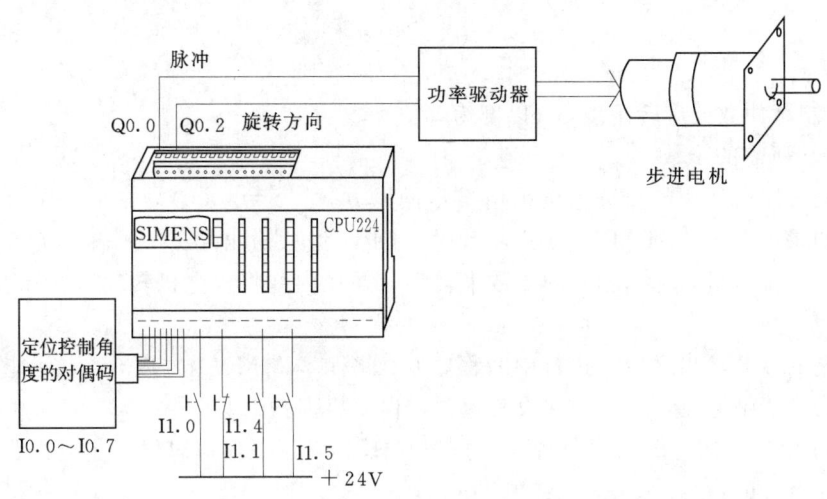

图 10.5　PLC 控制步进电机示意图

（2）程序和注释。

1）初始化。在程序的第一个扫描周期（SM0.1＝1），初始化重要参数，选择旋转方向和解除联锁。

2）设置和取消参考点。如果还没有确定参考点，那么参考点曲线（Reference Point Curve）应从按"START"（启动）按钮（I1.0）开始。CPU 有可能输出最大数量的控制脉冲。在所需的参考点，按"设置/取消参考点"开关（I1.4）后，首先调用停止电机的子程序。然后，将参考点标志位 M0.3 置成 1，再把新的操作模式"定位控制激活"显示在输出端 Q1.0。

如果 I1.4 的开关已被激活，而且"定位控制"也被激活（M0.3＝1），则切换到"参考点曲线"操作模式。在子程序 1 中，

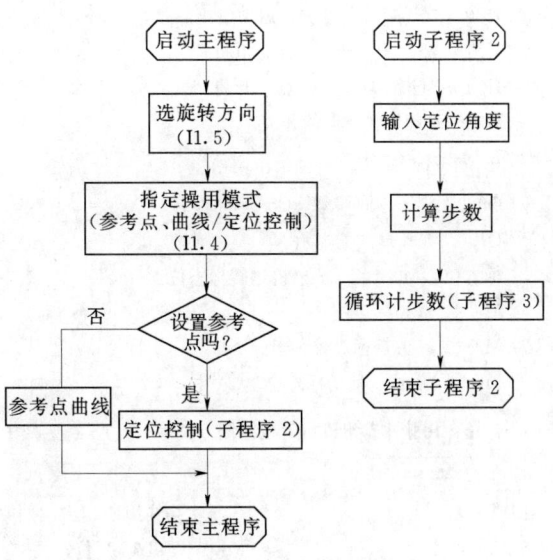

图 10.6　程序流程图

将 M0.3 置成 0，并取消"定位控制激活"的显示（Q1.0＝0）。

此外，程序还为输出最大数量的控制脉冲做准备。当两次激活 I1.4 开关时，便在两个模式之间切换。如果此信号产生的同时电机运转，则电机会自动停止。

实际上，一个与驱动器连接的参考点开关将代替手动操作切换开关的作用，所以，参考点标志能解决模式切换。

3）定位控制。如果确定了一个参考点（M0.3＝1），而且没有联锁，则执行相对的定位控制。在子程序 2 中，控制器从输入字节 IB0 读出对偶码方式的定位角度后，再存入字节 MB11。与此角度有关的脉冲数，根据下面的公式计算

$$N=\frac{n}{360°}S$$

$n＝$ 控制脉冲数或旋转角度 φ（以度为单位）

$S＝$ 每转所需的步数

该示例程序所使用的步进电机采用半步操作方式（$S＝1000$）。在子程序 3 中循环计算步数。如果现在按"STAR"按钮（I1.0），CPU 将从输出端 Q0.0 输出所计算的控制脉冲个数，而且电机将根据相应的步数来转动，并在内部将"电机转动"的标志位 M0.1 置成 1。

在完整的脉冲输出之后，执行中断程序 0，此程序将 M0.1 置成 0，以便能够再次启动电机。为更清晰起见，这一步并没有包含在程序流程图中。

4）停止电机。按"STOP"（停止）按钮（I1.1），可在任何时候停止电机。执行子程序 0 中与此有关的指令。

```
// 输入：I0.0~I0.7　——以度为单位的定位角（对偶码）。
// I1.0　"START"开关，启动电机。
// I1.1　"STOP"开关，停止电机。
// I1.4　"设置/取消参考点"开关。
// I1.5　选择旋转方向的开关。

// 输出：Q0.0　——脉冲输出。
// Q0.2　旋转方向信号（Q0.2＝1 左转，Q0.2＝0 右转）。
// Q1.0　操作模式的显示。
// 标志位：M0.1　——电机运转标志位。
// M0.2　联锁标志位。
// M0.3　参考点标志位。
// MD8，MD12　辅助标志位。

// 标题：用脉冲输出进行定位控制。

// 主程序
LD SM0.1              // 仅首次扫描周期 SM0.1 才为 1。
R M0.0，128           // MD0 至 MD12 复位。
ATCH 0，19            // 把中断程序 0 分配给中断事件 19（脉冲串终止）。
ENI                   // 允许中断。

// 脉冲输出功能的初始化
```

```
MOVW   500，SMW68      // 脉冲周期 T＝500μs。
MOVW   0，SMW70        // 脉冲宽度为 0（脉宽调制）。
MOVD   429496700，SMD72// 为参考点设定的最大脉冲数。

// 设置逆时针旋转
LDN   M0.1             // 若电机停止，
A     I1.5             // 且旋转方向开关＝1。
S     Q0.2，1          // 则逆时针旋转（Q0.2＝1）。

// 设置顺时针旋转
LDN   M0.1             // 若电机停止，
AN    I1.5             // 且旋转方向开关＝0，
R     Q0.2，1          // 则顺时针旋转（Q0.2＝0）。

// 联锁
LD    I1.1             // 若按"STOP"（停止）按钮，
S     M0.2，1          // 则激活联锁（M0.2＝1）。

// 解除联锁
LDN   I1.1             // 若"START"（启动）按钮松开，
AN    I1.0             // 且"STOP"（停止）按钮松开，
R     M0.2，1          // 则解除联锁（M0.2＝0）。

// 确定操作模式（参考点定位控制）
LD    I1.4             // 若按"设置/取消参考点"按钮，
EU                     // 并上升沿，
CALL1                  // 则调用子程序 1。

// 启动电机
LD    I1.0             // 若按"START"（启动）按钮，
EU                     // 并上升沿，
AN    M0.1             // 且电机停止，
AN    M0.2             // 且无联锁，
AD＞＝  SMD72，1        // 且步数≥1，
MOVB  16♯85，SMB67     // 则置脉冲输出功能（PTO）的控制位，
PLS   0                // 启动脉冲输出（Q0.0），
S     M0.1，1          // "电机运行"标志位置位（M0.1＝1）。

// 定位控制
LD    M0.3             // 若已激活"定位控制"操作模式，
AN    M0.1             // 且电机停止，
CALL 2                 // 则调用子程序 2。

// 停止电机
LD    I1.1             // 若按"STOP"（停止）按钮，
EU                     // 并上升沿，
A     M0.1             // 且电机运行，
CALL 0                 // 则调用子程序 0，
MEND                   // 主程序结束。
```

```
// * * * * * * * * * * * * * * * * * * * * * * * * * * *

// 子程序 1

SBR 0                      // 子程序 0，"停止电机"。
MOVB  16♯CB，SMB67          // 激活脉宽调制。
PLS  0                     // 停止输出脉冲到 Q0.0。
R  M0.1，1                  // "电机运行"标志位复位（M0.1＝0）。
RET                        // 子程序 0 结束。

SBR 1                      // 子程序 1，"确定操作模式"。
LD  M0.1                   // 若电机运行，
CALL 0                     // 则调用子程序 0，停止电机。

// 申请"参考点曲线"
LD  M0.3                   // 若已激活"定位控制"，
R  M0.3，1                  // 则参考点标志位复位（M0.3＝0），
R  Q1.0，1                  // 取消"定位控制激活"信息（Q1.0＝0），
MOVD  429496700，SMD72// 为新的"参考点曲线"设定最大脉冲数。
CRET                       // 条件返回到主程序。

// 申请"定位控制"
LDN  M0.3                  // 若未设置参考点（M0.3＝0），
S  M0.3，1                  // 则参考点标志位置位（M0.3＝1），
S  Q1.0，1                  // 输出"定位控制激活"信息（Q1.0＝1），
RET                        // 子程序 1 结束。

// * * * * * * * * * * * * * * * * * * * * * * * * * * *

// 子程序 2

SBR 2                      // 子程序 2，"定位控制"。
MOVB  IB0，MB11             // 把定位角度从 IB0 拷到 MD8 的最低有效字节 MB11。
R  M8.0，24                 // MB8 至 MB10 清零。
DIV  9，MD8                 // 角度/9＝q₁＋r₁。
MOVW  MW8，MW14             // 把 r₁ 存入 MD12。
MUL  25，MD8                // q₁×25→MD8。
MUL  25，MD12
DIV  9，MD12                // r₁×25/9＝q₂＋r₂。

CALL 3                     // 在子程序 3 中调用"循环步数"。
MOVW  0，MW12               // 删除 r₂。
＋D  MD12，MD8              // 把步数写入 MD8。
MOVD  MD8，SMD72            // 把步数传到 SMD72。
RET                        // 子程序 2 结束。

// * * * * * * * * * * * * * * * * * * * * * * * * * * *

// 子程序 3

SBR 3                      // 子程序 3，"循环步数"。
LDW＞＝  MW12，5            // 如果 r₂≥5/9，
```

```
INCW   MW14              // 则步数增加 1，
RET                      // 子程序 3 结束。

// ＊ ＊ ＊ ＊ ＊ ＊ ＊ ＊ ＊ ＊ ＊ ＊ ＊ ＊ ＊ ＊ ＊ ＊ ＊ ＊ ＊ ＊ ＊ ＊ ＊ ＊

// 中断程序 0，"脉冲输出终止"

INT 0                    // 中断程序 0。
R   M0.1，1              // "电机运行"标志位复位（M0.1＝0）。
RET1                     // 中断程序 0 结束。
```

3. 思考题

步进电机如何正确控制？

第 11 章 其他 PLC 简介

11.1 SIMATIC S7—300 硬件基础

1. 概述

(1) SIMATIC S7—300 技术参数见表 11.1。

表 11.1   SIMATIC S7—300 技术参数表

项 目	CPU 312IFM	CPU 313	CPU 314	CPU 314IFM	CPU 315
工作存储器（KB）	6	12	24	24	48
装载存储器（内部集成 RAM，KB）	20	20	40	40	80
装载存储器（FlashEPROM，KB）	—	512	512	—	512
最多可接					
DI/DO	128	128	512	992	1024
AI/AO	32	32	64	248	128
本机 I/O 点					
DI/DO	10／6	—	—	20/16	—
AI/AO	—	—	—	4/1	—
程序执行时间（1KB 二进制指令）（ms）	0.6	0.6	0.3	0.3	0.3
存储器标志位（KB）	1	2	2	2	2
计数器／定时器	32／64	64／128	64/128	64/128	64/128
集成功能 如计数器/频率测量	有	无	无	有	无
同时通过 MPI 通信的节点	4	4	4	4	4

(2) 程序块的数目。程序块的数目见表 11.2。

表 11.2   程 序 块 的 数 目 表

CPU 312	CPU 313/314/315
32 FB	128 FB
32 FC	128 FC
63 DB	127 DB

注   FB—功能块；FC—功能调用；DB—数据块。

(3) 组态。对 CPU312/313，只能有 1 层组态；对 CPU314/315，可以支持 4 层组态。

(4) DP 连接。S7—315—DP 有一个附加的接口,可以支持 PROFIBUS 分布式外设 (DP)。

2. S7—300 模块

S7—300 模块如图 11.1 所示。

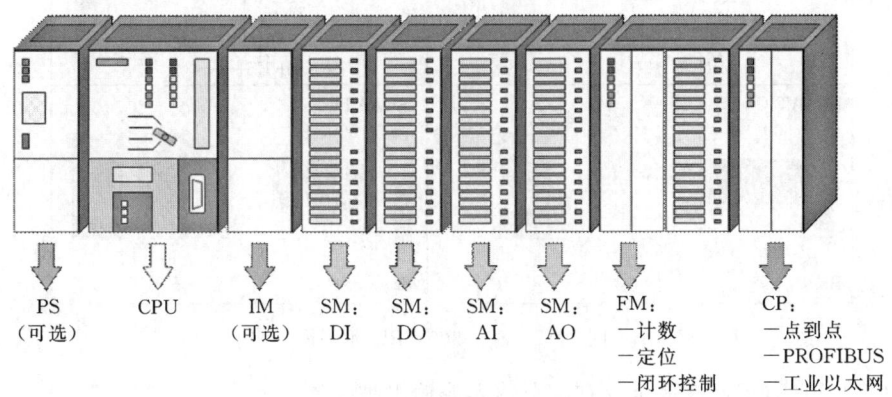

图 11.1 S7—300 模块图

(1) 信号模块 (SM)。

数字量输入模块:24V DC,120/230V AC。

数字量输出模块:24V DC,继电器。

模拟量输入模块:电压、电流、电阻、热电偶。

模拟量输出模块:电压、电流。

(2) 接口模块 (IM)。IM360/IM361 和 IM365 可以用来进行多层组态,它们把总线从一层传到另一层。

(3) 占位模块 (DM)。DM 370 占位模块为没有设置参数的信号模块保留一个插槽。它也可以用来为以后安装的接口模块保留一个插槽。

(4) 功能模块 (FM)。执行“特殊功能”:计数、定位、闭环控制。

(5) 通信处理器 (CP)。提供点到点连接、PROFIBUS 及工业以太网的联网能力。

3. S7—300 CPU

S7—300 CPU 如图 11.2 所示。

(1) 模式选择器。

MRES=模块复位功能。

STOP=停止模式:程序不执行。

RUN=程序执行,编程器只读操作。

RUN_P=程序执行,编程器读写操作。

(2) 状态指示器 (LED)。

SF=组错误:CPU 内部错误或带诊断功能模块错误。

BATF=电池故障:电池不足或不存在。

DC5V=内部 5 V DC 电压指示。

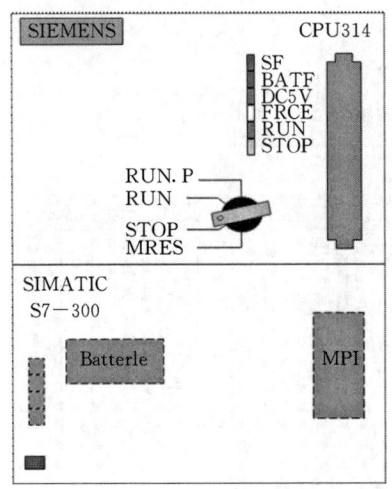
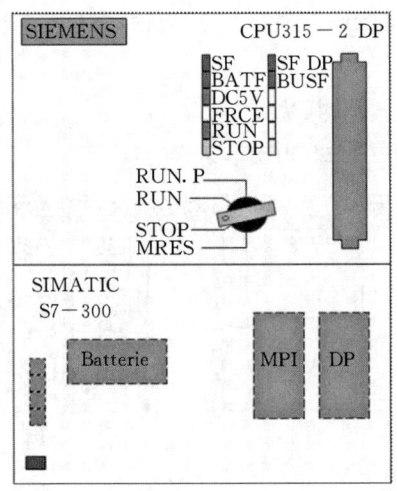

图 11.2 S7—300 CPU 示意图

FRCE＝FORCE：指示至少有一个输入或输出被强制。

RUN＝当 CPU 启动时闪烁，在运行模式下常亮。

STOP＝在停止模式下常亮；

　　　　有存储器复位请求时慢速闪烁；

　　　　正在执行存储器复位时快速闪烁；

　　　　由于存储器卡插入需要存储器复位时慢速闪烁。

（3）存储器卡。为存储器卡提供一个插槽。当发生断电时利用存储器卡可以不需要电池就可以保存程序。

（4）电池盒。在前盖下有一个装锂电池的空间，当出现断电时锂电池用来保存 RAM 中的内容。

（5）MPI 连接。用 MPI 接口连接到编程设备或其他设备。

（6）DP 接口。分布式 I/O 直接连接到 CPU 的接口。

4. 安装 STEP 7 对 PG/PC 的要求

安装 STEP 7 对 PG/PC 的要求见表 11.3。

表 11.3　　　　　　　　　　安装 STEP 7 对 PG/PC 的要求

硬件/软件	要　　　　求
处理器	80486 或更高，推荐 Pentium 以上
硬盘（自由空间）	最小 300MB（对 Windows、交换文件、STEP7、项目）
RAM	≥32MB，推荐 64MB 以上
接口	CP 5611 或 MPI 卡 或 PC—适配器存储器卡编程适配器
鼠标	需要
操作系统	Windows 95/98/NT/2000/XP/7

注　SIMATIC S7 系列的新编程器为 STEP 7 安装提供最佳条件。在 PC 中插入一个 MPI 卡也可以满足上面提出的要求，或者用一个 PC 适配器连到 COM 接口。

5. PLC 的硬件安装和维护

（1）S7—300 的组件见表 11.4。

表 11.4　　　　　　　　　　　　S7—300 的组件

部　件	功　能
导轨	是 S7—300 的机架
电源（PS）	将电网电压（120/230V）变换成为 S7—300 所需的 24V DC 工作电压
中央处理器（CPU）	执行用户程序。附件：存储器模板、后备电池
接口模板（IM）	连接两个机架的总线
信号模块（SM）（数字量/模拟量）	把不同的过程信号与 S7—300 相匹配。附件：总线连接器、前连接器
功能模块（FM）	完成定位、闭环控制等功能
通信处理器（CP）	连接可编程控制器。附件：电缆、软件、接口模块

注　组成 S7—300 可编程控制器的部件简介见表 11.5。

表 11.5　　　　　　　　S7—300 可编程控制器的部件表

导轨	导轨上可以安装电源、CPU、IM 和最多八个信号模板
电源	电源的输出是 24V DC，有 2A、5A 和 10A 三种型号。输出电压是隔离的，并具有短路保护，不带负载时输出稳定。一个 LED 用来指示电源是否正常，当输出电压过载时，LED 指示灯闪烁。用选择开关来选择不同的供电电压有 120V 和 230V
中央处理器	CPU 的前面板有如下的部件： （1）状态和故障指示灯。 （2）可取下的 4 位模式开关。 （3）24V 电源的连接。 （4）连接到编程设备或另一台可编程控制器的多点接口（MPI）。 （5）电池盒（CPU312/FM 不具备）。 （6）存储器模块盒（CPU312/FM 和 314/FM 不具备）
接口模板	接口模板提供多层组态的能力
信号模板	这些模板根据电压范围或输出电压来选择。每个模板都有一个总线连接器，总线连接器连接背板总线。过程信号连接到前连接器的端子上
连接电缆	用一个 PG 电缆可以直接连接编程设备，几台可编程控制器之间组网也需要 PROFIBUS 电缆和电缆连接器
功能模块	功能模板替换当前智能处理器模板
通信处理器	PROFIBUS 现场总线系统的通信处理器

（2）S7—300 的安装位置（水平和垂直安装位置）。S7—300 的安装位置如图 11.3所示。

依赖于安装位置，可编程控制器的控制柜的温度如下：

0～60℃：对于水平安装。

0～40℃：对于垂直安装。

（3）S7—300 的扩展能力。S7—300 的扩展能力如图 11.4 和表 11.6 所示。

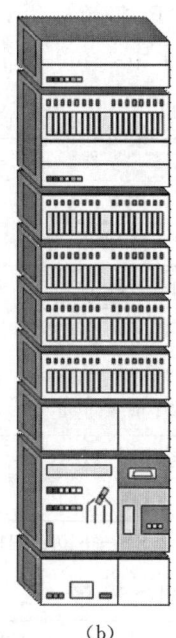

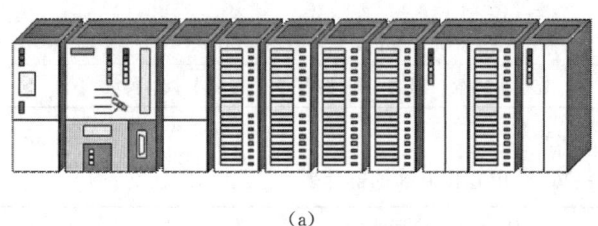

（a）　　　　　　　　　　　　　　　（b）

图 11.3　S7—300 的安装位置

（a）水平安装位置；（b）垂直安装位置

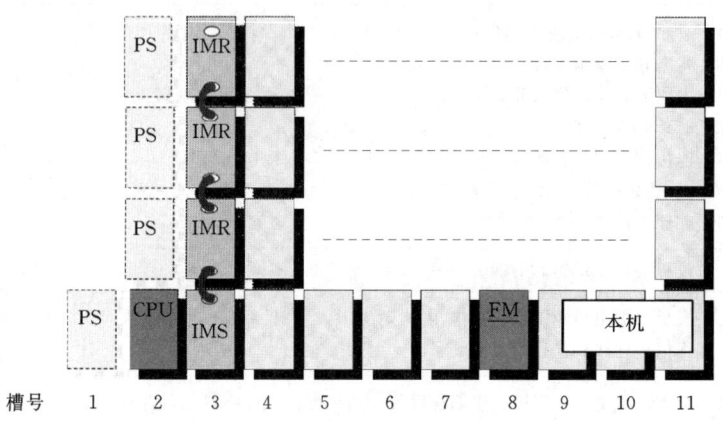

图 11.4　S7—300 的扩展能力示意图

表 11.6	S7—300 的扩展能力表		

最大扩展能力	S7—300/CPU314/315 的可以扩展到 32 个模板，每个机架（层）安装 8 个模板。对于信号模板、功能模块和通信处理器没有插槽限制，也就是说它们可以插到任何一个槽位
接口模板（IM）	接口模板（IM 360/361）用来在机架之间传递总线。 IMS 接口代表发送，IMR 接口代表接收。接口模板必须安装到特定的插槽。 如果需要，在扩展机架可以安装辅助电源。 对于双层组态，硬连线的 IM 365 接口模板较为经济（不需要辅助电源，在扩展机架上不能使用 CP 模板）

续表

局部地址区	一些功能模板，如 FM NC，可以有它们自己的 I/O。这使得该 FM 模块可以快速访问自己专用的 I/O 区域。这个 I/O 区域就称为局部地址区。每个机架上都可配置局部地址区，在运行过程中，CPU 将不能访问这些 I/O 区域	
槽号	槽 1~3（固定分配）	槽 1：PS（电源），如果存在
		槽 2：CPU（中央处理器），如果存在
		槽 3：IM（接口模板），如果存在
	槽 4~11（自由分配）	SM、FM、CP 可以插入这八个槽中的任何一个
距离	两层机架之间的电缆长度： 采用 IM 365 的两层之间最大长度：1m 采用 IM360/361 的多层组态之间最大长度：10m	

（4）安装规范。对于水平安装，CPU 和电源必须安装在左面；对于垂直安装，CPU 和电源必须安装在底部，必须保证下面的最小间距：

1）机架左右为 20mm。

2）单层组态安装时，上下为 40mm。

3）两层组态安装时，上下至少为 80mm。

4）接口模块安装在 CPU 的右面，一个机架上最多插 8 个 I/O 模块（信号模块、功能模块、通信处理器）；多层组态只适用于 CPU314/315/316。

5）保证机架与安装部分的连接电阻很小（例如通过垫圈来连接）。

（5）导轨安装，如图 11.5 所示。

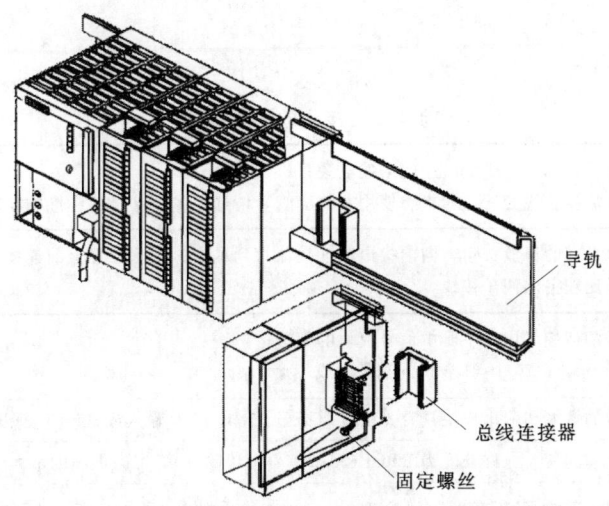

图 11.5 导轨安装

1）总线连接器：每个模板都带一个总线连接器。安装前把总线连接器插入模板。

注：从 CPU 开始，最后一个模板不需要总线连接器。

2）模板：按顺序把模板挂到导轨上方。模板的顺序是：电源→CPU→其他模板。向下按模板并用螺丝把将它们紧固在导轨上。

3) 前连接器：前连接器插入信号模板，来连接现场信号。在模板和前连接器之间是一个机械编码器，可以避免以后把前连接器混淆。

4) 槽号：槽口标号条是 CPU 的附件，它们用来标识模块的位置。在后面设置模块参数时，要知道模块的位置。

（6）电源和 CPU 的接线。打开电源模块和 CPU 模块面板上的前盖→松开电源模块上接线端子的夹紧螺钉→将进线电缆连接到端子上，并注意绝缘→上紧接线端子的夹紧螺钉→用连接器将电源模块与 CPU 模块连接起来并上紧螺钉→关上前盖→检查进线电压的选择开关把槽号插入前盖。

注意事项见表 11.7。

表 11.7　　　　　　　　　　电缆和 CPU 的接线安装注意事项

电缆	进线电缆应选用截面积在 0.25～2.5mm² 之间的柔性电缆
连接器	连接器包含在电源模块的定货当中，它用来将电源模块产生的直流 24V 工作电压连接到 CPU 模块上。注意：CPU 利用外部输入的 24V 工作电压产生内部所需的 5V 电压
24V 连接	电源模块还提供了 24V 输出电压的辅助接线端子，用于连接信号模块
进线电压	电源模块上选择开关用来选择进线电压的等级。选择开关有 230V 和 120V 两档。操作时，用螺丝刀撬开保护盖，根据实际进线电压设置好开关的位置然后关上保护盖

（7）前连接器的接线。打开信号模块的前盖→将前连接器放在接线位置→将夹紧装置插入前连接器中→剥去电缆的绝缘层（6mm 长度）→将电缆连接到端子上→用夹紧装置将电缆夹紧→将前连接器放在运行位置→关上前盖→填写端子标签并将其压入前盖中，在前连接器盖上粘贴槽口号码。

注意事项见表 11.8。

表 11.8　　　　　　　　　　前连接器接线的注意事项

电缆	采用截面积为 0.25～1.5mm² 的柔性电缆；接头处不需要芯线套管。如果想使用芯线套管，请选用 DIN 46228 标准的非绝缘套管
接线位置	压下模块上部的释放按钮，向前拔出前连接器直到尽头；在此位置上前连接器已经与模块断开，而且由于端子比较突出便于接线
端子分配	端子的分配请参考用户手册中信号模块的部分；M 一般接到端子 20 上，L＋接到端子 2 或 1 上
光电隔离	数字信号的输入和输出模块具有光电隔离措施。8 或 16 个输入或输出点使用一个公共端（M 端）
电缆长度	非屏蔽电缆的最大允许长度为 600m（模拟信号模块除外）；屏蔽电缆的最大允许长度为 1000m
电缆的安装	为了实现正确的 EMC 安装，请参考 S7－300 操作手册中关于电气安装的部分；对于大于 60V 的信号或电源电缆，一般应采用单独的捆扎或穿管

6. STEP 7 编程方法

（1）程序结构。STEP 7 为设计程序提供三种方法。基于这些方法，可以选择最适合于用户的应用的程序设计方法。

线性化编程：所有的程序都在一个连续的指令块中。这种结构和 PLC 所代替的固定接线的继电器线路类似。系统按照顺序处理各个指令。

模块化编程：程序分成不同的块，每个块包含了一些设备和任务的逻辑指令。组织块中的指令决定是否调用有关的控制程序模块。例如，一个模块程序包含有一个被控加工过程的各个操作模式。

结构化编程：结构化程序包含有带有参数的用户自定义的指令块。这些块可以设计成一般调用。实际的参数（输入和输出的地址）在调用时进行赋值。一个带参数的程序块的例子如下。

1) 一个"泵控"块含有对泵的操作指令，如控制过程中的泵的输入和输出信号。

2) 对泵进行控制的程序块负责调用（打开）"泵控"块，并指出哪个泵要进行控制。

3) 当"泵控"块完成其操作指令后，程序返回到调用块（如 OB1），然后，继续执行其他的指令。

（2）线性化编程。

1) 什么是线性化编程？

线性化编程具有不带分支的简单结构：一个简单的程序块包含系统的所有指令。线性编程类似于硬接线的继电器逻辑。

2) 它如何执行？

顾名思义，线性化程序描述了一条一条重复执行的一组指令。所有的指令都在一个块内（通常是组织块）。块是连续执行的，在每个 CPU 扫描周期内都处理线性化程序。

3) 优点和缺点是什么？

所有的指令都在一个块内，此方法适于单人编写程序的工程。由于仅有一个程序文件，软件管理的功能相对简单。但是，由于所有的指令都在一个块内，每个扫描周期所有的程序都要执行一次，即使程序的某些部分并没有使用。此方法没有有效地利用 CPU。另外，如果在程序中有多个设备，其指令相同，但参数不同，将只得用不同的参数重复编写这部分程序。

（3）模块化编程。

1) 什么是模块化编程？

模块化编程是把程序分成若干个程序块，每个程序块含有一些设备和任务的逻辑指令。

2) 它如何执行？

在组织块（OB1）中的指令决定控制程序的模块的执行。模块化编程功能（FC）或功能块（FB）。它们控制着不同的过程任务，如操作模式，诊断或实际控制程序。这些块相当于主循环程序的子程序。

3) 优点和缺点是什么？

在模块化编程中，在主循环程序和被调用的块之间仍没有数据的交换。但是，每个功能区被分成不同的块。这样就易于几个人同时编程，而相互之间没有冲突。另外，把程序分成若干小块，将易于对程序调试和查找故障。OB1 中的程序包含有调用不同块的指令。由于每次循环中不是所有的块都执行，只有需要时才调用有关的程序块，这样，CPU 将更有效地得到利用。一些用户对模块化编程不熟悉，开始时此方法看起来没有什么优点，但是，一旦理解了这个技术，编程人员将可以编写更有效和更易于开发的程序。

（4）结构化编程。

1）什么是结构化编程？

结构化程序把过程要求的类似或相关的功能进行分类，并试图提供可以用于几个任务的通用解决方案。向指令块提供有关信息（以参数形式），结构化程序能够重复利用这些通用模块。

这些模块的例子包括：传送带系统中所有交流电机的通用逻辑控制的块，装配线机械中所有电磁线圈的通用逻辑控制的块，造纸机器中所有驱动装置的通用逻辑控制的块。

2）它如何执行？

OB1（或其他块）中的程序调用这些通用执行块。和模块化编程不同，通用的数据和代码可以共享。

3）优点和缺点是什么？

不需要重复这些指令，然后对不同的设备代入不同的地址，可以在一个块中写程序，用程序把参数（如要操作的设备或数据的地址）传给程序块。这样，可以写一个通用模块，更多的设备或过程可以使用此模块。当使用结构化编程方法时，需要管理程序存储和使用数据。

4）程序块类型。

用户块：用户块包括程序代码和用户数据。在结构化程序中，一些块循环调用处理，一些块需要时才调用。用户块及其特性见表11.9。

系统块：系统块是在CPU操作系统中预先定义好的功能和功能块。这些块不占用用户程序空间。用户程序调用系统块，在整个系统中这些块具有相同的接口、相同的标示和相同的号。用户程序可以容易地转换到不同的CPU或PLC。系统块及其特性见表11.10。

表 11.9　　　　　　　　　　　　　用 户 块 及 其 特 性

块类型	特　　　　性
组织块（OB）	OB块构成了S7 CPU和用户程序的接口。可以把全部程序存在OB1中，让它连续不断地循环处理。也可以把程序放在不同的块中，用OB1在需要的时候调用这些程序块。除OB1外，操作系统根据不同的事件可以调用其他的OB块。 例如，时间—日期中断、周期时间中断、诊断中断、硬件中断、故障处理中断、硬件启动
功能块（FB）	功能块是在逻辑操作块内的功能或功能组，在操作块内分配有存储器，并存储有变量。FB需要这个背景数据块形式的辅助存储器。通过背景数据块传递参数，而且，一些局部参数也保存在此区。其他的临时变量存在局部堆栈中。保存在背景数据块内的数据，当功能块关闭时数据仍保持。而保存在局部堆栈中的数据不能保存
功能（FC）	功能是类似于功能块的逻辑操作块，但是，其中不分配存储区。FC不需要背景数据块。临时变量保存在局部堆栈中，直到功能结束。当FC执行结束时，使用的变量要丢失
数据块（DB）	数据块是一个永久分配的区域，其中保存其他功能的数据或信息。数据块是可读/写区，并作为用户程序的一部分转入CPU

表 11. 10　　　　　　　　　　　　系 统 块 及 其 特 性

块类型	特　　性
系统功能 （SFC）	系统功能是集成在 S7 CPU 中的已经编程并调试过的功能。这些块支持的一些任务是设置模块参数、数据通讯和拷贝功能等。用户程序可以不用装载直接调用 SFC。SFC 不需要分配数据块
系统功能块 （SFB）	系统功能块是 S7 CPU 的集成功能。由于 SFB 是操作系统的一部分，用户程序可以不用装载直接调用 SFB。SFB 需要分配背景数据块 DB，数据块必须作为用户程序的一部分下载到 CPU
系统数据块 （SDB）	系统数据块是由不同 STEP 7 工具产生的程序存储区，其中存有操作控制器的必要数据。SDB 中存有一些信息，例如：组态数据、通讯连接和参数

7．程序执行

（1）启动。当 PLC 得电或从 STOP 切换到 RUN 模式时，CPU 执行一次全启动（使用 OB100）。在全启动期间，操作系统清除非保持位存储器、定时器和计数器，删除中断堆栈和块堆栈，复位所有保存的硬件中断，并启动扫描循环监视时间。

（2）循环扫描。CPU 的循环扫描操作包括 3 个主要部分，如图 11.6 所示。

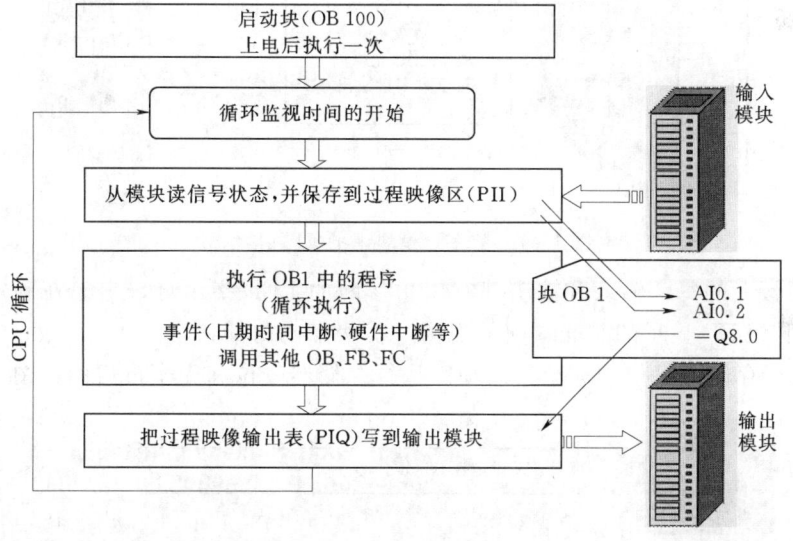

图 11.6　CPU 的循环扫描

1）CPU 检查输入信号的状态并刷新过程映像输入表。

2）执行用户程序。

3）把过程输出映像输出表写到输出模块。

8．硬件调试

（1）调试内容。观察模板上的 LED 指示灯→执行 CPU 存储器复位→执行 CPU 的完全再启动→启动 SIMATIC 管理器→用监视变量功能检查输入→用修改变量功能检查输出。

（2）指示灯。

1）S7—300 电源模块上的 LED 指示灯状态见表 11.11。

表 11.11 电源模块上的 LED 指示灯状态

LED "24V DC"	状态		电源的反应
常亮	24V 正常		24V 正常
闪烁	输出电路过载:	到 130%（动态）	到 130%（动态）电压急降，当不过载时，重建电压
		到 130%（静态）	到 130%（静态），电压降低，减少设备寿命
不亮	输出短路		电压不输出，当短路消失时自动恢复
不亮	原端超压或欠压		过电压会造成损坏，欠电压自动关断

2）数字量模块上的 LED 指示灯。数字量模块上的 LED 指示灯如图 11.7 所示。

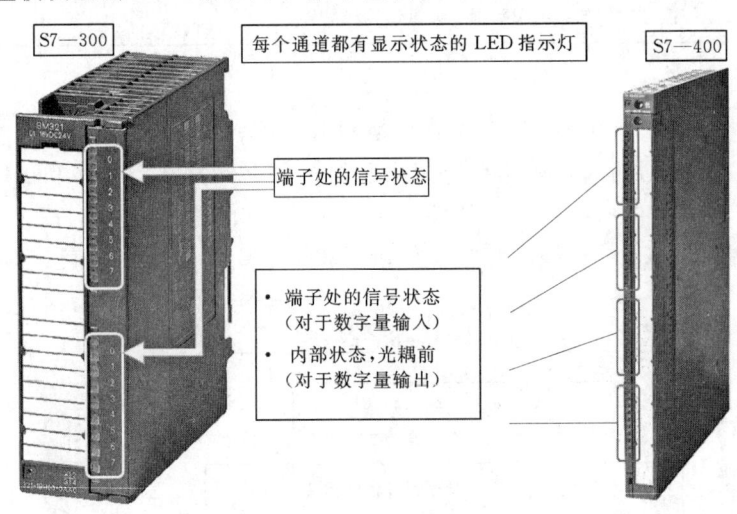

图 11.7 数字量模块上的 LED 指示灯

注：模板上的每个输入和输出都有用于诊断的 LED 指示灯，它们在确定程序错误时非常有用。LED 显示的是光耦前的现场过程状态或内部状态。

（3）执行存储器复位和完全再启动。执行存储器复位和完全再启动如图 11.8 所示。

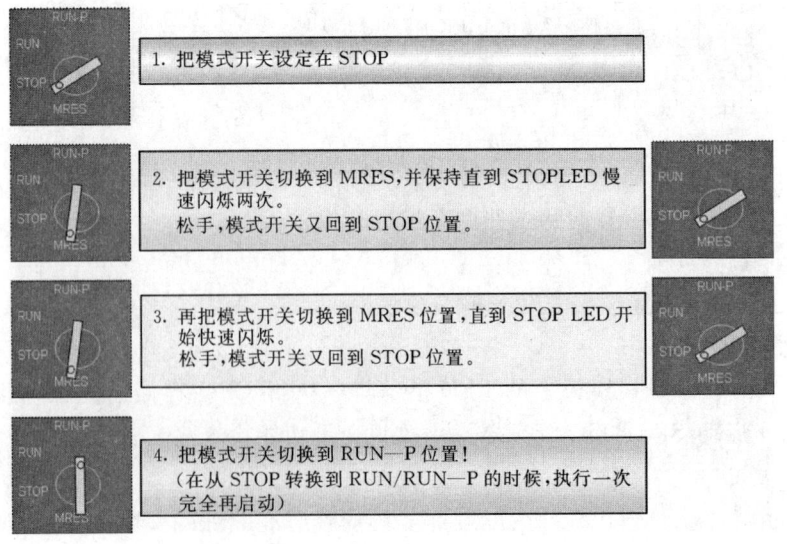

图 11.8 执行存储器复位和完全再启动示意图

存储器复位：当存储器复位时，工作存储器、装载存储器和带保持的数据都被清除，然后执行硬件测试。如果存储器卡存在，用户程序就从存储器卡拷贝到工作存储器。

完全再启动：当完全再启动时，过程映像和非保持数据被清除。当过程映像读入后，就开始新的一个循环。

11.2 SIMATIC S7—300 软件基础

1. S7—300 的数据区

（1）数据类型。S7—300 的数据类型有位数据、字节数据、字数据、双字数据、整数、实数等数据，见表 11.12。

表 11.12   S7—300 数据类型

类 型		格 式	范围及示例
位（BOOL）		True 或 False（数值为 1 或 0）	True 或 False（1 或 0）
字节（BYTE）		八位数据：B#16#（B 代表字节）	B#16#0～FF
字（WORD）		二进制：2#	2#0～1111＿1111＿1111＿1111
		十六进制：W#16#（W 代表字）	W#16#0～FFFF
		BCD 码：C#	C#－999～999
双字（DWORD）		二进制：2#	2#0（1111＿1111＿1111＿1111＿1111…）
		十六进制：DW#16#（DW 代表双字）	DW#16#0～FFFF＿FFFF
		BCD 码：C#	C#0～999＿9999
整数（INT）		16 位数：	－32768～32767
双整数（DINT）		32 位数：L#	L#－214783648～214783647
实数（REAL）		32 位数：	3.402823E＋38～1.1755494 E－38
时间	SIMATIC 时间	S5T#	S5T#10ms～2H46M 30S0ms
	IEC 时间	T#（时基 1mS）	T#0～24D＿20H＿31M＿23S＿648ms
字符（CHAR）		八位数据：用单引号表示''（ASCII）	'A'
日计时（TIME＿OF＿DAY）		TOD#	TOD#0：0：0～23：59：59.999
日期（DATE）		D#	D#1990－1－1～2163－12－31

说明：S5TIME 为 SIMATIC 时间，用 16 位数表示。该 16 位数的第 0～11 位为用 BCD 码表示的时间值（TV 值），第 13 和 12 位表示时间基准。其中，00 为 10ms，01 为 100ms，10 为 1s，11 为 10s。

TIME 为 IEC 时间，时间基准为 1ms。

TIME－OF－DAY 为日计时，时间基准为 1ms。

DATE 为日期计时，时间基准 1 天。

实际时间＝时间的过程值×时间基准

（2）STEP 7 的可能寻址范围。STEP 7 的可能寻址范围是指该软件的可能寻址区域，它包含了 S7—300/400 各种 PLC 的全部寻址范围，而不表明一个具体的 PLC 的可能寻址区域。STEP 7 的寻址范围见表 11.13。

S7 同时只能识别一个 DB 块和一个 DI 块的数据。打开一个数据块，就意味着关闭当前已打开的另一个同类的数据块。

表 11.13　　　　　　　　　　　STEP 7 的寻址范围

区域种类		访问区域	缩写	最大区域范围
过程映像 I/Q		输入/输出位	I/Q	0.0～65535.7
		输入/输出字节	I/QB	0～65535
		输入/输出字	I/QW	0～65534
		输入/输出双字	I/QD	0～65532
存储器标志 M		存储器位	M	0.0～255.7
		存储器字节	MB	0～255
		存储器字	MW	0～254
		存储器双字	MD	0～252
I/Q 外部输入/输出		外设 I/Q 字节	PIB/PQB	0～65535
		外设 I/Q 字	PIW/PQW	0～65534
		外设 I/Q 双字	PID/PQD	0～65532
定时器		定时器（T）	T	0～255
计数器		计数器（C）	C	0～255
数据块（DB）0～65535	用 OPN DB 打开	位	DBX	0.0～65535.7
		字节	DBB	0～65535
		字	DBW	0～65534
		双字	DBD	0～65532
	用 OPN DI 打开	位	DIX	0.0～65535.7
		字节	DIB	0～65535
		字	DIW	0～65534
		双字	DID	0～65532

注　1. DB 块包含由任意一个块存取的数据，DB 块用"OPN DB"打开。
　　2. DI 块用于存取 FB 和 SFB 块的数据，DI 块用"OPN DI"打开。

（3）S7—300 CPU 的寄存器。S7—300 有两个累加器、两个地址寄存器、两个数据块寄存器、一个状态寄存器和一个诊断缓冲区。

1）累加器（ACCU x）。32 位累加器用于处理字节、字或双字的寄存器。S7—300有两个累加器（ACCU1 和 ACCU2）。可以把操作数送入累加器，并在累加器中进行运算和处理，保存在 ACCU1 中的运算结果可以传送到存储区。处理 8 位或 16 位数据时，数据放在累加器的低端（右对齐）。

在使用语句表指令编程时，累加器的状态是编程者应该掌握的。而使用梯形图或功能图指令时，则可不必太关心累加器的内容。

2）地址寄存器。S7 系列的 PLC CPU 中有两个地址寄存器，即 AR1 和 AR2，每个地址寄存器为 32 位。地址寄存器常用于寄存器间接寻址。在语句表指令中有专门的指令对其进行操作。如果只使用梯形图或功能图指令，也可不必关心地址寄存器的内容。

3）数据块寄存器。S7 系列 PLC 的 CPU 中有两个数据块寄存器，每个数据块寄存器的长度为 32 位。一个为共享数据块 DB 的寄存器，另一个为背景数据块 DI 的寄存器。数据块寄存器包含了被激活的数据块的块号以及数据块的长度。用户在访问数据块时，如果指令中没有指明是哪一个数据块，则 CPU 将访问数据块寄存器中存储的数据块号。如果指令中指明了数据块号，则 CPU 将会把该数据块的信息装入数据块寄存器中以备使用。因此，在编程序时，如果明确指令所访问的数据块的块号，则可不必关心数据块寄存器中的内容。

4）状态字寄存器。状态字是一个 16 位的寄存器，用于存储 CPU 执行指令的状态。状态字中的某些位用于决定某些指令是否执行和以什么样的方式执行，执行指令时可能改变状态字中的某些位，用位逻辑指令和字逻辑指令可以访问和检测它们，见表 11.14。

表 11.14　　　　　　　　　　　　　STEP 7 的状态字

位号	15～9	8	7	6	5	4	3	2	1	0
状态字		BR	CC1	CC0	OV	OS	OR	STA	RLO	FC

（a）首次检测位（FC）。状态字的第 0 位称为首次检测位（FC）。若该位的状态为 0，则表明一个梯形逻辑网络的开始，或指令为逻辑串的第一条指令。CPU 对逻辑串第一条指令的检测（称为首次检测）产生的结果直接保存在状态字的 RLO 位中，经过首次检测存放在 RLO 中的 0 或 1 称为首次检测结果。该位在逻辑串的开始时总是 0，在逻辑串指令执行过程中该位为 1，输出指令或与逻辑运算有关的转移指令（表示一个逻辑串结束的指令）将该位清 0。

（b）逻辑运算结果（RLO）。状态字的第 1 位称为逻辑运算结果位（RLO）。该位用来存储执行位逻辑指令或比较指令的结果。RLO 的状态为 1，表示有"能流"流到梯形图中运算点处；为 0 则表示无"能流"流到该点。

（c）状态位（STA）。状态字的第 2 位称为状态位（STA），执行位逻辑指令时，STA 总是与该位的值一致。

（d）或位（OR）。状态字的第 3 位称为或位（OR），在先"与"后"或"的逻辑运算中，OR 位暂存逻辑"与"的操作结果，以便进行后面的逻辑"或"运算。其他指令可以将 OR 位复位。

（e）溢出位（OV）。状态字的第 4 位称为溢出位（OV），如果算术运算或浮点数比较指令执行时出现错误（例如溢出、非法操作和不规范的格式），溢出位被置 1。如果后面的同类指令执行结果正常，该位被清 0。

（f）溢出状态保持位（OS）。状态字的第 5 位称为溢出状态保持位（OS），或称为存储溢出位。OV 位被置 1 时 OS 位也被置 1，OV 位被清 0 时 OS 仍保持，所以它保存了 OV 位，用于指明前面的指令执行过程中是否产生过错误。只有 J OS（OS=1 时跳转）指令、块调用指令和块结束指令才能复位 OS 位。

（g）条件码 1（CC1）和条件码 0（CC0）。状态字的第 7 位和第 6 位称为条件码 CC1 和条件码 CC0。这两位综合起来用于表示在累加器 1 中产生的算术运算或逻辑运算的结果与 0 的大小关系、比较指令的执行结果或移位指令的移出位状态，见表 11.15。

表 11. 15 STEP 7 的条件码状态

CC1	CC0	条件
0	0	ACCU2＝ACCU1
0	1	ACCU2＜ACCU1
1	0	ACCU2＞ACCU1
1	1	非法指令

(h) 二进制结果位（BR）。状态字的第 8 位称为二进制结果位。它将字处理程序与位处理联系起来，在一段既有位操作又有字操作的程序中，用于表示字操作结果是否正确。将 BR 位加入程序后，无论字操作结果如何，都不会造成二进制逻辑链中断。在梯形图的方框指令中，BR 位与 ENO 有对应关系，用于表明方框指令是否被正确执行：如果执行出现了错误，BR 位为 0，ENO 也为 0；如果功能被正确执行，BR 位为 1，ENO 也为 1。

状态字的 9～15 位未使用。

(4) S7—300 的寻址方式。STEP 7 的寻址方式有三种，立即寻址、直接寻址和间接寻址。

1) 立即寻址。立即寻址是指操作数直接在指令中。有些指令的操作数是唯一的，往往不在指令中写出，成为无操作数指令，其实也可以看成是一种特殊的立即寻址。

下面的例子中，"S5T♯10S"是装入 T1 计时器的时间常数，可以看出该操作数直接在指令中了，称为立即寻址。

A	I	1.0	//启动电平
L	S5T♯10S		//计时器的时间常数
SD	T	1	//时间常数装入计时器 T1

2) 直接寻址。直接寻址是指操作数的地址在指令中给出。

下面的例子中，"MW100"是装入 T1 计时器时间常数的地址，可以看出具体的时间常数在指令中没有给出。但是，存放时间常数的地址已经由指令给出，这种寻址方式称为直接寻址。

A	I	1.0	//启动电平
L	MW	100	//计时器的时间常数的地址
SD	T	1	//时间常数装入计时器 T1

3) 间接寻址。间接寻址是指操作数的地址的地址在指令中给出，S7—300 有两种间接寻址。一种是以定时器 T、计数器 C、数据块 DB、功能块 FB、功能 FC 字作为地址指针和以 MD、LD、DBD、DID 双字作为地址指针，其表示形式为"［地址指针］"。这种寻址方式称为存储器间接寻址。

下面是存储器间接寻址的例子。"IB［MD 0］"是装入 QB 0 操作数的地址的地址，其 MD 0 的 31～3 位表示被寻址的字节编号，MD 0 的 2～0 位表示被寻址的位号。当 MD 0 ＝W♯16♯0 时，MD 0 的 31～3 位表示被寻址的字节编号为 0，即把 IB0 的数据传送到 QB0，当 MD 0＝W♯16♯8 时，MD 0 的 31～3 位表示被寻址的字节编号为 1，即把 IB1 的数据传送到 QB0，当 MD 0＝W♯16♯10 时，MD 0 的 31～3 位表示被寻址的字节编号为

2，即把 IB2 的数据传送到 QB0。

| L | IB［MD 0］ | //把 IB 由 MD 0 的 31～3 位指定的字节装入累加器 1。 |
| T | QB 0 | //把累加器 1 的低 8 位传送给 QB 0。 |

S7—300 的另一种间接寻址方式是利用两个地址寄存器 AR1 和 AR2 对各存储区进行间接寻址，地址寄存器的内容加上偏移量形成地址指针，其表示形式为"［地址寄存器，P♯偏移量］"。这种寻址方式称为寄存器间接寻址。

下面是寄存器间接寻址的例子。

A	I	0.1	//启动电平。
L	P♯1.0		//将间接寻址的地址指针装入累加器 1。
LAR1			//将累加器 1 的内容送到地址寄存器 1。
A	M［AR1，P♯1.3］		//AR1 加偏移量 P♯1.3，实际上是对 M2.3 操作。
=	Q［AR1，P♯1.0］		//把运算结果赋给 Q 的 AR1 的 P♯1.0 加偏移量 P♯1.0 位，即 Q2.0。
L	DBW［AR1，P♯6.0］		//把当前数据块 DBW7 的数据装入累加器 1。
T	MW 4		//把累加器 1 的低 16 位传送给 MW 4。

2. S7—300 的基本指令

（1）位逻辑指令。S7—300 的位逻辑指令可以分为与操作、或操作、取反操作、中间输出操作、置位操作、复位操作、RS 触发器、SR 触发器、逻辑正边沿检测、逻辑负边沿检测、信号正边沿检测和信号负边沿检测。具体操作及功能见表 11.16。

表 11.16　　　　　　　　　　位 逻 辑 指 令 表

操作	语 句 表	梯 形 图	功能描述	参数说明
与操作 （A/AN）	A　I　0.1 AN　I　0.2 =　Q　0.1	I0.1　　I0.2　　Q0.1 —| |——|/|——( )—	I0.1 和 I0.2 的非进行"与"操作，其结果赋予 Q 0.1 输出	触点与线圈均为位数据
或操作 （O/ON）	O　I　0.2 ON　I　0.3 =　Q　0.2	I0.2　　　Q0.2 —| |————( )— I0.3 —|/|—	I0.2 和 I0.3 的非，进行"或"操作，其结果赋予 Q 0.2 输出	触点与线圈均为位数据
取反操作 （NOT）	A（ O　I　0.1 ON　M　0.0 ） NOT =　Q　0.3	I0.1　　　　　Q0.3 —| |——|NOT|——( )— M0.0 —| |—	I0.1 和 M0.0 的非进行"或"操作，其结果"取反"再赋予 Q 0.3 输出	触点与线圈均为位数据
中间输出操作 （♯）	A（ O　I　0.1 ON　I　0.3 ） =　M　0.1 A　M　0.1 A　I　0.2 =　Q　0.4	I0.1　　M0.1　I0.2　Q0.4 —| |——(♯)——| |——( )— I0.3 —|/|—	I0.1 和 I0.3 的非，进行"或"操作，其中间结果赋予 M 0.1 输出，同时再和 I0.2 进行"与"操作，最终结果赋予 Q 0.4 输出	触点与线圈均为位数据

续表

操作	语 句 表	梯 形 图	功能描述	参数说明
置位操作（S）	A I 0.1 S Q 0.1	I0.1 ——(S)—— Q0.1	I0.1 为 ON 时，对 Q0.1 置位	触点与线圈均为位数据
复位操作（R）	A I 0.2 R Q 0.1	I0.2 ——(R)—— Q0.1	I0.2 为 ON 时，对 Q0.1 复位	触点与线圈均为位数据
RS 触发器（R/S）	A I 0.1 R M 0.1 A I 0.2 S M 0.1 A M 0.1 = Q 0.1	I0.1 —[M0.1 RS, R, Q]— Q0.1 I0.2 — S	I0.1 为 ON 时，对 M0.1 复位。I0.2 为 ON 时，对 M0.1 置位。M0.1 的状态赋予 Q0.1 输出。置位优先	触点与线圈均为位数据
SR 触发器（S/R）	A I 0.1 S M 0.1 A I 0.2 R M 0.1 A M 0.1 = Q 0.1	I0.1 —[M0.1 SR, S, Q]— Q0.1 I0.2 — R	I0.1 为 ON 时，对 M0.1 置位。I0.2 为 ON 时，对 M0.1 复位。M0.1 的状态赋予 Q0.1 输出。复位优先	触点与线圈均为位数据
逻辑正边沿检测（FP）	A I 0.1 A I 0.2 FP M 0.1 = M 1.0	I0.1 I0.2 M0.1 M1.0 ——(P)——( )——	I0.1 和 I0.2 的"与"结果赋予 M0.1，M0.1 上升沿使 M1.0 产生一个扫描周期的脉冲输出	触点与线圈均为位数据
逻辑负边沿检测（FN）	A I 0.1 A I 0.2 FN M 0.2 = M 1.1	I0.1 I0.2 M0.2 M1.1 ——(N)——( )——	I0.1 和 I0.2 的"与"的结果赋予 M0.2，M0.2 下降沿使 M1.1 产生一个扫描周期的脉冲输出	触点与线圈均为位数据
信号正边沿检测（FP）	A I 0.1 A(A I 1.0 FP M 1.1) = M 8.0	I0.1 —[I1.0 POS, Q]— M8.0 M1.1 — M_BIT	I0.1 为 ON 时，I1.0 的状态赋予 M1.1，M1.1 的上升沿使 M8.0 产生一个扫描周期的脉冲输出	触点与线圈均为位数据
信号负边沿检测（FN）	A I 0.1 A(A I 1.1 FN M 1.0) = M 8.1	I0.1 —[I1.1 NEG, Q]— M8.1 M1.0 — M_BIT	I0.1 为 ON 时，I1.1 的状态赋予 M1.0，M1.0 的下降沿使 M8.1 产生一个扫描周期的脉冲输出	触点与线圈均为位数据

（2）计数器与计时器指令。S7—300 的计数器指令可以分为加计数器（CU）、减计数器（CD）和双向计数器（CDU）。S7—300 的计时器可以分为脉冲计时器（SP）、扩展

脉冲计时器（SE）、开通延时计时器（SD）、保持型开通延时计时器（SS）和关断延时计时器（SF）。计时器与计数器指令的操作又分为线圈操作和框图操作两种，具体操作及功能见表 11.17 和表 11.18。

表 11.17 计 数 器 指 令

操作	语 句 表	梯 形 图	功能描述	参数说明
计数器线圈置数操作（SC）	A I 0.1 L C#10 S C 1	I0.1 C1 ⊣⊢—(SC)— C#10	I0.1 为置数脉冲。I0.1＝ON 时，把设定值 PV 装入过程值寄存器 CV 中	计数器的设定值 PV 可以是常数，也可以是某个数据通道的数值。其值为 0～999 的十进制整数
计数器线圈加计数操作（CU）	A I 0.2 CU C 1	I0.2 C1 ⊣⊢—(CU)—	I0.2 为加计数脉冲，I0.2 使计数 CV 值加 1，当 CV＝999 时，停止加计数 CV＝0 时，C1＝OFF。CV>0 时，C1＝ON	计数器的设定值 PV 格式同上
计数器线圈减计数操作（CD）	A I 0.3 CD C 1	I0.3 C1 ⊣⊢—(CD)—	I0.3 为减计数脉冲，I0.3 使计数 CV 值减 1，当 CV＝0 时，停止减计数 CV＝0 时，C1＝OFF。CV>0 时，C1＝ON	计数器的设定值 PV 格式同上
计数器线圈复位操作（R）	A I 0.4 R C 1	I0.4 C1 ⊣⊢—(R)—	I0.4 为复位脉冲，I0.4 使计数器复位 计数器的过程值 CV＝0	计数器的设定值 PV 格式同上
加计数器框图操作（CU）	A I 0.2 CU C 1 A I 0.1 L C#10 S C 1 A I 0.3 R C 1 A C 1 = Q 0.1	C1 I0.2 S_CU Q0.1 ⊣⊢ CU Q ( ) I0.1—S CV—… C#10—PV CV_BCD—… I0.3—R	CU 端为加计数脉冲，S 端为置数脉冲，PV 为设定值，R 端为复位脉冲，CV 端为计数器当前值十六进制输出。 CV_BCD 端为计数器当前值十进制输出，Q 端为计数器状态输出。 I0.1＝ON 时，把设定值 PV 装入过程值寄存器 CV 中。 I0.2 脉冲使计数加 1，CV＝999 时，停止加计数。 CV＝0 时，C1＝OFF。CV>0 时，C1＝ON	计数器的设定值 PV 格式同上

续表

操作	语 句 表	梯 形 图	功能描述	参数说明
减计数器 框图操作 (CD)	A I 1.2 CD C 2 A I 1.1 L C#10 S C 2 A I 1.3 R C 2 A C 2 = Q 0.2	C2 I1.2 S_CD Q0.2 ┤├ CD Q ( ) I1.1─S CV … C#10─PV CV_BCD … I1.3─R	CD 端为减计数脉冲，S、PV、R、CV、CV_BCD 和 Q 端的功能同上。 I1.1＝ON 时，把设定值 PV 装入过程值寄存器 CV 中。I1.2 脉冲使计数减 1，CV＝0 时，停止减计数。 CV＝0 时，C2＝OFF。CV>0 时，C2＝ON	计数器的设定值 PV 格式同上
双向计数器 框图操作 (CDU)	A I 1.1 CU C 3 A I 1.2 CD C 3 A I 1.3 L C#10 S C 3 A I 1.4 R C 3 A C 3 = Q 0.2	C3 I1.1 S_CUD Q0.2 ┤├ CU Q ( ) I1.2─CD CV … I1.3─S CV_BCD … C#10─PV I1.4─R	CU 端为加计数脉冲，CD 端为减计数脉冲，S、PV、R、CV、CV_BCD 和 Q 端的功能同上。 I1.3＝ON 时，把设定值 PV 装入过程值寄存器 CV 中。I1.1 脉冲使计数加 1，CV＝999 时，停止加计数。I1.2 脉冲使计数减 1，CV＝0 时，停止减计数。 CV＝0 时，C3＝OFF。CV>0 时，C3＝ON	计数器的设定值 PV 格式同上

注 用数据通道表示计数值的格式：16 位数的高 4 位未用，低 12 位表示 3 位 BCD 码，最大 999。

表 11.18 定 时 器

操作	语 句 表	梯 形 图	功能描述	参数说明
脉冲计时器 线圈操作 (SP)	A I 1.0 L S5T#10S SP T 0	I1.0 T0 ┤├ (SP) S5T#10S	I1.0 为计时器的置数启动电平。 I1.0 由 OFF 变为 ON 时，计时器的设定值 TV 装入过程值寄存器，计时器为 ON 状态。 每过一个时基时间过程值减 1，过程值为 0 时，计时器为 OFF 状态。 I1.0 提前为 OFF 时，计时器就停止计时，并提前降为 OFF	计时器的设定值 TV 可以是常数，也可以是某个数据通道的数值，但是应该满足时基和时间常数的格式

续表

操作	语 句 表	梯 形 图	功能描述	参数说明
脉冲计时器框图操作（SP）	A I 1.0 L S5T#1M30S SP T 0 A T 0 = Q 1.0	T0 S_PULSE I1.0 S Q I1.0 S5T#1M30S TV BI … … R BCD …	S 端为计时器的置数启动电平。 TV 端为计时器的设定值。 R 端为计时器的复位输入。 BI 端为计时器当前值十六进制输出。 BCD 端为计时器当前值十进制输出。 Q 端为计时器状态输出。 框图操作功能同 SP 线圈操作	计时器的设定值 TV 同上。R 端可以加上复位信号
扩展脉冲计时器线圈操作（SE）	A I 1.0 L S5T#2M10S SE T 1	I1.0 T1 (SE) S5T#2M10S	I1.0 为计时器的启动脉冲，I1.0 由 OFF 变为 ON 时，计时器的设定值 PV 装入过程值寄存器 TV 中，计时器为 ON 状态。每过一个时基时间过程值减 1，过程值＝0 时，计时器为 OFF 状态。 I1.0 提前为 OFF 时，计时器工作照常	计时器的设定值 TV 同上
扩展脉冲计时器框图操作（SE）	A I 1.0 L S5T#20S SE T 1 A T 1 = Q 1.1	T1 S_PEXT I1.0 S Q Q1.1 S5T#20S TV BI … … R BCD …	S 端为计时器的置数启动电平。 TV 端为计时器的设定值。 R 端为计时器的复位输入。 BI 端为计时器当前值十六进制输出。 BCD 端为计时器当前值十进制输出。 Q 端为计时器状态输出。 框图操作功能同 SE 线圈操作	计时器的设定值 TV 同上。R 端可以加上复位信号
开通延时计时器线圈操作（SD）	A I 1.2 L S5T#20S SD T 2	I1.2 T2 (SD) S5T#1H2M	I1.2 为计时器的启动电平，I1.2 由 OFF 变为 ON 时，计时器的设定值 PV 装入过程值寄存器 TV 中。计时器为 OFF 状态。每过一个时基时间过程值减 1，过程值＝0 时，计时器为 ON 状态。 I1.2 提前为 OFF 时，计时器就停止计时。 I1.2 再由 OFF 变为 ON 时，计时器将重新开始计时	计时器的设定值 TV 同上

操作	语 句 表	梯 形 图	功能描述	参数说明
开通延时计时器框图操作（SD)	A I 1.2 L S5T♯20S SD T 2 A T 2 = Q 0.2	I1.2 T2 S_ODT Q0.2 S5T♯20S—TV BI … …—R BCD …	S端为计时器的置数启动电平。 TV端为计时器的设定值。 R端为计时器的复位输入。 BI端为计时器当前值十六进制输出。 BCD端为计时器当前值十进制输出。 Q端为计时器状态输出。 框图操作功能同SD线圈操作	计时器的设定值TV同上。 R端可以加上复位信号
保持型开通延时计时器线圈操作（SS)	A I 1.3 L S5T♯10S SS T 3 A I 1.4 R T 3	I1.3 T3 —(SS)— DB1.DBW0 I1.4 T3 —(R)—	I1.3为计时器的启动脉冲，I1.3由OFF变为ON时，计时器的设定值PV装入过程值寄存器TV中。计时器为OFF状态。每过一个时基时间过程值减1，过程值＝0时，计时器为ON状态。 I1.3提前为OFF时，计时器继续工作，直到计时器为ON状态。 I1.4为复位信号（需要）	计时器的设定值TV同上，复位信号是需要的
保持型开通延时计时器框图操作（SS)	A I 1.3 L S5T♯10S SS T 3 A I 1.4 R T 3 A T 3 = Q 0.3	I1.3 T3 S_ODTS Q0.3 S5T♯10S—TV BI … I1.4—R BCD …	S端为计时器的置数启动电平。 TV端为计时器的设定值。 R端为计时器的复位输入。 BI端为计时器当前值十六进制输出。 BCD端为计时器当前值十进制输出。 Q端为计时器状态输出。 框图操作功能同SS线圈操作	计时器的设定值TV同上
关断延时计时器线圈操作（SF)	A I 1.3 L MW10 SF T 4	I1.3 T4 —(SF)— MW10	I1.3为计时器的启动电平。I1.3＝ON时，计时器为ON状态。 I1.3由ON变为OFF时，计时器的设定值TV装入过程值寄存器。每过一个时基时间过程值减1，过程值＝0，计时器由ON变为OFF状态	计时器的设定值TV同上

续表

操作	语 句 表	梯 形 图	功能描述	参数说明
关断延时计时器框图操作（SF）	A　　I　　1.3 L　　S5T♯20S SF　　T　　4 A　　T　　4 =　　Q　　0.3	T4 I1.3 ┤├ ┌─ S_OFFDT ─┐ Q0.3 　　　　　S　　Q ─( ) S5T♯20S ─ TV　BI 　　　　　R　BCD	S 端为计时器的置数启动电平。 　TV 端为计时器的设定值。 　R 端为计时器的复位输入。 　BI 端为计时器当前值十六进制输出。 　BCD 端为计时器当前值十进制输出。 　Q 端为计时器状态输出。 框图操作功能同 SF 线圈操作	计时器的设定值 TV 同上

注　用数据通道表示时间的方法：时间＝时间常数×时基，其中时间常数用一个字的低 12 位的 BCD 码表示（百位 11～8，十位 7～4，个位 3～0）；时基由第 13 和第 12 位表示（11 为 10S，10 为 1S，01 为 0.1S，00 为 0.01S）。

（3）传送和比较指令。S7—300 的传送指令可以完成字节、字、双字的传送功能。S7—300 的比较指令可以完成整数、双整数、实数比较功能。具体操作见表 11.19。

表 11.19　　　　　　　　　　　传 送 和 比 较 指 令

操作	语 句 表	梯 形 图	功能描述	参数说明
传送操作（MOVEL T）	A　　I　　1.0 L　　W♯16♯11 T　　MB　　0 A　　I　　1.1 L　　W♯16♯1024 T　　MW　　2 A　　I　　1.2 L　　ID　　0 T　　MD　　4	I1.0 ┤├ ┌ MOVE ┐ 　　　　EN　ENO W♯16♯11 ─ IN　OUT ─ MB0 I1.1 ┤├ ┌ MOVE ┐ 　　　　EN　ENO W♯16♯1024 ─ IN　OUT ─ MW2 I1.2 ┤├ ┌ MOVE ┐ 　　　　EN　ENO ID0 ─ IN　OUT ─ MD4	EN 为启动电平。 　IN 为源数据。 　OUT 为目的数据。 　当 EN ＝ ON 时，将数据 IN 传送给 OUT 输出	EN 为位数据。 　IN 为源数据，可以是立即、直接和间接寻址。数据范围可以是字节、字和双字。 　OUT 为目的数据，可以是直接和间接寻址。数据范围可以是字节、字和双字

续表

操作	语　句　表	梯　形　图	功能描述	参数说明
比较操作（CMP）	A　I　　1.3 A（ L　PIW 256 L　126 ==I ） =　　Q　0.1 A　I　　1.3 A（ L　MD 0 L　L#123456 <D ） =　　Q　0.2 A　I　　1.3 A（ L　MD　0 L　MD　10 >R ） =　　Q　0.3		I1.3 为输入信号。 当 IN1 和 IN2 满足比较条件时，比较框相当于闭合的触点。输入信号的状态通过比较框从 OUT 端输出。 当 IN1 和 IN2 不满足比较条件时，比较框相当于断开的触点。输入信号的状态不能通过比较框输出	两个比较的数据可以是立即、直接和间接寻址。 数据范围可以单字、双字整数和实数，用 I、D 和 R 表示 比较符为： EQ（=），NE（<>）GT（>），LT，（<） GE（>=），LE（<=）

启动输入端变化一次仅执行一次启动信号后面加上微分指令。

（4）数据转换指令。S7—300 数据转换指令的具体操作见表 11.20。

表 11.20　　　　　　　　　　数 据 转 换 指 令

操作	语　句　表	梯　形　图	功能描述	参数说明
BCD 码转换为整数操作（BTI）	A　I　　1.0 JNB　_001 L　W#16#255 BTI T　MW　0 _001：NOP　0		EN 为启动电平。 IN 为源数据。 OUT 为目的数据。 当 EN＝ON 时，把 IN 的 BCD 码转换为整数，从 OUT 端输出	EN 为位数据。 IN 可以是立即、直接和间接寻址。数据范围是字。 OUT 可以是直接和间接寻址。数据范围是字
整数转换为BCD 码操作（ITB）	A　I　　1.1 JNB　_002 L　MW　0 ITB T　MW　10 _002：NOP　0		EN 为启动电平。 IN 为源数据。 OUT 为目的数据。 当 EN＝ON 时，把 IN 的整数转换为 BCD 码，从 OUT 端输出	EN 为位数据。 IN 可以是立即、直接和间接寻址。数据范围是字。 OUT 可以是直接和间接寻址。数据范围是字

续表

操作	语　句　表	梯　形　图	功能描述	参数说明
整数转换为双整数操作（ITD）	A　　I　　1.2 JNB　　_003 L　　255 ITD T　　MD　20 _003: NOP　0	I1.2 I_DI EN　ENO 255 — IN　OUT — MD20	EN 为启动电平。IN 为源数据。OUT 为目的数据。当 EN = ON 时，把 IN 的整数转换为双整数，从 OUT 端输出	EN 为位数据。IN 可以是立即、直接和间接寻址。数据范围是字。OUT 可以是直接和间接寻址。数据范围是字
BCD 码转换为双整数操作（BTD）	A　　I　　1.3 JNB　　_004 L　　W#16#100 BTD T　　MD　30 _004: NOP　0	I1.3 BCD_DI EN　ENO W#16#100 — IN　OUT — MD30	EN 为启动电平。IN 为源数据。OUT 为目的数据。当 EN = ON 时，把 IN 的 BCD 码转换为双整数，从 OUT 端输出	EN 为位数据。IN 可以是立即、直接和间接寻址。数据范围是字。OUT 可以是直接和间接寻址。数据范围是字
双整数转换为 BCD 码操作（DTB）	A　　I　　1.4 JNB　　_005 L　　L#100 DTB T　　MD　40 _005: NOP　0	I1.4 D1_BCD EN　ENO L#100 — IN　OUT — MD40	EN 为启动电平。IN 为源数据。OUT 为目的数据。当 EN = ON 时，把 IN 的双整数转换为 BCD 码，从 OUT 端输出	EN 为位数据。IN 可以是立即、直接和间接寻址。数据范围是字。OUT 可以是直接和间接寻址。数据范围是字
双整数转换为实数操作（DTR）	A　　I　　1.0 JNB　　_006 L　　MD　0 DTR T　　MD　0 _006: NOP　0	I1.0 DI_R EN　ENO MD0 — IN　OUT — MD0	EN 为启动电平。IN 为源数据。OUT 为目的数据。当 EN = ON 时，把 IN 的双整数转换为实数，从 OUT 端输出	EN 为位数据。IN 可以是立即、直接和间接寻址。数据范围是字。OUT 可以是直接和间接寻址。数据范围是字
实数转换为双整数操作 1（ROUND）	A　　I　　1.1 JNB　　_007 L　　MD　0 ROUND T　　MD　4 _007: NOP　0	I1.1 ROUND EN　ENO MD0 — IN　OUT — MD4	EN 为启动电平。IN 为源数据。OUT 为目的数据。当 EN = ON 时，把 IN 的实数四舍五入，转换为双整数，从 OUT 端输出	EN 为位数据。IN 可以是立即、直接和间接寻址。数据范围是字。OUT 可以是直接和间接寻址。数据范围是字
实数转换为双整数操作 2（TRUNC）	A　　I　　1.2 JNB　　_008 L　　MD　0 TRUNC T　　MD　8 _008: NOP　0	I1.2 TRUNC EN　ENO MD0 — IN　OUT — MD8	EN 为启动电平。IN 为源数据。OUT 为目的数据。当 EN = ON 时，把 IN 的实数舍去小数部分，转换为双整数，从 OUT 端输出	EN 为位数据。IN 可以是立即、直接和间接寻址。数据范围是字。OUT 可以是直接和间接寻址。数据范围是字

（5）算数运算指令。S7—300 的算数运算可以分为整数运算、双整数运算和实数运算。算数运算结果可以分为有效的算数运算结果和无效的算数运算结果。有效的算数运算结果是指运算结果在正常的数值范围，无效的算数运算结果是指运算结果超出了正常的数值范围。两种运算结果对系统状态字的影响不一样，见表 11.21 和表 11.22。

表 11.21　　　　　　　　有效的算数运算结果对系统状态字的影响

运　算　结　果	CC1	CC0	OV	OS
运算结果＝0	0	0	0	—
−32768≤16 位运算结果≤0 或 −2147483648≤32 位运算结果≤0（负数）	0	1	0	—
32767 ≥16 位运算结果≥0 或 2147483647≥32 位运算结果≥0（正数）	1	0	0	—

表 11.22　　　　　　　　无效的算数运算结果对系统状态字的影响

运　算　结　果	CC1	CC0	OV	OS
加法下溢出：16 位运算结果＝−65536 或 32 位运算结果＝−4294967296	0	0	1	1
乘法下溢出：16 位运算结果＜−32767 或 32 位运算结果＜−2147483648（负数）	0	1	1	1
加减法溢出：16 位运算结果＞32767 或 32 位运算结果＞2147483647（正数）	0	1	1	1
乘除法溢出：16 位运算结果＞32767 或 32 位运算结果＞2147483647（正数）	1	0	1	1
加减法下溢出 16 位运算结果＜−32767 或 32 位运算结果＜−2147483648（负数）	1	0	1	1
双字加法的运算结果＝−4294967296	0	0	1	1
除法指令或 MOD 指令的除数为 0	1	1	1	1

S7—300 算数运算指令的具体操作见表 11.23。

表 11.23　　　　　　　　　　　算数运算指令

操作	语　句　表	梯　形　图	功能描述	参数说明
整数加法操作（＋I）	A　I　0.1 JNB　＿003 L　200 L　MW　0 ＋I T　MW　2 ＿003：NOP　0	I0.1 ADD_I EN ENO 200—IN1 OUT—MW2 MW0—IN2	EN 为启动输入端，当 EN 端信号为 ON 时，被加数（IN1）和加数（IN2）相加，其和从 OUT 端输出	IN1 和 IN2 可以是立即寻址、直接寻址和间接寻址。OUT 可以是直接寻址和间接寻址，所有操作数均为整数
整数减法操作（−I）	A　I　0.2 JNB　＿007 L　MW　2 L　MW　4 −I T　MW　6 ＿007：NOP　0	I0.2 SUB_I EN ENO MW2—IN1 OUT—MW6 MW4—IN2	EN 为启动输入端，当 EN 端信号为 ON 时，被减数（IN1）和减数（IN2）相减，其差取整后从 OUT 端输出	IN1 和 IN2 可以是立即寻址、直接寻址和间接寻址。OUT 可以是直接寻址和间接寻址，所有操作数均为整数

续表

操作	语 句 表	梯 形 图	功能描述	参数说明
整数乘法操作（＊I）	A　I　0.2 JNB　＿00b L　MW　6 L　8 ＊I T　MW　10 ＿00b：NOP　0	I0.2 ┤├ MUL_I EN　ENO MW6─IN1　OUT─MW10 8─IN2	EN 为启动输入端，当 EN 端信号为 ON 时，被乘数（IN1）和乘数（IN2）相乘，其积从 OUT 端输出	IN1 和 IN2 可以是立即寻址、直接寻址和间接寻址。OUT 可以是直接寻址和间接寻址，所有操作数均为整数
整数除法操作（/I）	A　I　0.3 JNB　＿00c L　MW　10 L　8 /I T　MW　20 ＿00c：NOP　0	I0.3 ┤├ DIV_I EN　ENO MW10─IN1　OUT─MW20 8─IN2	EN 为启动输入端，当 EN 端信号为 ON 时，被除数（IN1）和除数（IN2）相除，其商取整后从 OUT 端输出	IN1 和 IN2 可以是立即寻址、直接寻址和间接寻址。OUT 可以是直接寻址和间接寻址，所有操作数均为整数
双整数加法操作（＋D）	A　I　0.1 JNB　＿001 L　L＃23 L　MD　0 ＋D T　MD　4 ＿001：NOP　0	I0.1 ┤├ ADD_DI EN　ENO L＃23─IN1　OUT─MD4 MD0─IN2	EN 为启动输入端，当 EN 端信号为 ON 时，被加数（IN1）和加数（IN2）相加，其和从 OUT 端输出	IN1 和 IN2 可以是立即寻址、直接寻址和间接寻址。OUT 可以是直接寻址和间接寻址，所有操作数均为双整数
双整数减法操作（－D）	A　I　0.2 JNB　＿002 L　MD　4 L　L＃30 －D T　MD　8 ＿002：NOP　0	I0.2 ┤├ SUB_DI EN　ENO MD4─IN1　OUT─MD8 L＃30─IN2	EN 为启动输入端，当 EN 端信号为 ON 时，被减数（IN1）和减数（IN2）相减，其差取整后从 OUT 端输出	IN1 和 IN2 可以是立即寻址、直接寻址和间接寻址。OUT 可以是直接寻址和间接寻址，所有操作数均为双整数
双整数乘法操作（＊D）	A　I　0.2 JNB　＿003 L　L＃1111 L　L＃2 ＊D T　MD　12 ＿003：NOP　0	I0.2 ┤├ MUL_DI EN　ENO L＃1111─IN1　OUT─MD12 L＃2─IN2	EN 为启动输入端，当 EN 端信号为 ON 时，被乘数（IN1）和乘数（IN2）相乘，其积从 OUT 端输出	IN1 和 IN2 可以是立即寻址、直接寻址和间接寻址。OUT 可以是直接寻址和间接寻址，所有操作数均为双整数

续表

操作	语 句 表	梯 形 图	功能描述	参数说明
双整数 除法操作 （/D）	A I 0.3 JNB _009 L MD 12 L L#2 /D T MD 16 _009：NOP 0	I0.3 ┤├── DIV_DI EN ENO MD12─IN1 OUT─MD16 L#2─IN2	EN 为启动输入端，当 EN 端信号为 ON 时，被除数（IN1）和除数（IN2）相除，其商取整后从 OUT 端输出	IN1 和 IN2 可以是立即寻址、直接寻址和间接寻址。OUT 可以是直接寻址和间接寻址，所有操作数均为双整数
求余数操作 （MOD）	A I 0.4 JNB _00a L MD 16 L L#2 MOD T MD 20 _00a：NOP 0	I0.4 ┤├── MDD_DI EN ENO MD16─IN1 OUT─MD20 L#2─IN2	EN 为启动输入端，当 EN 端信号为 ON 时，被除数（IN1）和除数（IN2）相除，其余数取整后从 OUT 端输出	IN1 和 IN2 可以是立即寻址、直接寻址和间接寻址。OUT 可以是直接寻址和间接寻址，所有操作数均为双整数
实数加法操作 （+R）	A I 0.1 JNB _001 L 2.000000e+002 L 1.000000e+002 +R T MD 0 _001：NOP 0	I0.1 ┤├── ADD_R EN ENO 2.000000e+002─IN1 OUT─MD0 1.000000e+002─IN2	EN 为启动输入端，当 EN 端信号为 ON 时，被加数（IN1）和加数（IN2）相加，其和从 OUT 端输出	IN1 和 IN2 可以是立即寻址、直接寻址和间接寻址。OUT 可以是直接寻址和间接寻址，所有操作数均为实数
实数减法操作 （−R）	A I 0.2 JNB _002 L MD 0 L 1.500000e+002 −R T MD 2 4 _002：NOP 0	I0.2 ┤├── SUB_R EN ENO MD0─IN1 OUT─MD4 1.500000e+002─IN2	EN 为启动输入端，当 EN 端信号为 ON 时，被减数（IN1）和减数（IN2）相减，其差从 OUT 端输出	IN1 和 IN2 可以是立即寻址、直接寻址和间接寻址。OUT 可以是直接寻址和间接寻址，所有操作数均为实数
实数乘法操作 （＊R）	A I 0.3 JNB _003 L MD 0 L 2.000000e+000 ＊R T MD 8 _003：NOP 0	I0.3 ┤├── MUL_R EN ENO MD0─IN1 OUT─MD8 2.000000e+000─IN2	EN 为启动输入端，当 EN 端信号为 ON 时，被乘数（IN1）和乘数（IN2）相乘，其积从 OUT 端输出	IN1 和 IN2 可以是立即寻址、直接寻址和间接寻址。OUT 可以是直接寻址和间接寻址，所有操作数均为实数
实数除法操作 （/R）	A I 0.4 JNB _004 L MD 0 L MD 4 /R T MD 12 _004：NOP 0	I0.4 ┤├── DIV_R EN ENO MD0─IN1 OUT─MD12 MD4─IN2	EN 为启动输入端，当 EN 端信号为 ON 时，被除数（IN1）和除数（IN2）相除，其商从 OUT 端输出	IN1 和 IN2 可以是立即寻址、直接寻址和间接寻址。OUT 可以是直接寻址和间接寻址，所有操作数均为实数

注 如果希望启动输入端变化一次仅执行一次算数运算指令，可以在启动信号后面加上微分指令。

（6）移位和循环指令。S7—300 移位指令有整数移位操作、双整数移位操作、字移位操作、双字移位操作和双字循环移位操作指令。这些指令的具体操作见表 11.24。

表 11.24 移 位 和 循 环 指 令

操作	语 句 表	梯 形 图	功能描述	参数说明
有符号整数右移 N 位操作 （SSI）	A I 1.0 JNB _001 L W#16#2 L MW 0 SSI T MW 10 _001:NOP 0	I1.0 ─┤├─ SHR_I EN ENO MW0─IN OUT─MW10 W#16#2─N	EN 为启动输入端，当 EN 端信号为 ON 时，将 MW 0 的有符号右移 N 位（N ＝2）。低位移出的数据丢失，高位空出的位添上与符号相同的数。结果数据输出到 MW10	EN 为位数据。IN 为被移位的整数，N 为被移的位数（字），OUT 为被移位的整数
有符号双整数右移 N 位操作 （SSD）	A I 1.1 JNB _002 L MW 20 L MD 0 SSD T MD 10 _002:NOP 0	I1.1 ─┤├─ SHR_DI EN ENO MD0─IN OUT─MD10 MW20─N	EN 为启动输入端，当 EN 端信号为 ON 时，将 MD 0 的有符号双整数右移 N 位（MW20）。低位移出的数据丢失，高位空出的位添上与符号相同的数。结果数据输出到 MD10	EN 为位数据。IN 为被移位的双整数，N 为被移的位数（字），OUT 为被移位的双整数输出
字左移 N 位操作 （SLW）	A I 1.2 JNB _003 L W#16#1 L MW 0 SLW T MW 2 _003:NOP 0	I1.2 ─┤├─ SHL_W EN ENO MW0─IN OUT─MW2 W#16#1─N	EN 为启动输入端，当 EN 端信号为 ON 时，将 MW 0 的字左移 N 位（N＝1）。高位移出的数据丢失，低位空出的位添 0。结果数据输出到 MW2	EN 为位数据。IN 为被移位的字，N 为被移的位数（字），OUT 为被移位的字输出
字右移 N 位操作 （SRW）	A I 1.3 JNB _004 L W#16#1 L MW 0 SRW T MW 4 _004:NOP 0	I1.3 ─┤├─ SHR_W EN ENO MW0─IN OUT─MW4 W#16#1─N	EN 为启动输入端，当 EN 端信号为 ON 时，将 MW 0 的字右移 N 位（N＝1）。低位移出的数据丢失，高位空出的位添 0。结果数据输出到 MW4	EN 为位数据。IN 为被移位的字，N 为被移的位数（字），OUT 为被移位的字输出
双字左移 N 位操作 （SLD）	A I 1.0 JNB _001 L MW 0 L W#16#1256 SLD T MD 4 _001:NOP 0	I1.0 ─┤├─ SHL_DW EN ENO W#16#1256─IN OUT─MD4 MW0─N	EN 为启动输入端，当 EN 端信号为 ON 时，将双字 W#16#1256 左移 N 位（MW 0）。高位移出的数据丢失，低位空出的位添 0。结果数据输出到 MD4	EN 为位数据。IN 为被移位的双字，N 为被移的位数（字），OUT 为被移位的双字输出

操作	语 句 表	梯 形 图	功能描述	参数说明
双字右移 N 位操作（SRD）	A I 1.1 JNB _002 L W#16#1 L MD 4 SRD T MD 8 _002：NOP 0	I1.1 SHR_DW —┤├— EN ENO MD4—IN OUT—MD8 W#16#1—N	EN 为启动输入端，当 EN 端信号为 ON 时，将 MD 4 的双字右移 N 位（N=1）。低位移出的数据丢失，高位空出的位添 0。结果数据输出到 MD8	EN 为位数据。IN 为被移位的双字，N 为被移的位数（字），OUT 为被移位的双字输出
双字循环左移操作（RLD）	A I 1.2 JNB _003 L W#16#1 L QD 0 RLD T QD 0 _003：NOP 0	I1.2 ROL_DW —┤├— EN ENO QD0—IN OUT—QD0 W#16#1—N	EN 为启动输入端，当 EN 端信号为 ON 时，将双字 QD0 循环左移 N 位（N=1）。结果数据输出到 QD0。	EN 为位数据。IN 为被移位的双字，N 为被移的位数（字），OUT 为被移位的双字输出
双字循环右移操作（RRD）	A I 1.3 JNB _004 L MW 2 L ID 0 RRD T QD 4 _004：NOP 0	I1.3 ROR_DW —┤├— EN ENO ID0—IN OUT—QD4 MW2—N	EN 为启动输入端，当 EN 端信号为 ON 时，将双字 ID0 循环右移 N 位（MW2）。结果数据输出到 QD4	EN 为位数据。IN 为被移位的双字，N 为被移的位数（字），OUT 为被移位的双字输出

注 启动输入端变化一次仅执行一次启动信号后面加上微分指令。

（7）字逻辑操作指令。S7—300 的字逻辑操作指令有字与操作、字或操作、字异或操作、双字与操作、双字或操作和双字异或操作指令。这些操作指令的具体操作见表 11.25。

表 11.25　　　　　　　　　　　　字 逻 辑 操 作 指 令

操作	语 句 表	梯 形 图	功能描述	参数说明
字与操作（AW）	A I 0.1 JNB _001 L W#16#FF00 L MW 0 AW T MW 0 _001：NOP 0	I0.1 WAND_W —┤├— EN ENO W#16#FF00—IN1 OUT—MW0 MW0—IN2	EN 为启动输入端，当 EN 端信号为 ON 时，输入字 IN1 和输入字 IN2 相与，其结果从 OUT 端输出	IN1 和 IN2 可以是立即寻址、直接寻址和间接寻址。OUT 可以是直接寻址和间接寻址，所有操作数均为字
字或操作（OW）	A I 0.2 JNB _002 L W#16#FF L MW 2 OW T MW 2 _002：NOP 0	I0.2 WOR_W —┤├— EN ENO W#16#FF—IN1 OUT—MW2 MW2—IN2	EN 为启动输入端，当 EN 端信号为 ON 时，输入字 IN1 和输入字 IN2 相或，其结果从 OUT 端输出	输入和输出的范围和格式同上

续表

操作	语 句 表	梯 形 图	功能描述	参数说明
字异或操作（XOW）	A I 0.3 JNB _003 L MW 0 L MW 2 XOW T MW 4 _003：NOP 0	I0.3 ── WXOR_W ── EN ENO / MW0─IN1 OUT─MW4 / MW2─IN2	EN 为启动输入端，当 EN 端信号为 ON 时，输入字 IN1 和输入字 IN2 相异或，其结果从 OUT 端输出	输入和输出的范围和格式同上
双字与操作（AD）	A I 0.4 JNB _004 L W♯16♯FF L MD 10 AD T MD 14 _004：NOP 0	I0.4 ── WAND_DW ── EN ENO / W♯16♯FF─IN1 OUT─MD14 / MD10─IN2	EN 为启动输入端，当 EN 端信号为 ON 时，输入双字 IN1 和输入双字 IN2 相与，其结果从 OUT 端输出	IN1 和 IN2 可以是立即寻址、直接寻址和间接寻址。OUT 可以是直接寻址和间接寻址，所有操作数均为双字
双字或操作（OD）	A I 0.5 JNB _005 L MD 10 L MD 14 OD T MD 18 _005：NOP 0	I0.5 ── WOR_DW ── EN ENO / MD10─IN1 OUT─MD18 / MD14─IN2	EN 为启动输入端，当 EN 端信号为 ON 时，输入双字 IN1 和输入双字 IN2 相或，其结果从 OUT 端输出	输入和输出的范围和格式同上

（8）程序控制类指令。

1）主控继电器功能指令。主控继电器（Master Control Relay）简称 MCR。主控继电器指令用来控制 MCR 区内的程序是否被执行，它相当于控制信号流的通断的主控开关。主控继电器功能指令有 4 条。主控继电器的激活指令（MCRA）、打开指令（MCR＜）、关闭指令（MCR＞）和取消指令（MCRD）。一个主控程序从激活指令（MCRA）开始，紧接着是打开指令（MCR＜），中间是需要执行的程序，结束前要经过关闭指令（MCR＞），最后由取消指令（MCRD）退出。主控继电器功能指令见表 11.26。

表 11.26 主 控 指 令

操作	语 句 表	梯 形 图	参数说明	功能描述
激活指令 MCRA	MCRA	──(MCRA)──	激活指令：（MCRA）位于一个主控指令段之首。	I0.1＝ON 时，I0.2 的状态赋予 Q0.2。即执行主控程序。
打开指令 MCR＜	A I 0.1 MCR（	I0.1 ──┤├──(MCR＜)──	打开指令：（MCR＜）一段主控程序的开始。	I0.1＝OFF 时，不执行主控程序。其中置位信号不变，赋值信号被复位。
	A I 0.2 = Q 0.2	I0.2 Q0.2 ──┤├──( )──	关闭指令：（MCR＞）一段主控程序的结束。	Q0.3 仅受控于 I0.3，因为它不属于 I0.1 控制的主控指令段
关闭指令 ＞MCR	) MCR	──(MCR＞)──		
取消指令 MCRD	MCRD	──(MCRD)──	取消指令：（MCRD）位于一个主控指令段之尾	
	A I 0.3 = Q 0.3	I0.3 Q0.3 ──┤├──( )──		

2）跳转指令。PLC 程序的执行是按从上到下的先后顺序线性扫描的方式执行的。跳转指令可以改变这种线性扫描的执行方式。它可以从程序的某一条跳转到指定的地址标号处，之后再按线性扫描的方式去执行程序。跳转指令见表 11.27。

表 11.27　　　　　　　　　　　　跳　转　指　令

操作	语　句　表	梯　形　图	功能描述	参数说明
无条件跳转指令（JMP/JU）	JU　　abc A　I　0.1 =　Q　0.1 abc：A　I　0.2 =　Q　0.2	abc —(JMP)— I0.1　　　Q0.1 —||——( )— abc I0.2　　　Q0.2 —||——( )—	当执行到 JMP（JU）指令时，直接跳转到指定的地址（如"abc"）去顺序执行程序。跳过的程序不被扫描	跳转指令只能在 FB、FC 和 OB 块的内部执行跳转。 跳转的长度与跳过的程序代码数有关。 地址标号最多有 4 个字符组成，第一个字符必须是字母。地址标号与指令之间用冒号隔开
条件跳转指令（JMP/JC、JMPN/JCN）	A　I　1.0 JC　cde A　I　0.3 =　Q　0.3 cde：A　I　0.4 =　Q　0.4	I1.0　　　cde —||—(JMP)— I0.3　　　Q0.3 —||——( )— cde I0.4　　　Q0.4 —||——( )—	条件跳转 JMP（JC）： 当条件为 ON 时（I 1.0＝ON），跳转到指定的地址（"cde"）去顺序执行。 条件跳转 JMPN（JCN）： 当条件为 OFF 时，跳转到指定的地址去顺序执行	
其他跳转指令（JCB/JNB）	A　I　0.1 JCB　cde A　I　0.2 JNB　def		JCB 指令：当条件为 ON 且指令执行正确（BR＝1），跳转到指定的地址。 JNB 指令：条件为 OFF 且指令执行正确（BR＝1），跳转到指定的地址	

3）调用与返回指令。调用指令（CALL）用来调用功能块（FB）、功能（FC）、系统功能块（SFB）或系统功能（SFB）。

在使用调用指令（CALL）时，FB、FC、SFB 或 SFB 是作为地址输入的，地址可以是绝对地址也可以是符号地址。在使用调用指令时应该将实际参数赋给形式参数，并保证其数据类型的一致。调用指令在执行完调用的程序之后，要返回到调用指令的下一条指令去执行程序。调用指令的返回，需要返回指令。S7—300 的调用与返回指令见表 11.28。

表 11.28　　　　　　　　　　　与 返 回 指 令

操作	语 句 表	梯 形 图	功能描述	参数说明
无条件调用指令（CALL/UC）	CALL　FC　1 NOP　0 UC　FC　1	FC1 EN　EN0 FC1 （CALL）	当执行到无条件调用（CALL/UC）指令时，立即去执行调用的子程序（如 FC1）。 上者为框图操作，下者为线圈操作	调用指令只能调用已经存在的 FB、FC、SFB 或 SFB。 可以是绝对地址也可以是符号地址
条件调用指令（CALL/ CC）	A　I　1.0 JNB　_001 CALL　FC　1 _001：NOP　0 A　I　1.0 CC　FC　1	I1.0　FC1 EN　EN0 I1.0　FC1 （CALL）	当条件（如 A I1.0）为 OFF 时，跳到条件调用指令的下一条执行。 当条件（如 A I1.0）为 ON 时，去执行调用的子程序（如 FC1）。 也有两种操作	条件调用指令只能调用已经存在的 FB、FC、SFB 或 SFB。 可以是绝对地址也可以是符号地址
条件返回指令（RET/BEC）	A　I　0.1 =　Q　0.1 A　I　0.2 SAVE BEC	I0.1　Q0.1 （） I0.2 （RET）	当条件满足时（如 I0.2＝ON），由子程序返回原调用程序（如 FC1）的下一条执行。 当条件不满足时（如 I0.2＝OFF），不返回，继续执行子程序	
无条件返回指令（—/BEU）	A　I　0.1 =　Q　0.1 BEU	I0.1　Q0.1 （）	当执行到无条件返回指令时，返回原调用程序（如 FC1）	梯形图中的无条件返回指令不需要用户编程

（9）部分其他指令。见表 11.29。

3. STEP 7 的块

用户程序则是为了完成特定的自动化控制任务，由用户自己编写的程序。CPU 的操作系统是按照事件驱动扫描用户程序的。用户的程序或数据写在不同的块中（包括程序块或数据块），CPU 按照执行的条件是否成立来决定是否执行相应的程序块或者访问对应的数据块。在 STEP 7 软件中主要有 7 种类型的块，如图 11.9 所示。

表 11. 29 部 分 其 他 指 令

操 作		功 能 描 述
累加器移位操作	RLD	累加器双字循环左移
	RRD	累加器双字循环右移
	RLDA	累加器双字通过 CC1 循环左移
	LRDA	累加器双字通过 CC1 循环右移
装入与传送操作	L	数据装入累加器
	T	累加器数据的传送
堆栈操作	PUSH	数据入栈
	POP	数据出栈
	ENT	进入堆栈
	LEAVE	离开堆栈
地址寄存器操作	＋AR1	地址寄存器 1 加偏移量
	＋AR2	地址寄存器 2 加偏移量
数据块操作	OPN	打开数据块
	CDB	交换共享数据和背景数据块
	L DBLG	共享数据块的长度装入累加器 1
	L DBNO	共享数据块的编号装入累加器 1
	L DILG	背景数据块的长度装入累加器 1
	L DINO	背景数据块的编号装入累加器 1
其他浮点数运算操作	ABS	求绝对值
	SQR	求平方
	SQRT	求平方根
	LN	求自然对数
	EXP	求自然指数
	SIN	求正弦函数
	COS	求余弦函数
	TAN	求正切函数
	ASIN	求反正弦函数
	ACOS	求反余弦函数
	ATAN	求反正切函数
空操作	NOP	空操作

（1）组织块 OB。组织块 OB 是 CPU 操作系统和用户程序的接口，只有 CPU 操作系统可以调用组织块。操作系统根据不同的启动事件（如日期时间中断、硬件中断等）调用不同的组织块。因此，用户的主程序必须写在组织块中。根据启动条件，组织块可分为 4 类。启动组织块、循环执行的程序组织块、定期执行的程序组织块和事件驱动执行的程序组织块。4 类组织块的工作时序如图 11.10 所示。

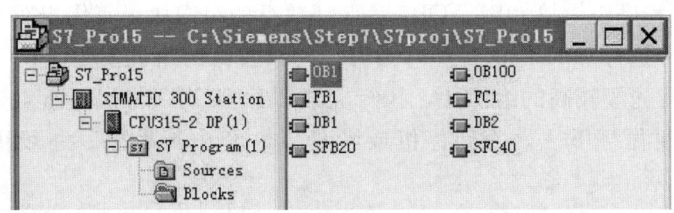

图 11.9 S7 的块

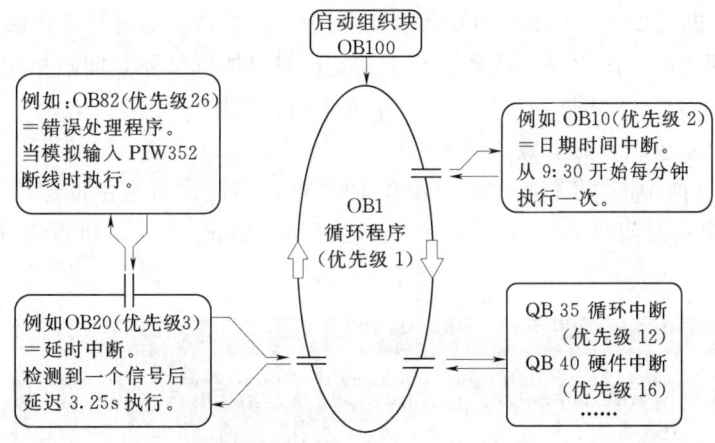

图 11.10 S7—300 的组织块及工作时序

在上面 4 类组织块中,首先要掌握的是循环执行的程序组织块。循环执行的程序组织块只有一个,即 OB1,也称为主程序组织块。用户可将主程序写在 OB1 中,通过 OB1 调用其他的 FC 或 FB 程序块。对其他组织块,用户可根据该组织块的特点功能决定是否在该组织块中编写程序。

1)启动组织块。当 CPU 上电,或者操作模式由停止状态改变为运行状态时,CPU 首先执行启动组织块,只执行一次,然后开始循环执行主程序组织块 OB1。

注意:启动组织块只在 PLC 启动的瞬间执行,而且只执行一次。

S7 系列 PLC 的启动组织块有 3 个,分别为 OB100、OB101 和 OB102。这 3 个启动组织块对应不同的启动方式。PLC 采取哪种启动方式与 CPU 的型号以及启动模式有关。下面介绍这 3 种启动组织块的使用方法。

(a)暖启动组织块 OB100。启动时,过程映像区和不保持的标志存储器、定时器及计数器被清零,保持的标志存储器、定时器和计数器以及数据块的当前值保持原状态。执行 OB100,然后开始执行循环程序 OB1。一般 S7—300 PLC 都采用此种启动方式。

(b)热启动组织块 OB101。启动时,所有数据(无论是保持型或非保持型)都将保持原状态,并且将 OB101 中的程序执行一次。然后程序从断点处开始执行。剩余循环执行完以后开始执行循环程序。热启动一般只有 S7—400 具有此功能。

(c)冷启动组织块 OB102。冷启动时,所有过程映像区和标志存储器、定时器和计数器(无论是保持型还是非保持型)都将被清零,而且数据块的当前值被装载存储器的原始值覆盖。然后将 OB102 中的程序执行一次后执行循环程序。

2）循环执行程序组织块 OB1。OB1 是循环执行的组织块，其优先级为最低。PLC 在运行时将反复循环执行 OB1 中的程序，当有优先级较高的事件发生时，CPU 将中断当前的任务，去执行优先级较高的组织块，执行完成以后，CPU 将回到断点处继续执行 OB1 中的程序，并反复循环下去，直到停机或者是下一个中断发生。一般用户主程序写在 OB1 中。

3）定期执行的程序组织块。定期执行的组织块将根据预先设定的日期时间或执行一次，或循环执行。定期执行的程序组织块有日期中断组织块和循环中断组织块两种。

（a）日期中断组织块。OB10～OB17 为日期中断组织块。通过日期中断组织块可以在指定的日期时间执行一次程序，或者从某个特定的日期时间开始，间隔指定的时间（如间隔 1min、1h、一天、一星期、一个月、一年等）执行程序。

使用日期中断组织块需要做 3 项工作。

a）要设置日期中断组织块（如 OB10）的属性，即确定日期中断组织块的间隔时间（Execution）、启动时间（Time of Day）、启动日期（Start Date）和激活日期中断（Active），如图 11.11 所示。

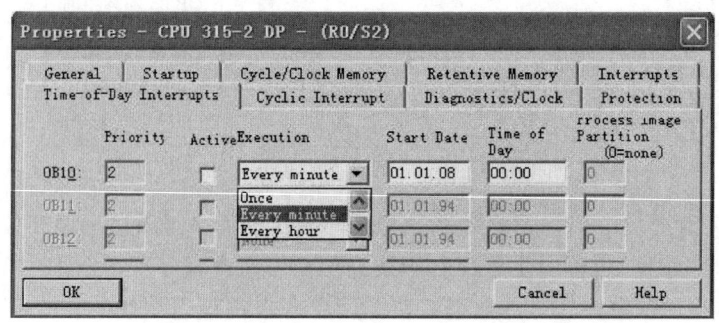

图 11.11　设置日期中断组织块 OB10 的属性

b）要在启动组织块或循环执行的组织块或其他功能及功能块中编写激活日期中断组织块的程序（已经设置了 Active 属性者不需要此项）。可以使用 SFC 30 激活日期中断，用 SFC 29 禁止日期中断。

c）要对日期中断组织块（如 OB10）编程，以实现利用日期中断组织块要完成的任务。

（b）循环中断组织块。OB30～OB38 为循环中断组织块。通过循环中断组织块可以每隔一段预定的时间执行一次程序。循环中断组织块的间隔时间较短，最长为 1min，最短为 5ms。在使用循环中断组织块时，应该保证设定的循环间隔时间大于执行该程序块的时间，否则 CPU 将出错。

使用循环中断组织块需要做如下工作：

a）要打开 CPU 属性对话框，设置循环中断组织块（如 OB35）的属性，即确定循环中断组织块的间隔时间（Execution）。

b）要在启动组织块或循环执行的组织块或其他功能及功能块中编写激活循环中断组织块的程序。可以使用 SFC 40 激活中断，用 SFC 39 禁止中断。

c）要对循环中断组织块（如 OB35）编程，以实现利用循环中断组织块要完成的任务。

4）事件驱动执行的程序组织块。事件驱动执行的程序组织块包括以下 4 种类型。

（a）延时中断组织块。OB20～OB27 为延时中断组织块。当某一事件发生后，延时中断组织块（OB20）将延时指定的时间后执行。可以使用 SFC 32 启动延时中断，用 SFC 34 查询延时中断，用 SFC 33 禁止延时中断。

（b）硬件中断组织块。OB40～OB47 为硬件中断组织块。一旦硬件中断事件发生，硬件中断组织块 OB40～OB47 将被调用。硬件中断可以由不同的模块触发。对于可分配参数的信号模块 DI、DO、AI、AO 等，可使用硬件组态工具来定义触发硬件中断的信号；对于 CP 模块和 FM 模块，利用相应的组态软件可以定义中断的特性。

使用硬件中断组织块需要做如下工作：

a）要在系统组态中插入具有中断能力的信号模块（DI、DO、AI、AO）。设置具有中断能力的信号模块的属性。如图 11.12 中，设置 I16XDC24V 的 8～15 位具有输入中断。

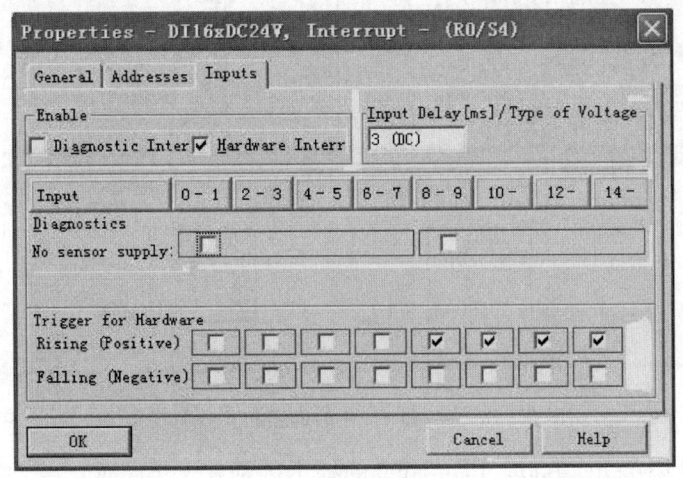

图 11.12　输入模块 DI16XDC24V 的中断属性及设置

b）要在启动组织块或循环执行的组织块或其他功能及功能块中编写激活硬件中断组织块的程序。可以使用系统功能 SFC40 "EN_IRT" 激活硬件中断组织块。可以使用系统功能 SFC39 "DIS_IRT" 禁止硬件中断组织块。

c）要对硬件中断组织块（如 OB40）编程，以实现利用硬件中断组织块要完成的任务。

（c）异步错误组织块。OB80～OB87 为异步错误组织块。异步错误是 PLC 的功能性错误，它们与程序执行时不同步地出现，不能跟踪到程序中的某个具体位置。在运行模式下检测到一个故障后，如果已经编写了相关的组织块，则调用并执行该组织块中的程序。如果发生故障时，相应的故障组织块不存在，则 CPU 将进入 STOP 模式。

（d）同步错误组织块。OB121、OB122 为同步错误组织块。如果在某特定的语句执行时出现错误，CPU 可以跟踪到程序中某一具体的位置。由同步错误所触发的错误处理组织块，将作为程序的一部分来执行，与错误出现时正在执行的块具有相同的优先级。

错误类型有两类：

a）编程错误，例如在程序中调用一个不存在的块，将调用 OB121。

b）访问错误，例如程序中访问了一个有故障或不存在的模块，将调用 OBI22。

（2）功能 FC 和功能块 FB。FC 和 FB 都是用户自己编写的程序块。用户可以将具有相同控制过程的程序编写在 FC 和 FB 中，然后在主程序 OB1 或其他程序块中（包括组织块和功能、功能块）调用。FC 和 FB 相当于子程序的功能，可以定义自己的参数。打开创建好的功能 FC 和功能块 FB，可在程序编辑器的程序块接口处（Inteifce）定义 FC 和 FB 的参数。

在变量声明区中，定义了输入类型和输出类型等总共 3 个变量。在程序代码区中，用到这些变量时，以 # 表示变量为局部变量，该变量只在本程序块中有效，如图 11.13 所示。

Address	Declaration	Name	Type	Initial value	Comment
0.0	in	K0	BOOL		
2.0	in	D1	INT		
4.0	out	L0	BOOL		
6.0	out	D2	INT		
8.0	in_out	D3	INT		
	temp				

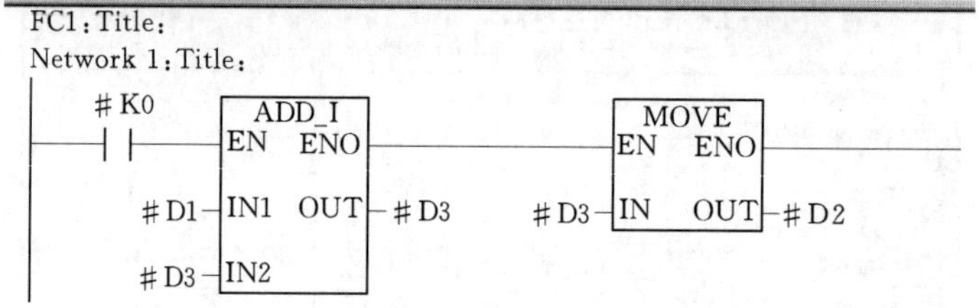

FC1：Title：
Network 1：Title：

#K0 ADD_I EN ENO #D1 IN1 OUT #D3 #D3 IN2   MOVE EN ENO #D3 IN OUT #D2

图 11.13 FC 和 FB 块的编程和参数的定义

FB 的变量声明与 FC 类似。FB 与 FC 的根本区别在于 FB 拥有自己的存储区——背景数据块 DB。在调用有参数的 FB 时，必须为其指定一个背景数据块 DB。FB 有静态（STAT）变量类型。

变量类型有输入（IN）、输出（OUT）、输入/输出（IN _ OUT）和暂态临时变量（TEMP）。

FC 没有自己的存储区。

由图 11.14 可见，FB1 的参数可以由 DB2 的数据赋值。而 FC1 则不能正常赋值。

STAT 变量类型存储在 FB 的背景数据块中，当 FB 调用完以后，静态变量的数据仍然有效。

FB 所有的参数在其背景数据块中都有对应的存储位置，因此在调用 FB 时，只需指定其背景数据块，而形参位置为黑点，可根据需要选择是否填写。在调用 FB 时，对于大多数类型的参数可以赋实参，也可以不赋值。如果不给 FB 的形参赋值，则自动读取当前背景数据块 DB 中的参数值。

（3）系统功能 SFC 和系统功能块 SFB。SFC 和 SFB 是预先编好的可供用户调用的程序块，它们已经固化在 S7 PLC 的 CPU 中，其功能和参数已经确定。一台 PLC 具有哪些

SFC 和 SFB 功能是由 CPU 型号决定的，具体信息可查阅 CPU 的相关技术手册。通常 SFC 和 SFB 提供一些系统级的功能调用。比如：

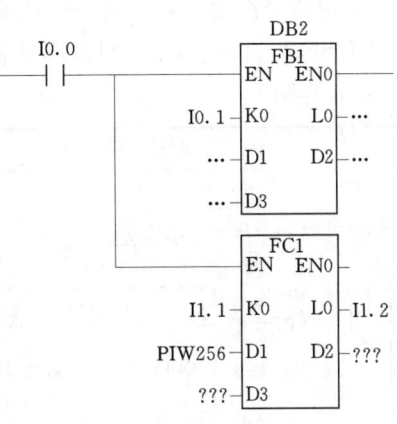

图 11.14 FC 和 FB 块的调用和
参数的赋值

1）SFC 39 "DIS＿IRT" 用来禁止中断和异步错误处理，可以禁止所有的中断、有选择地禁止某些范围的中断和某个中断。

2）SFC 40 "EN＿IRT" 用来激活新的中断和异步错误处理，可以全部允许所有的中断和有选择地允许某些中断。

3）SFC 41 "DIS＿AIRT" 延迟处理比当前优先级高的中断和异步错误，直到用 SFC 42 "EN＿AIRT" 允许处理中断或当前的 OB 执行完毕。

4）SFC 42 "EN＿AIRT" 用来允许处理被 SFC 41 "DIS＿AIRT" 暂时禁止的中断和异步错误，SFC 42 "EN＿AIRT" 和 SFC 41 "DIS＿AIRT" 配对使用。

5）SFB 38 "HSC＿A＿B" 为处理高速计数器的系统功能块、SFB 41 "CONT＿C" 处理 PID 控制的系统功能块等。

注意：在调用 SFB 时，需要用户指定其背景数据块（CPU 中不包含其背景数据块），并确定将背景数据块下载到 PLC 中。

（4）背景数据块 DI 和共享数据块 DB。

数据块 DB 的作用是为用户提供一个保存数据的区域。用户可根据需要设定数据块的大小以及数据块内部的数据类型等。STEP 7 中的数据块可分为背景数据块 DI 和共享数据块 DB 两种。

背景数据块 DI 是和某个 FB 或 SFB 相关联，其内部数据的结构与其对应的 FB 或 SFB 的变量声明表一致。

共享数据块 DB 的主要目的是为用户程序提供一个可保存的数据区，它的数据结构和大小并不依赖于特定的程序块，而是用户自己定义。

需要说明的是，背景数据块 DI 和共享数据块 DB 没有本质的区别，它们的数据可以被任何一个程序块读写。STEP 7 同时只能打开一个背景数据块 DI 和一个共享数据块 DB。

【例 11.1】 利用循环中断组织块 OB35，设计一个定时（100ms）读取 PIW256 的 A/D 数据，并向 D/A 模块 PQW272 输出数据的程序。

分析：首先要生成组织块 OB1 和 OB35。OB1 的任务是激活和禁止 OB35，激活 OB35 可以使用系统功能 SFC40 "EN＿IRT" 实现，禁止 OB35 可以使用系统功能 SFC39 "DIS＿IRT" 实现。激活 OB35 的信号为 I2.0，禁止 OB35 的信号为 I2.1。OB35 的任务是读取 A/D 数据和输出 D/A 的数据。

打开 CPU 属性对话框，设置循环中断组织块（如 OB35）的属性，设定循环中断组织块 OB35 的间隔时间为 100ms。

采用梯形图编制程序前要生成系统功能 SF40 和 SF39。采用语句表编制程序则可以直接调用 SF40 和 SF39。编制程序见表 11.30 和表 11.31。

表 11.30　　　　　　　　　　　　OB1 的 程 序 清 单

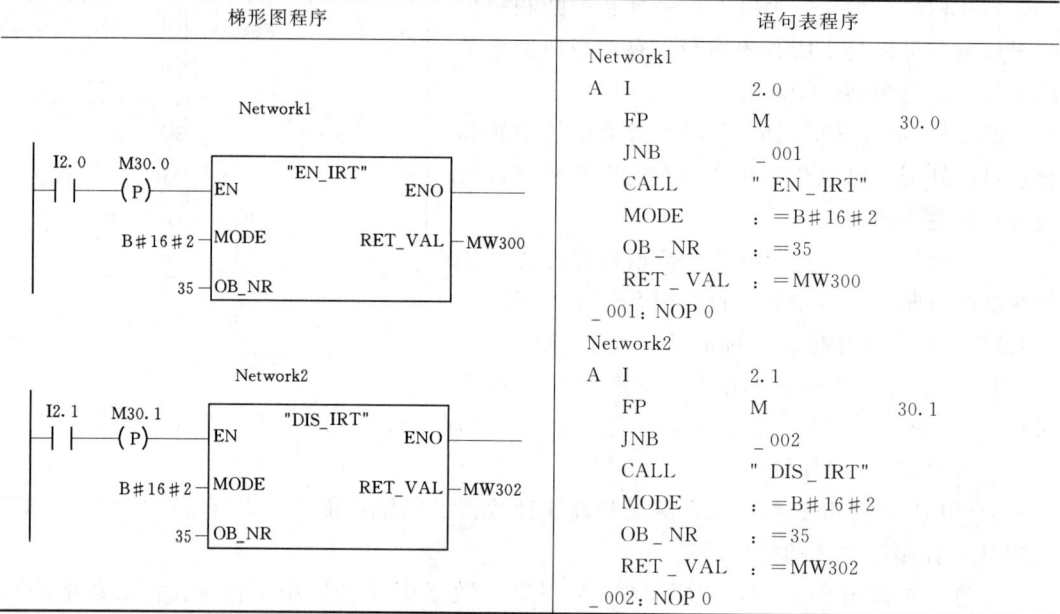

梯形图程序	语句表程序
Network1 I2.0　M30.0 —(P)— EN "EN_IRT" ENO B#16#2 —MODE　RET_VAL— MW300 35 —OB_NR Network2 I2.1　M30.1 —(P)— EN "DIS_IRT" ENO B#16#2 —MODE　RET_VAL— MW302 35 —OB_NR	Network1 A　I　　　　　2.0 　FP　　M　　　　30.0 　JNB　　＿001 　CALL　" EN_IRT" 　MODE　　：＝B#16#2 　OB_NR　：＝35 　RET_VAL　：＝MW300 ＿001：NOP 0 Network2 A　I　　　　　2.1 　FP　　M　　　　30.1 　JNB　　＿002 　CALL　" DIS_IRT" 　MODE　　：＝B#16#2 　OB_NR　：＝35 　RET_VAL　：＝MW302 ＿002：NOP 0

表 11.31　　　　　　　　　　　　OB35 的程序清单

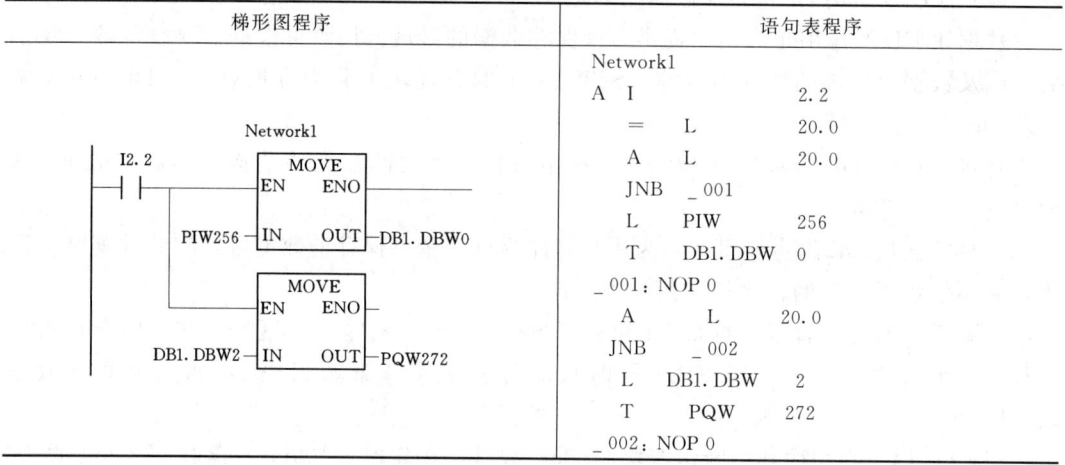

梯形图程序	语句表程序
Network1 I2.2 —┤├— MOVE EN ENO PIW256 —IN　OUT— DB1.DBW0 MOVE EN ENO DB1.DBW2 —IN　OUT— PQW272	Network1 A　I　　　　　2.2 　＝　L　　　　20.0 A　L　　　　20.0 　JNB　＿001 L　PIW　　　256 T　DB1.DBW　0 ＿001：NOP 0 　A　　L　　　20.0 　JNB　　＿002 　L　DB1.DBW　2 　T　PQW　　272 ＿002：NOP 0

SFC40：为激活循环中断组织块" EN_IRT"。

SFC39：为禁止循环中断组织块" DIS_IRT"。

MODE：＝B#16#2 表示以块号的方式表示中断。

OB_NR：＝35 表示中断块号是 OB35。

RET_VAL：为存放错误代码处。

I2.0 的上升沿激活 OB35。I2.1 的上升沿禁止 OB35。I2.2＝ON 将 PIW256 的内容装入 DB1 的 DBW0 中，将 DB1 中的 DBW2 内容输出到 PQW272 中。

【例 11.2】　设计一个利用日期中断组织块从指定时间开始，每隔一分钟对 MW700 的内容执行加一的操作。

　　解　首先需要生成 OB1 和 OB10。其中 OB1 用于激活和禁止日期中断，OB10 用于编制中断服务程序。设置 OB10 的属性，如 B10 的中断方式为每分钟中断一次和中断日期为 2008 年 1 月 1 日等。可以使用 SFC 30 "ACT_TINT" 系统功能激活中断，使用 SFC 29 "CAN－TINT" 系统功能禁止日期中断。程序见表 11.32 和表 11.33。

　　SFC30 "EN_TINT" 为激活日期中断组织块。

　　SFC39 "CAN_TINT" 为禁止日期中断组织块。

　　MODE：＝B♯16♯2 表示以块号的方式表示中断。

　　OB_NR：＝35 表示中断块号是 OB35。

　　RET_VAL：为存放错误代码处。

　　I3.0 的上升沿激活 OB10。I3.1 的上升沿禁止 OB10。当 I3.2＝ON 时将 MW700 的内容加 1 送到 MW700 中。

表 11.32　　　　　　　　　　　　　　　　**OB1 的程序清单**

梯形图程序	语句表程序
Network1 I3.0　M30.2　"ACT_TINT" ─┤├─(P)─ EN　　ENO 　　　10─ OB_NR　RET_VAL─MW600 Network2 I3.1　M30.3　"CAN_TINT" ─┤├─(P)─ EN　　ENO 　　　10─ OB_NR　RET_VAL─MW602	Network1 A　　　I　　　　　3.0 FP　　 M　　　　　30.2 JNB　　　_001 CALL　　 " ACT_TINT" OB_NR　　：＝10 RET_VAL　：＝MW600 _001：NOP　0 Network2 A　　　I　　　　　3.1 FP　　 M　　　　　30.3 JNB　　　_002 CALL　　 " CAN_TINT" OB_NR　　：＝10 RET_VAL　：＝MW602 _002：NOP　0

表 11.33　　　　　　　　　　　　　　　　**OB10 的程序清单**

梯形图程序	语句表程序
Network1 I3.2　　ADD_I ─┤├─ EN　ENO MW700─ IN1　OUT─MW700 　　1─ IN2	Network1 A　　　I　　3.2 JNB　_001 L　　MW　700 L　　1 ＋I T　　MW　700 _001：NOP　0

【例 11.3】 利用启动组织块 OB100 设计一个系统启动时复位 16 个标志位和 16 个输出的初始化程序。

解 生成相应的组织块 OB100,在 OB100 中编制上述初始化程序。具体程序见表 11.34。

其中,I0.0 为控制系统的启动按钮(也可以是开关),只要是启动,不管 I0.0 为什么状态,都要完成两个数据传送。其目的是把 MW0 和 QW0 中的每一位清零。

表 11.34 OB100 的程序清单

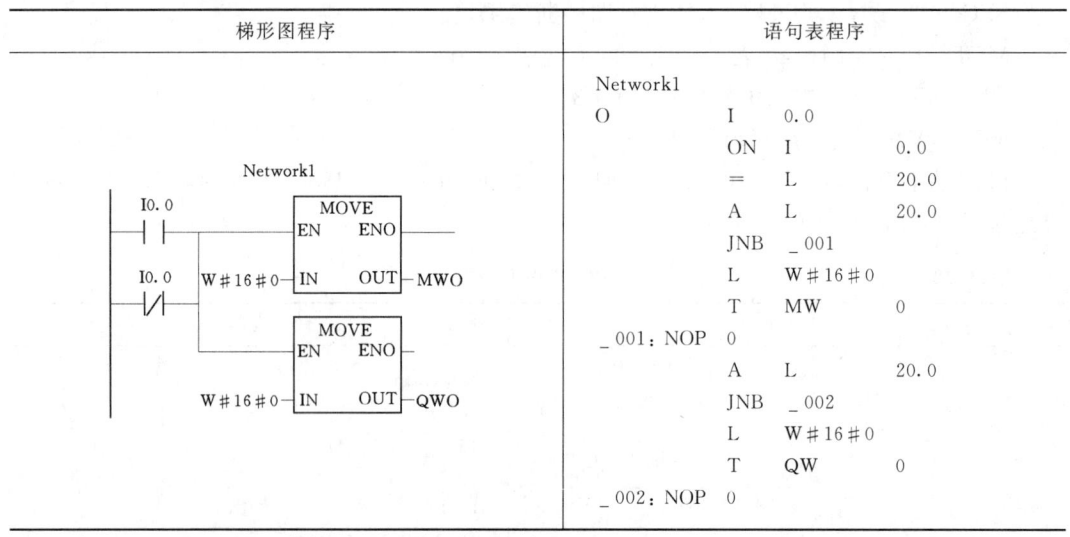

梯形图程序	语句表程序

注 表中 STEP 7 程序设计均可以利用 PLCSIM 仿真器进行仿真。

在硬件中断仿真时,需要在仿真器运行时,利用 PLCSIM 仿真器的菜单命令"Execute",在弹出的对话窗口中,点击"Trigger Eeeor OB"选项,弹出"Hardware Interrupt (OB40-OB47)"窗口。在"Hardware Interrupt(OB40-OB47)"窗口中,输入模块地址(Module address)和产生中断的位地址(Module status)之后,点击"Apply",就可以从 PLCSIM 仿真器上观察到程序运行,如图 11.15 所示。

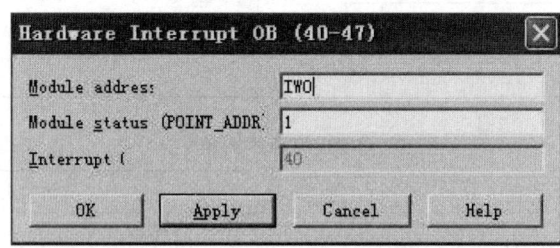

图 11.15 硬件中断仿真操作

4. STEP 7 编程软件简介

(1)STEP 7 编程软件概述。STEP 7 具硬件组态、通信组态、编程、测试、启动和维护、运行和诊断等功能。STEP 7 的所有功能均有大量的在线帮助,用鼠标打开或选中某一对象。按 F1 键可以得到该对象的在线帮助。

在 STEP 7 中，用项目来管理一个自动化系统的硬件和软件。STEP 7 用 SIMATIC 管理器对项目进行集中管理，实现 STEP 7 各种功能所需的 SIMATIC 软件工具都集成在 STEP 7 中。

1）STEP 7 的硬件接口。PC/MPI 适配器用于连接安装了 STEP 7 的计算机的 RS—232C 接口和 PLC 的 MPI 接口。使用计算机的通信卡 CP5611（PCI 卡）、CP5511 或 CP5512（PCMCIA 卡），可以将计算机连接到 MPI 或 PROFIBUS 网络，通过网络实现计算机与 PLC 的通信。

也可以使用计算机的工业以太网通信卡 CP1512（PCMCIA 卡）或 CP1612（PCI 卡），通过工业以太网实现计算机与 PLC 的通信。

在计算机上安装好 STEP 7 后，在管理器中执行菜单命令"Option"选择"Setting the PG/PC Interface"，打开"Setting the PG/PC Interface"对话框。在对话框中，选择实际使用的硬件接口。点击"Select..."按钮，打开"Install/Remove Interface"对话框，可以安装上述选择框中没有列出的硬件接口的驱动程序。点击"Properties..."按钮，可以设置计算机与 PLC 通信的参数。

使用 STEP 7 编程软件时需要产品的特别授权，STEP 7 与可选的软件包需不同的授权。只有安装了授权才能有效地使 STEP 7 工作。可以在第一次安装 STEP 7 软件时安装授权，也可以以后安装授权。

2）STEP 7 的组态功能。使用 STEP 7 编程软件可以完成 S7 系统的硬件组态、软件组态和网络组态。STEP 7 的硬件组态工具用于对自动化工程中使用的硬件进行配置和参数设置。硬件组态的内容包含创建项目、系统组态、CPU 参数设置和模块参数设置。STEP 7 的软件组态工具用于对程序中使用的 OB 块、FB 块、FC 块、DB 块、SFB 块和 SFC 块的生成、定义参数和编程。STEP 7 的网络组态工具用于对自动化工程中使用的 MPI 网络、PROFIBUS 网络等 PLC 网络、PC—PLC 网络的生成和设计。

3）STEP 7 的编程功能。

（a）编程语言。STEP 7 的标准版只配置了 3 种基本的编程语言：梯形图（LAD）、功能块图（FBD）和语句表（STL）。

STEP 7 专业版的编程语言包括 S7—SCL（结构化控制语言）、S7—GRAPH（顺序功能图语言）、S7—HiGraph 和 CFC。这 4 种编程语言对于标准版是可选的。

每种编程语言各有其特点，用户可根据自己的实际情况选择不同的编程语言。其中，梯形图（LAD）、语句表（STL）、功能图（FBD）3 种语言中，梯形图语言和功能图语言大部分可相互转换，而且可全部转换为语句表语言。语句表语言较为复杂，编程也较为灵活，不一定都能够转换为梯形图或功能图语言。

（b）符号表编辑器。STEP 7 用符号表编辑器工具管理所有的全局变量，用于定义符号名称、数据类型和全局变量的注释。使用这一工具生成的符号表可供所有应用程序使用，所有工具自动识别系统参数的变化。

（c）增强的测试和服务功能。测试功能和服务功能包括设置断点、强制输入和输出、多 CPU 运行（仅限于 S7—400）、重新布线、显示交叉参考表、状态功能、直接下载和调试块、同时监测几个块的状态。

程序中的特殊点可以通过输入符号名或地址快速查找。

（d）STEP 7 的帮助功能。

a）在线帮助功能。选定想得到在钱帮助的菜单项目，或打开对话框，按<F1>键便可以得到与它们有关的在线帮助。

b）从帮助菜单获得帮助。利用菜单命令"Help"→"Contents"进入帮助窗口，借助目录浏览器寻找需要的帮助主题，窗口中的检索部分提供了按字母顺序排列的主题关键词，可以查找与某一关键词有关的帮助。

点击工具栏上有问号和箭头的图标，出现带问号的光标，用它点击画面上的对象时，进入相应的帮助窗口。

4）STEP 7 的查询功能。S7—300 各种模块的参数用 STEP 7 编程软件来查询和设置。在 STEP 7 的 SIMATIC 管理器中点击"Hardware"（硬件）图标，进入"HW Config"（硬件组态）画面后，双击模块（CPU、AI、AO、DI、DO…）所在的行，在弹出的"Properties"（属性）窗口中点击某一选项卡，便可以设置相应的属性。下面以 CPU 315—2DP 为例，介绍 CPU 主要参数的查询方法。参阅图 11.16。

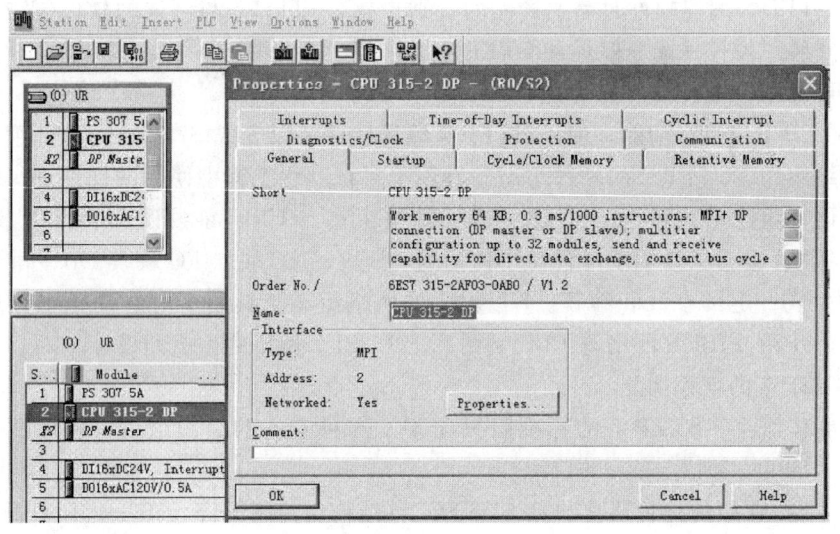

图 11.16　STEP 7 的查询功能

（a）启动特性参数（Startup）。可以查询或设置予设组态是否等于实际组态、热启动时是否复位输出、接通电源后的启动方式等。

（b）通项设置（General）。可以查询或设置 CPU 的名称和属性等参数。

（c）时钟存储器（Cycle/Clock Memory）。可以查询或设置循环扫描监视时间、通信处理占用时间、CPU 对系统修改过程映像时发生的 I/O 访问错误的响应等参数。

（d）保持区的参数设置（Retentive Memory）。可以用来设置从 MB0、T0 和 C0 开始的需要断电保持的存储器字节数、定时器和计数器的数量，设置的范围与 CPU 的型号有关，如果超出允许的范围，将会给出提示。

没有电池后备的 S7—300 可以在数据块中设置保持，也可以用来设置数据区 DB 的保持范围等参数。

CPU 安装了后备电池后，用户程序中的数据块总是被保护的。

（e）系统诊断参数与时钟的设置（Diagnostics/Clock）。在诊断项中，可以设置报告引起 STOP 的原因等。

（f）保护级别的选择（Protection）。CPU 的保护分三个级别。

a）保护级别 1 是默认的设置，没有口令。CPU 的钥匙开关（工作模式选择开关）在 RUN—P 和 STO 位置时对操作没有限制，在 RUN 位置只允许读操作。S7—31 XC 系列 CPU 没有钥匙开关，运行方式开关只有 RUN 和 STOP 两个位置。

b）保护级别 2 被授权（知道口令）的用户可以进行读写访问，与钥匙开关的位置和保护级别无关。对于不知道口令的人员，保护级别 2 只能读访问。

c）保护级别 3 不能读写，均与钥匙开关的位置无关。在执行在线功能之前，用户必须先输入口令。

（g）通信参数的设置（Communication）。可以设置 PG 通信、OP 通信和 S7 的标准通信等参数。

（h）中断参数的设置（Interrupts）。可以设置硬件中断、延迟中断和异步错误中断等参数。

（i）日期—时间中断参数的设置（Time _ of _ Day Interrupts）。可以产生日期—时间中断，中断产生时调用组织块 OB10～OB17。可以设置中断的优先级（Priority），通过"Active"选项决定是否激活中断。

可以选择执行方式（执行一次，每分钟、每小时、每天、每星期、每月、每年执行一次），可以设置启动的日期（Start date）和时间。

（j）循环中断参数的设置（Cyclie Interrupts）。可以设置循环执行组织块 OB30～OB38。包括中断优先级、时间间隔等的设置。

5）STEP 7 的仿真功能。PLCSIM 仿真器是 S7 系列 PLC 学习、设计的强有力的工具。PLCSIM 仿真器是嵌在 STEP 7 当中的。利用仿真器进行仿真设计的程序时，首先要在 STEP 7 的工具栏中激活 PLCSIM 仿真器，并在 PLCSIM 仿真器中加载需要的输入模块（I）、输出模块（Q）、标志寄存器（M）、计时器（T）和计数器（C）等等。

在用仿真器进行仿真前，还要把已经设计好的软件（如 OB 块、FB 块、FC 块、DB 块）以及系统数据和 PLC 的组态下载到 PLCSIM 仿真器。

PLCSIM 仿真器的操作与实际的 PLC 操作差异不大，读者可以根据程序的要求控制相应的输入信号，从 PLCSIM 仿真器的输出模块和标志寄存器（M）、计时器（T）和计数器（C）等观察程序运行的结果，从而判断程序的对错。

STEP 7 的多数设计均可以利用 PLCSIM 仿真器进行仿真。

（2）STEP 7 的硬件组态。

1）创建项目。

（a）使用向导创建项目。首先双击桌面上的 STEP 7 图标，进入"SIMATIC Manager"窗口，进入主菜单"File"，选择"New"或"New Project…"，弹出标题为"STEP 7

Wizard：New Project"（新项目向导）的小窗口。

单击"NEXT"按钮，在新项目中选择 CPU 模块的型号，如 CPU 315—2DP。

单击"NEXT"按钮，选择需要生成的逻辑块，至少需要生成作为主程序的组织块 OB1。

单击"NEXT"按钮，输入项目的名称，如"S7、十八层电梯控制"，单击"Finish"按钮生成项目，如图 11.17 所示。

图 11.17　SIMATIC Manager 管理器中的项目结构

（b）直接创建项目。也可以直接进入主菜单"File"，选择"New…"，将出现一个对话框，在该对话框中分别输入"文件名"、"目录路径"等内容并确定，完成一个空项目的创建工作。

生成项目后，可以先组态硬件，然后生成软件程序。也可以在没有组态硬件的情况下，首先生成软件。

2）硬件组态。硬件组态的任务就是在 STEP 7 中生成一个与实际的硬件系统完全相同的系统，如要生成网络、网络中各个站的导轨和模块以及设置各硬件组成部分的参数。硬件组态确定了 PLC 输入/输出变量的地址，为设计用户程序打下了基础。组态时设置的 CPU 参数保存在系统数据块 SDB 中，其他模块的参数保存在 CPU 中。在 PLC 启动时 CPU 自动地向其他模块传送设置的参数，因此在更换 CPU 之外的模块后不需要重新对它们赋值。硬件组态的过程如图 11.18 所示。

安装模块以后，如果需要则可以重新设置参数，如图 11.19 所示。

3）保存硬件组态。最后要保存硬件组态文件并下载到 PLC 中。

（3）STEP 7 的软件组态。项目生成以后可以直接进行软件组态，也可以在硬件组态完毕之后再进行软件组态。软件组态可以在 IMATIC Manager 管理器中点击"Data blocks"进入，如图 11.20 所示。

1）生成所需要的程序块。

（a）生成 OB 块。启动"SIMATIC Manager"右击"SIMATIC Manager"右面的空白窗口。选择添加块，在弹出的块选择窗口中，选择 OB 块，并确定块参数。这样在"SIMATIC Manager"的空白窗口中会增加一个组织块。

（b）生成 FB 或 FC 块。启动"SIMATIC Manager"用右击"SIMATIC Manager"右面的空白窗口。选择添加块，在弹出的块选择窗口中，选择 FB 或 FC 块，并确定块参数。这样在"SIMATIC Manager"的空白窗口中会增加一个功能块或功能。

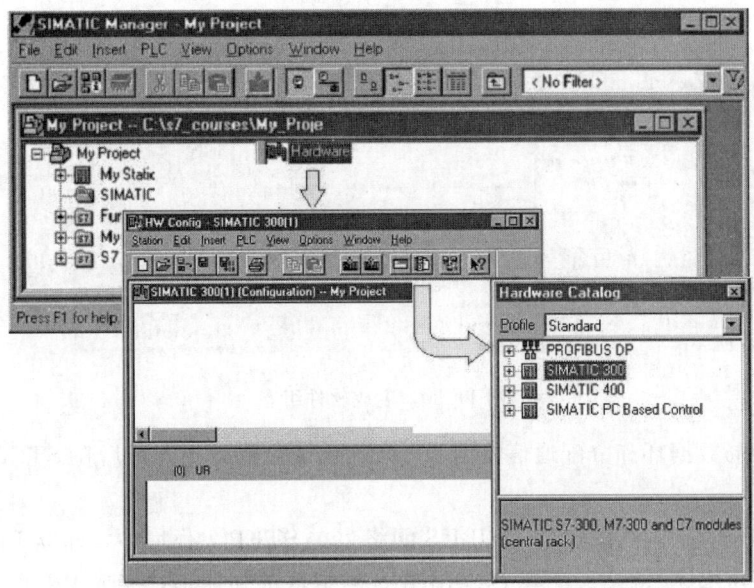

图 11.18 进入硬件组态

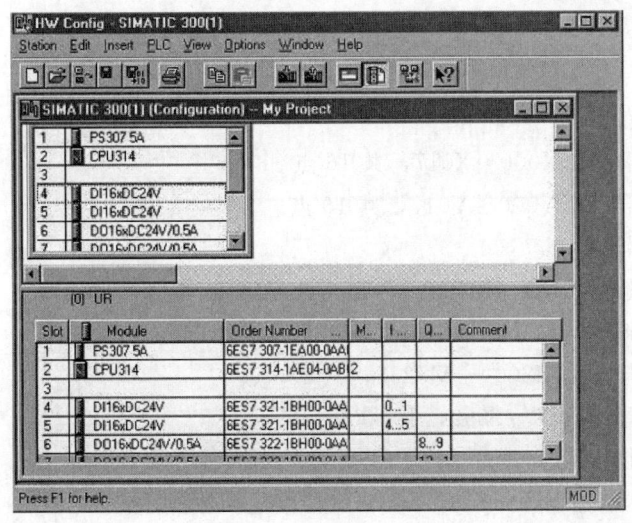

图 11.19 设置硬件参数

（c）生成 DB 块。启动"SIMATIC Manager"用右击"SIMATIC Manager"右面的空白窗口。选择添加块，在弹出的块选择窗口中，选择 DB 块，并确定块参数。这样在"SIMATIC Manager"的空白窗口中会增加一个数据块。

2）编制所需要的程序并保存。当生成了所需要的程序块以后，就可以分别打开各个程序块，编写程序并保存。

（4）STEP 7 的网络组态。STEP 7 可以用来组态 MPI 网络。在 STEP 7 环境中，建立 MPI 网络、插入 MPI 网站、配置网站地址和速率，完成 MPI 网络组态。在 STEP 7 环

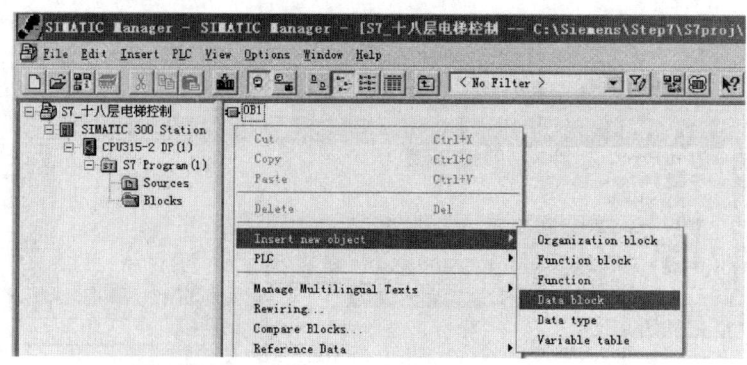

图 11.20　生成软件组态

境中，建立全局数据环和分配通信数据区，进而生成全局数据。最后在 STEP 7 环境中编制通信程序。

STEP 7 还可以用来组态 PROFIBUS 网络。在 STEP 7 环境中，建立 PROFIBUS 网络、插入 PROFIBUS 网站、配置 PROFIBUS 网站地址和速率，完成 PROFIBUS 网络组态。在 STEP 7 环境中编制通信程序，完成 PROFIBUS 通信。

11.3　MITSUBISHI FX2N

1. 内部编程元件

（1）输入继电器 X：X000～X017，共 16 点。

（2）输出继电器 Y：Y000～Y017，共 16 点。

（3）辅助继电器 M。

1）通用辅助继电器 M0～M499，共 500 点。

2）断电保持继电器 M500～M3071，共 2572 点。

3）特殊辅助继电器 M8000～M8255，共 256 点。

（4）状态继电器 S：S0～S999，共 1000 点。

1）初始状态继电器 S0～S9，共 10 点。

2）回零状态继电器 S10～S19，共 10 点，供返回原点用。

3）通用状态继电器 S20～S499，共 480 点。

4）断电保持状态继电器 S500～S899，共 400 点。

5）报警用状态继电器 S900～S999，共 100 点。

（5）定时器 T：T0～T255，共 256 点。

1）常规定时器 T0～T255，共 256 点。T0～T199 为 100ms 定时器，共 200 点，其中 T192～T199 为子程序中断服务程序专用的定时器；T200～T245 为 10ms 定时器，共 46 点。

2）积算定时器 T246～T255，共 10 点。T246～T249 为 1ms 积算定时器，共 4 点；T250～T255 为 100ms 积算定时器，共 6 点。

(6) 计算器 C：C0～C234，共 235 点。

1) 16 位计数器 C0～C199，共 200 点。其中 C0～C99 为通用型，共 100 点；C100～C199 为断电保持型，共 100 点。

2) 32 位加/减计数器 C200～C234，共 35 点。其中 C200～C219 为通用型，共 20 点；C220～C234 为断电保持型，共 15 点。

(7) 指针 P/I。

1) 分支用指针 P0～P127，共 128 点。

2) 中断用指针 I×××，共 15 点。其中，输入中断指针 100～150，共 6 点；定时中断指针 16～18，共 3 点；计数中断指针 1010～1060，共 6 点。

(8) 数据寄存器 D。

1) 通用数据寄存器 D0～D199，共 200 点。

2) 断电保持数据寄存器 D200～D7999。其中，断电保持用 D200～D511，共 312 点。不能用软件改变的断电保持寄存器 D512～D7999，共 7488 点，可用 RST 和 ZRST 指令清除它的内容。

3) 特殊数据寄存器 D8000～D8255，共 256 点。

4) 变址寄存器 V/Z V0～V7，Z0～Z7，共 16 点。

5) 常数 K/H K 为十进制，H 为十六进制。

2. 操作面板键的使用说明

功能键：(RD/WR) —读出/写入键，(IVS/DEL) —插入/删除键，(MNT/TEST) —监视/测试键。

执行键：(GO) —确认/执行/显示画面/检索。

清除键：(CLEAAR) —在按执行键前按，则清除键入的数据。

其他键：(DTHER) —显示方式项目单菜单。

辅助键：(HELP) —显示应用指令的一览表。

空格键：(SP) —在输入时，用此键指定元件号和常数。

步序键：(STEP) —设定步序号时按此键。

光标键：[↓][↑] —移动光标和提示符，指定已指定元件前一个或后一个地址号的元件，作行滚动。

指令键、元件符号键、数字键、重复用键。

3. 编程器的操作

操作准备：手持编程器与 PLC 连接。

启动系统：接通 PLC 电源 (L、N)，按 ([RST] + [G0]) 使编程器复位。

设定联机方式：选择联机方式按 (GO) 键，选择脱机方式按 (↓) (G) 键。

编程操作：将 PLC 上小开关扳向 STOP 处，用写入、读出、插入、删除等功能编制程序。

运行操作：将 PLC 上小开关扳向 RUN 处，即可进行运行调试。

程序改动：将 PLC 上小开关扳向 STOP 处，才能进行程序改动。

4. 编程操作

（1）程序写入。

1）清零操作：（RD/WR）→（RD/WR）→（NOP）→（A）→（GO）→（GO）。

2）基本指令写入。

（a）只需输入指令。

指令写入→（WR）→［指令］→［GO］。

指令写入→（WR）→［指令］→［元件符号］→［元件号］→［GO］。

指令写入→（WR）→［指令］→［元件符号］→［元件号］→［OP］→［元件符号］→［元件号］→［GO］。

（b）需要指令和元件的输入。

（c）需要指令、第一元件、第二元件的输入。

3）修改操作。

确认前，可按（CLEAR）→修改元件→（GO）。

确认后，将光标移到修改位置上，键入修改数据→（GO）。

4）功能指令的写入。首先按（FNC），直接输入功能指令或借助［HELP］键在显示的指令一览表上检索指令编号再输入。

5）元件的写入。写入功能→功能指令→⌊SP⌋→位数指定→元件符号→元件号→⌊SP⌋→元件符号→元件号→（GO）。

6）标号的输入。按 P 或 I 键→标号编号→（GO）。

7）改写操作。读出程序→（WR）→（SP）→（GO）。

8）NOP 成批写入。

（a）指定范围。指令写入→（WR）→指定起始步→（NOP）→（K）→指定终止步序号→（GO）。

（b）全范围指定。指令写入→（WR）→（NOP）→（A）→（GO）→（GO）。

（2）读出程序。

步序号读出：（RD）→（STEP）→步序号→（GO）。

指令读出：（RD）→（PLS）→（M104）→（GO）。

指针读出：（RD）→（P）→指针号→（GO）。

元件读出：（RD）→（SP）→（Y）→（1）→（2）→（3）→（GO）。

（3）插入程序。

读出要插入的位置，再按（INS）键，键入插入内容→（GO）。

（4）删除程序。

1）逐条删除：读出要删除内容→（INS）→（PEL）→（GO）。

2）指定范围的删除：（INS ）→（DEL）→（STEP）→步序号→（SP）→（STEP）→步序号→（GO）。

3）NOP 式成批删除：（INS）→（DEL）→（NOP）→（GO）。

5. 基本指令

（1）触点连接指令见表 11.35。

表 11. 35   **触 点 连 接 指 令**

符号名称	功能、触点类型、用法	电路表示和目标文件	程序步长
LD 取	常开，接左母线或分支回路起始处用	X、Y、M、S、T、C	1步
LDI 取反	常闭，接左母线或分支回路起始处用	X、Y、M、S、T、C	1步
AND 与	常开，触点串联	X、Y、M、S、T、C	1步
ANI 与非	常闭，触点串联	X、Y、M、S、T、C	1步
OR 或	常开，触点并联	X、Y、M、S、T、C	1步
ORI 或非	常闭，触点并联	X、Y、M、S、T、C	1步
ORB 电路块或	串联电路块（组）的并联		1步
ANB 电路块与	并联电路块（组）的串联		1步

（2）输出指令见表 11.36。

表 11. 36   **输 出 指 令**

符号名称	功 能	电路表示和目标文件	程序步长
OUT	线圈驱动指令，驱动输出继电器、辅助继电器、定时器、计数器	Y、M、S、T、C	Y，M 1步，S 特殊、M 2步，T 3步、C 3～5步
RST	对定时器、计数器、数据寄存器、变址寄存器等继电器的内容清零	RST Y、M、S、T、C、D	Y，M 1步，S 特殊，M 2步，T、C 2步，D 2步，特殊 D 3步
SET	对目标文件 Y. M. S 置位，使动作保持	SET Y、M、S	Y，M 1步，S 特殊 M，2步
PLS	在输入信号上升沿产生脉冲输出	Y、M	2步 除特殊 M 以外

续表

符号名称	功　能	电路表示和目标文件	程序步长
PLS	在输入信号下降沿产生脉冲输出	Y、M	2 步 除特殊 M 以外
MPS	无操作器件指令、运算存储入栈	MPS MRD MPP　无操作数元件	1 步
MRD	无操作器件指令，读出存储读栈		1 步
MPP	无操作器件指令，读出存储或复位出栈		1 步

（3）其他指令见表 11.37。

表 11.37　　　　　其　他　指　令

符号名称	功　能	电路表示和目标文件	程序步长
MC 主控	把多个并联支路与母线连接的常开接点连接至主控一组电路的总开关	MC　N　YM	3 步
MCR 主控复位	使主控指令复位，主控结束时返回母线	N 为嵌套级数 MCR　N	2 步
NOP 空操作	无动作、无目标文件。留空、短接或删除部分触点或电路	消除流程程序	1 步
END 结束	无目标文件的指令，用于程序结束，也可用于程序分段调试	顺控程序结束	1 步

（4）步进指令见表 11.38。

表 11.38　　　　　步　进　指　令

符号名称	功　能	电路表示和目标文件	程序步长
STL 步进开始	STL 接点与母线连接，令前加 STL，步进梯形图开始	STL　　　S0～S899	1 步
RET 步进结束	步进梯形图结束，使 LD 总返回母线	RET	1 步

6. 功能指令

（1）功能指令也称应用指令，它是许多功能不同的子程序，主要用于数据的传送、运算、变换及程序控制等功能。

（2）功能指令有 128 种，共 298 条指令。功能指令格式采用梯形图和指令助记符相结合的形式编程。

（3）功能指令用功能符号 FNC00—FNC□□□表示。

应用指令时，只有指令本身有功能作用（FNC 号）。大多数场合都是由指令和与之相连的操作树结合构成的。其使用如图 11.21 所示

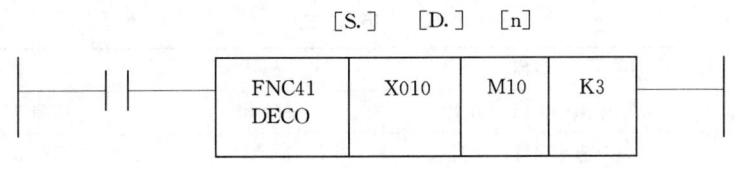

图 11.21　功能指令

［S.］—将执行指令，而其内容不变的操作数称为源，用该符号表示，用下述的寻址来做元件修改时，用［S.］表示。源是多个时，用［S1.］［S2.］等表示。

［D.］—将执行指令，而其内容改变的操作数称为目标操作数，用该符号表示。同样，可以做寻址修改，目标操作数为多个时，用［D1.］［D2.］等表示。

m、n—不是源操作数，也不是目标操作数，成为其他操作数。将只能用常数 K 或 H 指定的操作数用 m 或 n 表示。这样的操作为多个时，可用 n1、n2 等表示，有一部分指令也可用数据寄存器（D）指定。

（4）功能指令的功能号和指令助记符占一个程序步，操作数占 2 个或 4 个程序步（16 位 2 步，32 位 4 步）。

（5）操作数的目标元件。可以使用 X、Y、M、S 等位器件等，将这些位元件组合，表达为 KnX、KnY、KnM、KnS 作为数值数据使用。

可以使用数据寄存器（D）、定时器（T）、计数器（C）的当前值寄存器。（D）为 16 位，使用 32 位时，可以用一对数据寄存器的组合。T、C 的当前值寄存器也可以当作一般的数据寄存器使用。

应用功能指令编程请参阅可编程控制器应用技术手册。

7. FX2N 可编程控制器的特殊元件表

各特殊元件表见表 11.39～表 11.44。

表 11.39　　　　　　　　　　　　　　PC　状　态

编号	名　称	编号	名　称
M8000	RUN 监控（常开接点）	M8005	电池电压下降
M8001	RUN 监控（常闭接点）	M8006	电池电压降低锁存
M8002	初始化脉冲（常开接点）	M8007	瞬停检测
M8003	初始化脉冲（常闭接点）	M8008	停电检测
M8004	出错	M8009	24VDC 关断

表 11. 40　　　　　　　　　　　　　　时　　钟

编号	名称	编号	名称
M8011	10ms 时钟	M8014	1min 时钟
M8012	100ms 时钟	M8018	时钟有效
M8013	1s 时钟		

表 11. 41　　　　　　　　　　　　PC　方　式

编号	名称	编号	名称
M8030	电池欠压 LED 灯灭	M8035	强制 RUN 方式
M8031	全清非保持存储器	M8036	强制 RUN 信号
M8032	全清保持存储器	M8037	强制 STOP 信号
M8033	存储器保持	M8039	定时扫描方式
M8034	禁止所有输出		

表 11. 42　　　　　　　　　　　　步　　进

编号	名称	编号	名称
M8040	禁止状态转移	M8045	禁止输出复位
M8041	状态转移开始	M8046	STL 状态置 ON
M8042	启动脉冲	M8047	STL 状态监控有效
M8043	回原点完成	M8048	报警器接通
M8044	原点条件	M8049	报警器有效

表 11. 43　　　　　　　　　　出　错　检　测

编号	名称	编号	名称
M8060	I/O 编号错	M8065	语法错
M8061	PLC 硬件错	M8066	电路错
M8062	PLC/PP 通信错	M8067	操作错（运算）
M8063	并机通信错	M8068	操作错锁存（运算）
M8064	参数错	M8069	I/O 总线检查

表 11. 44　　　　　　　　　　　　标　　记

编号	名称	编号	名称
M8020	零标志	M8026	RAMP 保持方式
M8021	错位标志	M8027	PR16 数据方式
M8022	进位标志	M8028	10ms 定时器
M8024	BMOV 方向指定	M8029	指令执行完成
M8025	外部复位 HSC 方式		

8. FX2n 功能指令表

功能指令表见表 11.45。

表 11.45 功 能 指 令 表

分类	FNC 编号	指令符号	功 能
程序流程	00	CJ	条件跳转
	01	CALL	调用子程序
	02	SRET	子程序返回
	03	IRET	中断返回
	04	EI	允许中断
	05	DI	禁止中断
	06	FEID	主程序结束
	07	WDT	监视定时器刷新
	08	FOR	循环范围起点
	09	NEXT	循环范围终点
传送比较	10	CMP	比较 (S1) (S2) → (D)
	11	ZCP	区间比较 (S1) ～ (S2) (S) → (D)
	12	MOV	传送 (S) → (D)
	13	SMOV	移位传送
	14	CML	反向传送 (S) → (D)
	15	BMOV	成批传送 (n 点→n 点)
	16	FMOV	多点传送 (1 点→n 点)
	17	XCH	数据交换 (D1) ← → (D2)
	18	BCD	BCD 变换 BIN (S) →BCD (D)
	19	BIN	BIN 变换 BCD (S) →BIN (D)
循环移位与移位	30	ROR	向右循环 (n 位)
	31	ROL	向左循环 (n 位)
	32	RCR	带进位右循环 (n 位)
	33	RCL	带进位左循环 (n 位)
	34	SFTR	位右移位
	35	SFTL	位左移位
	36	WSFR	字右移位
	37	WSFL	字左移位
	38	SFWR	"先进先出" (FIFO) 写入
	39	SFRD	"先进先出" (FIFO) 读出

续表

分类	FNC 编号	指令符号	功　　能
数据处理	40	ZRST	成批复位
	41	DECO	解码
	42	ENCO	编码
	43	SUM	置 1 位数总和
	44	BOM	置 1 位数判别
	45	MEAN	平均值计算
	46	ANS	信号报警器置位
	47	ANR	信号报警器复位
	48	SQR	BIN 开方运算
	49	FLT	浮点数与十进制数间转换
方便指令	60	IST	状态初始化
	61	SER	数据搜索
	62	ABSD	绝对值鼓轮顺控（绝对方式）
	63	INCD	增量值鼓轮顺控（相对方式）
	64	TTMR	示数定时器
	65	STMR	特殊定时器
	66	ALT	交替输出
	67	RAMP	斜坡信号
	68	ROTC	旋转台控制
	69	SORT	数据整理排列
四则运算和逻辑运算	20	ADD	BIN 加 $(S1) + (S2) \rightarrow (D)$
	21	SUB	BIN 减 $(S1) - (S2) \rightarrow (D)$
	22	MUL	BIN 乘 $(S1) \times (S2) \rightarrow (D)$
	23	DIV	BIN 除 $(S1) \div (S2) \rightarrow (D)$
	24	INC	BIN 加 1 $(D) + 1 \rightarrow (D)$
	25	DEC	BIN 减 1 $(D) - 1 \rightarrow (D)$
	26	WAND	逻辑字"与"$(S1) \wedge (S2) \rightarrow (D)$
	27	WOR	逻辑字"或"$(S1) \vee (S2) \rightarrow (D)$
	28	WXOR	逻辑字异或 $(S1) \forall (S2) \rightarrow (D)$
	29	NEG	2 的补码 $(\overline{D}) + 1 \rightarrow (D)$
高速处理	50	REF	输入输出刷新
	51	REFF	刷新和滤波调整
	52	MTR	矩阵输入
	53	HSCS	比较置位（高速计数器）
	54	HSCR	比较复位（高速计数器）

续表

分类	FNC 编号	指令符号	功　　能
高速处理	55	HSZ	区间比较（高速计数器）
	56	SPD	速度检测
	57	PLSY	脉冲输出
	58	PWN	脉冲宽度调制
	59	PLSR	加减速的脉冲输出
外部 I/O 设备	70	IKV	0～9 数字键输入
	71	NKV	16 键输入
	72	DSW	数字开关
	73	SEGD	7 段解码器
	74	SEGL	带锁存的 7 段显示
	75	ARWS	矢量开关
	76	ASC	ASCII 转换
	77	PR	ASCII 代码打印输出
	78	FROM	特殊功能模块读出
	79	TO	特殊功能模块写入

11.4　OMRON CPM1A

1. 基本顺序输入指令

基本顺序输入指令见表 11.46。

表 11.46　　　　　　　　　　基 本 顺 序 输 入 指 令

指令	助记符　操作数	功　　能	操作数、相关标志
LD	LD　继电器号	表示逻辑起始	继电器号
LD NOT	LD　NOT　继电器号	表示逻辑反相起始	00000～01915
AND	AND　继电器号	逻辑与操作	20000～25507
AND NOT	AND　NOT　继电器号	逻辑与非操作	HR0000～1915
OR	OR　继电器号	逻辑或操作	AR0000～1515
OR NOT	OR　NOT　继电器号	逻辑或非操作	LR0000～1515
AND LD	AND　LD	和前面的条件与	TIM/CNT000～127
OR LD	OR　LD	和前面的条件或	TR0～7（仅能使用于 LD 指令）

AND LD 指令练习见表 11.47 和表 11.48，OR LD 指令练习见表 11.49 和表 11.50。

2. 顺序输出指令

顺序输出指令见表 11.51。

3. 输出继电器的使用

(1) 继电器的线圈，使用 OUT 指令。输出线圈不能直接与母线相连，确有此必要时，请把不用的内部辅助继电器的常闭接点或者特殊辅助继电器 25313（常 ON 接点）作为虚拟接点插入。

表 11.47 A 例①	
指令	数据
LD	00000
OR NOT	00001
LD NOT	00002
OR	00003
AND LD	
LD	00004
OR	00005
AND LD	
OUT	01000

表 11.48 A 例②	
指令	数据
LD	00000
OR NOT	00001
LD NOT	00002
OR	00003
LD	00004
OR	00005
AND LD	
AND LD	
OUT	01000

表 11.49 O 例①	
指令	数据
LD	00000
AND NOT	00001
LD NOT	00002
AND NOT	00003
OR LD	
LD	00004
AND	00005
OR LD	
OUT	01000

表 11.50 O 例②	
指令	数据
LD	00000
AND NOT	00001
LD NOT	00002
AND NOT	00003
LD	00004
AND	00005
OR LD	
OR LD	
OUT	01000

表 11.51　　　　　　　　　　　　顺 序 输 出 指 令

FUN NO	指令	助记符　操作数	功　能	操作数、相关标志
—	OUT	OUT　继电器号	把逻辑运算结果用继电器输出	继电器号 00000～01915 20000～25215 HR0000～1915 AR0000～1515 LR0000～1515 TR0～7（仅能使用于 OUT 指令）
—	OUT NOT	OUT NOT　继电器号	把逻辑运算结果反相用继电器输出	
—	SET	SET　继电器号	使指定接点 ON	
—	RESET	RSET　继电器号	使指定接点 OFF	
11	KEEP	KEEP（11）　继电器号	使保持继电器动作	
13	上升沿微分	DIFU（13）　继电器号	在逻辑运算结果上升沿时继电器在一个扫描周期内 ON	
14	下降沿微分	DIFD（14）　继电器号	在逻辑运算结果下降沿时继电器在一个扫描周期内 ON	

注　当输入继电器号 00000～00915 在实际中未被使用时，方可在基本输出指令中作为内部继电器使用。

特殊辅助继电器 232CH～249CH 只有当其不作为特殊辅助继电器使用时，方可作为内部继电器使用。

（2）输出继电器的接点，除了输出驱动实际负载的信号之外，还可在电路上使用它的辅助接点，且这个接点的使用次数没有限制。

（3）输出继电器的线圈的后面不能插入接点，接点必须在线圈前面插入。

（4）输出线圈可以 2 个以上并联。

4．TR0～7 的使用方法

在不使用互锁（IL—ILC）指令编程时，使用 TR；若因 A 点的 ON/OFF 状态与输出 01000 相同，方可在 OUT01000 后面，继续编入 AND0001，OUT01001，而不必用 TR。

TR 在有多个输入分支的电路中，仅用于记忆（OUT TR0～7）和再现（LD TR0～7）分支点的 ON/OFF 状态，与一般继电器接点不同之处在于不能用于 AND、OR 指令及附有 NOT 的指令。

5．上升沿微分指令 DIFU/下降沿微分指令

上升沿微分指令 DIFU：当输入信号的上升沿（由 OFF→ON）时，DIFU 指令所指定的继电器在一个扫描周期内 ON；下降沿微分指令当输入信号的下降沿（由 ON→OFF）

时，DIFD 指令所指定的继电器在一个扫描周期内 ON。

6. 置位 SET 与复位（RESET）指令

当 SET 指令的执行条件 ON 时，使指定继电器置位为 ON；但执行条件 OFFSET 指令仍不能改变指定继电器的状态。当 RESET 指令的执行条件 ON 时，使指定继电器复位为 OFF；当执行条件 OFF 后，RESET 指令仍不能改变指定继电器的状态。

7. 基本顺序控制指令

基本顺序控制指令见表 11.52。

表 11.52　　　　　　　　　　　基 本 顺 序 控 制 指 令

FUN NO	指令	符号	助记符操作数	功　能	操作码相关的标志
00	空操作		NOP（00）		—
01	结束	END	END（01）	程序结束	—
02	联锁	IL	IL（02）	至 ILC 指令为止的继电器线圈，定时器根据本指令前面的条件 OFF 的时候 OFF	
03	解锁	ILC	ILC（03）	表示 IL 指令范围的结束	
04	跳转	JMP	JMP（04）号	至 JME 指令为止的程序由本指令前面的条件决定时否执行	号：00～49
05	跳转结束	JME	JME（05）号	解除跳转指令	

注　在程序的最后，必须写入 END 指令。如果在程序无 END 指令状态下运行，则 CPU 单元前面的 "EPROR"
　　LED 灯亮，而不执行程序；如果在程序中有多个 END 指令时，则程序执行到最前面的 END 指令为止。

8. 定时器/计数器指令

定时器/计数器指令见表 11.53。

表 11.53　　　　　　　　　　　定 时 器/计 数 器 指 令

FUN NO	指令	助记符操作数	功　能	操作码相关标志
	定时器	TIM　计时器号设定值	接通延时定时器（减算）设定时间 0～999.9s（0.1s 为单位）	（1）定时器号、计数器号 NO TIM/CNT000～127 在使用高速定时器指令中作中断处理的定时器请指定 TIMH000～003。
FUN NO	计数器	CNT　计数器号设定值	减法计数器，设定值 0～99999 次	（2）设定值 000～019、200～255CH　HR00～19、LR00～15 DM0000～1023、6144～6655
12	可逆计数器	CNTR（12）计时器号设定值	执行加、减算计数，设定值 0～9999 次	* DM0000～1023、6144～6655 ♯0000～9999（BCD 码）
15	高速定时器	TIMH（15）计时器号设定值	执行高速减算定时，设定时间：0～99.99s（0.01s 为单位）	

注　1. 在同一程序中以上 4 种指令所使用的计时器号、计数器号 000～127 不能重复。
　　2. 设定值可以是常数，也可以是通道号。当是常数时，必须是 BCD 码，前面要加♯；是通道号时，该通道内的数字也须是 BCD 码。
　　3. 当计数器、高速计时器、计时器工作（复位时）前，先将设定值送入相应的计数器/计时器内（由程序中的计时器号/计数器号指定）（可逆计数器例外，当可逆计数器复位时，其内的当前值复位为 0000），然后根据指令要求进行计数/计时，因而，在复位时，相应的计数器/计时器内有它的当前值，计数器/计时器可作为其他指令的操作数（如 LD TIM000 等）。
　　4. 当设定值为 * DM 时，在该 DM 区域中存放的是设定值 DM 的地址而非设定值。
　　5. 出错标志位 25503，当设定值不是 BCD 码时、* DM 间接寻址的 DM 通道不存在时为 ON。

9. 数据比较指令

数据比较指令见表 11.54。

10. 数据移位指令

数据移位指令见表 11.55。

11. 故障诊断指令

故障诊断指令见表 11.56。

表 11.54   数 据 比 较 指 令

FUN NO	指令	符号	助记符 操作数	功 能	操 作 码
20	比较	CMP	CMP (20) S1 S2	S1CH 数据、常数，与 S2CH 数据、常数进行比较，根据比较结果分别设置比较标志。25505（S1＞S2）、25506（S1＝S2）、25507（S1＜S2）	S1、S2 000～019、200～255 HR00～19、AR00～15 LR00～15、C/T000～127 DM（及＊DM）0000～1023、6144～6655、♯0000～FFFF
60	双字比较	CMPL	CMPL (60) S1 S2 000	S1＋1、S1CH 数据与 S2＋1、S2 数据进行比较，根据比较结果分别设置比较标志 25505（S1＋1，S＞S2＋1，S2）、25506（S1＋1，S＝S2＋1，S2）、25507（S1＋1，S＜S2＋1，S2）	S1、S2 000～018、200～254 HR00～18、AR00～14 LR00～14、T/C000～126 DM（及＊DM）0000～1022 6144～6154
68	块比较	BCPM @BCPM	BCPM/@BCPM S T D	SCH 的数据如下图那样从 T 通道开始分 16 个比较区域，每个区域第一个为下限，第二个为上限，分 16 次对下限、上限数据（比较表）比较在其之间将结果存入 DCH。0 不在上下限之间；1 在上下限之间。 下限值 比较数据 上限值 结果 DCH T ≤ SCH 数据 ≤ T+1 → 0或1 00 T+2 ≤ SCH 数据 ≤ T+3 → 0或1 01 T+4 ≤ SCH 数据 ≤ T+5 → 0或1 02 T+6 ≤ SCH 数据 ≤ T+7 → 0或1 03 T+28 ≤ SCH 数据 ≤ T+29 → 0或1 14 T+30 ≤ SCH 数据 ≤ T+31 → 0或1 15	S. 000～019、200～255 HR00～19、AR00～15 LR00～15、T/C000～127 DM0000～1023、6144～6655 ＊DM0000～1023、6144～6655 ♯0000～FFFF T. 200～224、T/C000～096、 DM0000～0992、6144～6623 ＊DM0000～1023、6144～6655 D. 000～019、200～252 HR00～19、AR00～15 LR00～15、DM0000～1023、 ＊DM0000～1023、6144～6655

续表

FUN NO	指令	符号	助记符　操作数	功能	操作码
85	表比较	TCMP @TCMP	TCMP/@TCMP (85) S T D	SCH 的数据如下图那样从 TCH 开始（至 T+15）的 16 个数据（比较表）作比较。在一致的场合下将"1"输出到 DCH 的相应位（00~15）。 0—不一致；1—一致 比较表　比较数　DCH　位 T　S　0 或 1　00 T+1　S　0 或 1　01 T+2　S　0 或 1　02 T+3　S　0 或 1　03 T+14　S　0 或 1　14 T+15　S　0 或 1　15 比较结果为 00（16 位全部一致）时，比较标志 25506（=）为 ON	S.000~019、200~255 HR00~19、AR00~15 LR00~15、/C000~127 DM（及 *DM）0000~1023, 6144~6655 #0000~FFFF T、000~004、200~240 HR00~04、HR00、LR00 T/C000~112 DM0000~1008、6144~6640 *DM0000~1023、6144~6655 D、000~019、200~255 HR00~19、LR00~15 AR00~15、DM0000~1023 *DM0000~1023、6144~6655

注　标志位 25503（ER）ON：当比较块或比较表超出所在数据区的范围，或比较指令间接寻址 DM 通道不存在（其内非 BCD 码）时，此时，比较指令不执行。

表 11.55　　　　　　　　　　　**数 据 移 位 指 令**

FUN NO	指令	符号	助记符　操作数	功能/相关标志	操作数
10	移位寄存器		SFT (10) D1 D2	移位脉冲（SP）ON 时，从 D1CH 到 D2CH 的数据朝高位移一位，D2 的最高位溢出。复位端 ON 时，D2~D1 区域全部 OFF。 15　　00　15　　00 IN(0 或 1) D2　　　　D1	开始 D1，结束 D2CH 000~019、200~252 HR00~19、AR00~15 LR00~15。D1、D2 必须 用同一个继电器区域 D1CH 必须≤D2CH
84	可逆移位寄存器	SFTR @SFTR	SFTR/@SFTR (84) C D1 D2	根据控制数据（C）bit12~15 的内容把 D1~D2 通道的数据进行左右移位。C 通道内控制数据的内容：I12—移位方向（DR），0 右移，1 左移；I13—数据输入端（IN）；I14—移位脉冲端（SP）；I15—复位端（R）。 15　　00　15　　00 CY ← D2 ← D1 IN(0 或 1) 15　　00　15　　00 D2　　D1 → CY IN(0 或 1) 当移位信号输入继电器 I14ON 时 D1~D2 通道的数据进行左（右）移位，最高位（或最低位）移入进位位 CY（25504）；当复位输入继电器 I15ON 时，D1~D2 通道的全部位和进位位 CY（25504）全为"0"。D1、D2 通道领域有故障时，D1>D2 时，出错标志 25503ON，此时程序不执行该指令	D1、D2 000~019、200~252 HR00~19、AR00~15 LR00~15 DM0000~1023 *DM0000~1023、 6144~6655 C：000~019、200~252 HR00~19、AR00~15 LR00~15 DM0000~1023、6144~6655 *DM0000~1023、 6144~6655

FUN NO	指令	符号	助记符　操作数	功能/相关标志	操作数
16	字移位		WSFT/@WSFT（16） D1 D2	当执行条件 ON 时，每执行一次，D1 至 D2 通道中的数据以字为单位移位一次，而 0000 移进 D1，D2 的原数据溢出。 　当 D1 与 D2CH 不在同一区域、或区域出错、间接寻址通道不存在（非 BCD 码）时，出错标志位 25503ON，此时该指令不执行。 D1　←0000 D2	D1、D2 000～019、200～252 HR00～19、AR00～15 LR00～15 DM0000～1023、 ＊DM0000～1023、 6144～6655
25	算术左移位	ASL	ASL/@ASL（25） D	把 D 通道的数据向左移一位，原最高位溢出至 CY（25504），最低位补 0。当间接寻址 DM 不存在（非 BCD 码）时，25503ON，此时该程序不执行；当 DCH 的内容为 0000 时，相等标志位 25506 为 ON。 CY ←　　D　　←	
26	算术右移位	ASR	ASR/@ASR（26） D	把 D 通道的数据向右移一位，原最低位溢出至 CY（25504），最高位补 0。当间接寻址 DM 不存在（非 BCD 码）时，25503ON，此时该程序不执行；当 DCH 的内容为 0000 时，相等标志位 25506 为 ON。 →　　D　　→ CY	D：000～019、200～252 HR00～19、AR00～15 LR00～15 DM0000～1023、 ＊DM0000～1023、 6144～6655
27	循环左移指令	ROL	ROL/@ROL（27） D	把 D 通道的数据包括进位位 CY（25504）循环左移。当间接寻址 DM 不存在（非 BCD 码）时，25503ON，此时该程序不执行；当 DCH 的内容为 0000 时，相等标志位 25506 为 ON。 　D　← CY ←	
28	循环右移指令	ROR	ROR/@ROR（28） D	把 D 通道的数据包括进位位 CY（25504）循环右移。当间接寻址 DM 不存在（非 BCD 码）时，25503ON，此时该程序不执行；当 DCH 的内容为 0000 时，相等标志位 25506 为 ON。 → CY →　　D　　←	D：000～019、200～252 HR00～19、AR00～15 LR00～15 DM0000～1023、 ＊DM0000～1023、 6144～6655

续表

FUN NO	指令	符号	助记符　操作数	功能/相关标志	操作数
74	一位数字左移	SLD	SLD/@SLD（74） D1 D2	以四位二进制码（桁）为单位将 D1 至 D2CH 的数据左移，D2 的最高位溢出丢失，D1 的最低位填 0。当 D1、D2 通道出错（不在同一区域或 D2＜D1）或间接寻址 DM 不存在（非 BCD 码）时，出错标志位 25503ON，此时，该指令不执行。	D1、D2： 000～019、200～252 HR00～19、AR00～15 LR00～15 DM0000～1023、 ＊DM0000～1023、 6144～6655
75	一位数字右移	SRD	SLD/@SRD（75） D1 D2	以桁为单位将 D1 至 D2CH 的数据右移，D1 的最低桁溢出丢失，D2 的最高桁填 0。当 D1、D2 通道出错（不在同一区域或 D2＜D1）或间接寻址 DM 不存在（其内不是 BCD 码）时，出错标志位 25503ON，此时，该指令不执行。	
17	异步移位寄存器	ASFT	ASFT/@ASFT（17） C D1 D2	根据控制数据（C）bit13～15 的内容，在 D1~D2 通道之间，将通道数据为 0000 的数据（上移或下移）与前后通道的数据相互替代。 I_{C13}—移位方向（为 0 时，下位 CH→上位 CH；为 1 时，上位 CH→下位 CH）； I_{C14}—移位允许位（为 0 时，不移位；为 1 时，移位）； I_{C15}—复位端（为 1 时复位）。 根据控制数据，将寄存器 D1~D2CH 中为 0000 的字与紧邻的高上（低下）地址通道之间交换数据，执行数次后，所有 0000 字可集中到寄存器的上（下）半部。25503 出错标志与其他移位指令相同	C：000～019、200～252 HR00～16、AR00～15 LR00～15 DM0000～1023、 6144～6655 ＊DM0000～1023、 6144～6655 ♯常数 D1、D2： 000～019、200～252 HR00～16、AR00～15 LR00～15 DM0000～1023 ＊DM0000～1023、 6144～6655

表 11. 56　　　　故　障　诊　断　指　令

FUN NO	指令	符号	助记符　操作数	功能/相关标志	操作数
06	运行继续的故障诊断	FAL @FAL	FAL/@FAL（06） NO：	运行继续的故障诊断动作时（ERR/ALM 灯闪光），被指定的 FAL 号在特殊辅助继电器（25300～25307）的 8 位中以 BCD 码二桁输出），但程序仍可继续执行	NO： 00～99
	故障诊断复位	FAL00 @FAL00	FAL/@FAL（06） 00	解除含有 FAL 指令的运行继续的故障报警显示内容，用一个扫描周期解除一个报警内容，即清除上一个故障代码，把下一个故障代码存入 FAL 输出区（25300～25307）中	NO： 00

续表

FUN NO	指令	符号	助记符　操作数	功能/相关标志	操作数
07	运行停止的故障诊断	FALS	FALS (07) NO	显示运行停止故障诊断的动作（ERR/SLM 灯常亮），被指定的 FAL 号在特殊辅助继电器（25300～25307 低 8 位中以 BCD 码二桁输出）所有输出复位。运行停止的故障解除要在故障原因解除后，用外围设备（编程器）及用程序的方法实现	NO: 00～99

12. 其他特殊指令

其他特殊指令见表 11.57。

表 11.57　　　　　　　　其 他 特 殊 指 令

FUN NO	指令	符号	助记符　操作数	功能/相关标志	操作数
46	信息显示指令	MSG @MSG	MSG/@MSG (46) 信息开始通道 S	从 S～S+7 这 8 个通道中读取 16 个 ASCII 码，并把对应的字符显示在编程器的屏幕上。信息显示的清除亦可用 FAL (06) 00 实现	S: 000～012、200～248 HR00～12、AR00～08 LR00～08、T/C000～120 DM0000～1016、6144～6148 ＊DM0000～1024、6144～6655
97	I/O 刷新指令	IORF @IORF	IORF/@IORF (97) 开始通道 D1 结束通道 D2	刷新 D1～D2 之间所有输入输出通道。 当 D1＞D2 时，出错标志 25503ON。 说明：通常的 I/O 刷新是一次循环统一执行一次（END 刷新），而执行该指令，则可在程序循环途中对指定的输入输出继电器实行刷新，以缩短输出滞后输入的时间，提高 I/O 响应速度	D1、D2: 000～019
67	位计数指令	BCNT @BCNT	BCNT/@BCNT (67) 通道数 N 源开始通道 S 目的通道 D	计算在 S 和 S+N－1 之间所有通道中为 1 的 bit 的总数，结果以 BCD 码送入 D 通道。 当通道数 N 非 BCD 码、N 为 0、S+N－1 超出数据区、计算总数超过 9999、间接寻址 DM 不存在时，出错标志 25503ON；当计算结果为 0000 时，相等标志位 25506ON	N: 000～019、200～255、HR00～19、AR00～15、LR00～15、T/C000～127 DM0000～1023、6144～6655 ＊DM0000～1023、6144～6655 ♯0000～9999 S: 000～019、200～255、HR00～19、AR00～15、LR00～15、T/C000～127 DM0000～1023、6144～6655 ＊DM0000～1023、6144～6655 D: 000～019、200～252、HR00～19、AR00～15、LR00～15、T/C000～127 DM0000～1023 ＊DM0000～1023、6144～6655

13. 子程序控制指令

子程序控制指令见表 11.58。

表 11.58　　　　　　　　　　　　　　　子 程 序 控 制 指 令

FUN NO	指令	符号	助记符　操作数	功能/相关标志	操作数
91	子程序调用指令	SBS @SBS	SBS/@SBS（91）编号 NO	在主程序中调用子程序，主程序可以无数次地调用子程序。子程序的嵌套级数不能超过 16 级。 当子程序不存在、从自己子程序中调用自己子程序、嵌套超过 16 级时，出错标志 25503ON	NO：000～049
92	子程序定义指令	SBN	SBN（92）NO	表示子程序的开始并定义子程序的编号为 NO	NO：000～049
93	子程序返回指令	RET	RET（93）	表示指定的子程序终了	
99	宏指令	MCRO	MCRO（99）子程序号 N 第一个输入字 S 第一个输出字 D	用一个单一子程序代替数个具有相同结构但操作数不同的子程序。 首先将 S～S＋3 通道的内容复制到宏指令输入区（4 个字）232～235CH，再将 D～D＋3CH 的内容复制到达宏指令输出区（4 个字）236～239CH，再调用 N 号子程序，当子程序完成时，将 236～239CH 的内容复制到 D～D＋3CH 中。 当指定的子程序不存在、操作数超出数据区范围、间接寻址 DM 不存在、子程序自己调用时，出错标志位 25503ON，该指令不执行	N：子程序编号 000～049 S：000～016、200～252、HR00～16、AR00～12LR00～12、T/C000～124、DM0000～1020、6144～6652 ＊DM0000～1023、6144～6655 D：000～016、200～249 HR00～16、AR00～12LR00～12、T/C000～124、DM0000～1020 ＊DM0000～1023、6144～6655

14. 高速计数器计数功能

要使用高速计数器，必须用编程器先对 DM6642 的内容进行设置，见表 11.59。

表 11.59　　　　　　　　　　　　　　　DM6642 设置

通道地址	位	功　　　能
DM6642	00～03	计数模式设定：0—增减计数模式；4—递增计数模式
	04～07	复位方式设定：0—Z 相输入信号＋软件复位；1—软件复位
	08～15	是否使用高速计数器设定：00—不使用；01—使用

（1）计数模式。

1）递增模式。当 DM6642 的高位为 01（使用高速计数器设定），低位为 X4（复位方式略，采用递增计数模式）时，编码器输入单相输入脉冲信号接 00000 端，复位信号接 00002 端，对单相脉冲进行递增计数，计数范围为 0～65535（十六进制为 00000000～0000FFFF），最高频率为 5kHz。

2）增减模式。当 DM6642 高位为 01（使用高速计数器设定），低位为 X0（复位方式略，采用增减计数模式）时，编码器输入两路相位差 90°的脉冲，A 相接 00000，B 相接 00001，复位 Z 相接 00002 端，进行递增递减计数，范围－32767～＋32767（十六进制为 F0007FFF～00007FFF），最高频率为 2.5kHz。若 A 超前则递增，若 B 超前则递减。

（2）高速计数器复位模式。

1）Z 相信号和软件复位（DM6642 数据为 010X 时）。当高速计数器的复位标志 25200ON 时，Z 相复位信号由 OFF 变 ON 时，高速计数器当前值复位（0）。

2）纯软件复位（DM6642 数据为 011X 时）。当高速计数器的复位标志 25200ON 时，高速计数器当前值复位（0）。

（3）计数器的上溢和下溢。

高速计数器当前值存于特殊辅助继电器 249CH（存当前值高 4 位）、248CH（存当前值低 4 位）中，当计数器从上限值（0000FFFF 递增计数或 00007FFF 增减计数）开始加计数时，则上溢，此时 249CH、248CH 的内容为 0FFF、FFFF 并保持，高速计数器停止计数；从下限值（00000000 递增或 F0007FFF 增减）开始减计数时则下溢，此时 249CH、248CH 的内容为 FFFF、FFFF 并保持，高速计数器停止计数。只有当高速计数器复位时，才会清除 249CH、248CH 的上溢或下溢状态。

（4）高速计数器中断方式。

1）目标值比较中断。最多有 16 个比较目标值及中断子程序号组合（存于比较表中），当高速计数器当前值等于目标值时，执行比较表中指定的中断子程序。

2）区域比较中断。比较表中保存了 8 个比较（上限和下限）条件和中断子程序号组合，当下限值≤计数器当前值≤下限值时，执行区域比较表中指定的中断子程序。

15．高速计数器控制指令

高速计数器控制指令见表 11.60。

表 11.60　　　　　　　　　　高速计数器控制指令

FUN NO	指令	符号	助记符　操作数	功能/相关标志	操作数
63	比较表登录指令	CTBL @CTBL	CTBL/@CTBL（63） 端口定义符 P 控制数据 C 比较表开始通道 S	根据控制数据 C 的值登记一个用于高速计数器的比较表，并可立即启动也可用 INI 指令启动。 C：000—登记一个目标值比较表，并启动比较；001—登记一个区域比较表，并启动比较；002—登记一个目标值比较表，用 INI（操作模式控制指令）指令方始启动比较；003—登记一个区域比较表，用 INI 指令方始启动比较。 目标值比较表 S　比较的次数 S+1　1 目标值低 4 位 S+2　1 目标值高 4 位 S+3　比较 1 中断子程序号 S+4　2 目标值低 4 位 S+5　2 目标值高 4 位 S+6　比较 2 中断子程序号 S+7　3 目标值低 4 位 S+8　3 目标值高 4 位 S+9　比较 3 中断子程序号 ⋮　⋮ 区域比较表 S　1 下限值低 4 位 S+1　1 下限值高 4 位 S+2　1 上限值低 4 位 S+3　1 上限值高 4 位 S+4　比较 1 中断子程序号 S+5　2 下限值低 4 位 S+6　2 下限值高 4 位 S+7　2 上限值低 4 位 S+8　2 上限值高 4 位 S+9　比较 2 中断子程序号 ⋮　⋮ ＊当区域比较条件不满 8 个时，余下的子程序号全部置为 FFFF。 当 DM642 设置错误、间接寻址 DM 不存在、比较表超出数据区域、程序执行高速计数器指令、中断子程序中执行了 INI 指令时，出错标志 25503ON	P：000 C：000～003 S（值比较 1+3）： 000～016、、200～249 HR00～16、AR00～12 LR00～12 DM0000～1020 6144～6152 ＊DM0000～1023 6144～6155 S（域比较 5＊8） 200～213 DM0000～0984 6144～6166 ＊DM0000～1023 6144～6155

续表

FUN NO	指令	符号	助记符　操作数	功能/相关标志	操作数
61	操作模式控制指令	INI @INI	INI/@INI（61） 端口定义符 P 控制数据 C 设定值开始通道 S	控制高速计数器的启动及停止。 C：000—启动表比较；001—停止表比较；002—改变高速计数器当前值， S＋1、S→249CH、248CH 　高　低　高　低 003—停止脉冲输出	P：000 C：000～003 S：000～018、 　200～251 HR00～18、AR00～14 LR00～14 DM0000～1022、 　6144～6654 ＊DM0000～1023、 　6144～6655
62	当前值读出指令	PRV @PRV	PRV/@PRV（62） 端口定义符 P 控制数据 C 目的开始通道 D	将高速计数器的当前值 249CH、248CH 送到目的通道 D＋1、D 中（也可用传送指令执行）。 当 D＋1 超出数据区域、间接寻址 DM 不存在、控制数据错误、执行高速计数器指令时中断子程序执行了 INI 指令时，出错标志 25503ON	P：000 C：000 S：000～018、 　200～251 HR00～18、AR00～14 LR00～14 DM0000～1022 ＊DM0000～1023、 　6144～6655

注　1. 连续输出模式：输出端以指定的频率输出脉冲直到停止输出脉冲的指令输出时为止。
　　2. 独立输出模式：当输出脉冲达到指定的数目（1～16777215）时，脉冲输出停止。

16. 脉冲输出控制指令

脉冲输出控制指令见表 11.61。

17. 中断控制指令

中断控制指令见表 11.62。

表 11.61　　　　　　　　　脉 冲 输 出 控 制 指 令

FUN NO	指令	符号	助记符　操作数	功能/相关标志	操作数
65	设置脉冲指令	PULS @PULS	PULS/@PULS（65） 000 000 输出的脉冲数目通道 N	当脉冲输出以独立模式输出时，先设置脉冲数（连续模式输出脉冲不需此设置）8 位 BCD 码（范围 1～16777215），N＋1、N 通道分别存放高 4 位和低 4 位。 当指令设置错误、间接寻址 DM 不存在、操作数超出数据区域或主程序执行脉冲输出指令时，中断子程序中执行了设置脉冲指令时，出错标志位 25503ON，该指令不执行	N：000～018、200～251 HR00～18、AR00～14 LR00～14 DM0000～1022、 　6144～6654 ＊DM0000～1024、 　61244～6655

FUN NO	指令	符号	助记符　操作数	功能/相关标志	操作数
64	速度输出指令	SPED @SPED	SPED/@SPED（64） 输出位区分符 P000 或 010 输出方式 M000 或 001 脉冲频率 F	指定脉冲输出位、输出模式并设定脉冲输出频率来启动脉冲输出。 输出位 P：000—输出位为 01000；010—输出位为 01001。 输出方式 M：000—独立模式（输出脉冲数到达设定数目时，自动停止输出）；001—连续模式（用 SPED 指令设定 F 为 0000 来停止输出或用 INI 指令停止脉冲输出）。 频率 F（4 位 BCD 码）：值为 0002～0200（对应 20～2000HZ）。 当脉冲正在输出时，无法用设置脉冲指令 PULS 改变指定的输出脉冲数目，但可以用速度输出指令 SPED 来改变输出脉冲的频率。 当指令设置错误、间接寻址 DM 不存在、主程序再执行脉冲输出指令或高速计数器指令时，中断子程序中执行了 SPED 指令时，出错标志位 25503ON，该指令不执行	F：000～019、200～252 HR00～19、AR00～15 LR00～15 DM0000～1023 6144～6655 ＊DM0000～1023、 6144～6655 ＃0002～0200

表 11.62　　　　　　　中 断 控 制 指 令

FUN NO	指令	符号	助记符　操作数	功能/相关标志	操作数
89	中断控制指令	INT @INT	INT/@INT（89） 控制码 C1 000 控制数据 C2	根据 C1 控制完成相应功能 | C1	控制内容 | | 000 | 屏蔽/不屏蔽输入中断 | | 001 | 清除/不清除输入中断记忆 | | 002 | 读出当前屏蔽状态 | | 003 | 更新计数器设定值 | | 100 | 屏蔽所有中断 | | 200 | 解除所有中断屏蔽 | （1）当 C1＝000 时：用 C2 的 bit0～3（其他 bit 为 0）定义中断输入端 00003～00006 的屏蔽或解除（1—屏蔽；0—不屏蔽）。屏蔽的输入被记录但不响应，一旦被解除立即执行相应的中断程序，也可用清除屏蔽中断记忆的方式（即执行 C1＝001 的中断控制指令 INT）而不执行相应的中断程序。 （2）当 C1＝001 时，用 C2 的 bit0～3（其他 bit 为 0）定义中断输入端 00003～00006 的屏蔽记忆清除或不清除（1—清除；0—不清除）。 （3）当 C1＝002 时，将中断输入 00003～00006 的当前屏蔽状态字输出到 C2CH 的 bit0～3（1—当前被屏蔽；0—未被屏蔽），C2CH 的其他 bit 为 0	C1： 000～003、100、200 C2（当 C1＝002 时）： 000～019 200～252 HR00～19 AR00～15 LR00～15 T/C000～127 DM0000～1023 ＊DM0000～1023、 6144～6655 C2（当 C2≠002 时）： 000～019 200～255 HR00～19 AR00～15 LR00～15 T/C000～127 DM0000～1023、 6144～6655 ＊DM0000～1023、 6144～6655

续表

FUN NO	指令	符号	助记符　操作数	功能/相关标志	操作数
89	中断控制指令	INT @INT	INT/@INT（89） 控制码 C1 000 控制数据 C2	（4）当 C1＝003 时，且外部输入中断采用计数器中断模式（非输入中断模式）时，该指令用于更新计数器的设定值（外部输入中断即计数器模式时为减 1 计数，当减 1 计数的当前值为 0 时产生中断，同时计数器停止计数，相应的中断信号被屏蔽，若想再产生中断，必须更新设定值）。根据控制数据 C2 的 bit0～3 决定对应于 00003～00006 中断输入的计数器设定值是否更新（0—更新；1—不更新）。 表格： 中断输入 / 计数器设定值 / 计数器当前值－1 输入 00003（中断输入 0） / 240CH / 244CH 输入 00004（中断输入 1） / 241CH / 245CH 输入 00005（中断输入 2） / 242CH / 246CH 输入 00006（中断输入 3） / 243CH / 247CH 计数器设定值范围为 0000～FFFF。 （5）C1＝100，C2＝0000，屏蔽所有中断（包括间隔定时中断及高速计数器中断），在屏蔽期间，如果发生中断请求，不会响应，但会将发生的中断记录下来，当屏蔽解除后立即进行中断服务。 （6）C1＝200，C2＝0000，解除所有中断屏蔽，它并不清除单独中断类型的屏蔽，仅仅是恢复到执行"屏蔽所有中断"之前的状态	C1： 000～003、100、200 C2（当 C1＝002 时）： 000～019 200～252 HR00～19 AR00～15 LR00～15 T/C000～127 DM0000～1023 ＊DM0000～1023、 6144～6655 C2（当 C2≠002 时）： 000～019 200～255 HR00～19 AR00～15 LR00～15 T/C000～127 DM0000～1023、 6144～6655 ＊DM0000～1023、 6144～6655
69	间隔定时器中断指令	STLM @STLM	STLM/@STLM（69） 控制数据 C1 （常数或通道号） 控制数据 C2 控制数据 C3 （中断子程序号）	根据 C1 的值控制完成间隔定时器的功能。 C1＝000 启动单次中断模式：此时，C2 中为定时设定值，C2＋1 为时间间隔，C3 为指定的中断子程序号，定时时间一到，发生一次中断（仅一次），执行 C3 子程序：①当 C2 是常数时，即为递减计数器的设定值，时间间隔固定为 1ms；②当 C2 是通道号时，C2 通道内的数据（BCD 码 0000～9999）为递减计数器的设定值，时间间隔 C2＋1 中的数据（BCD0005～0320），此时实际定时时间为（C2）×（C2＋1）×0.1ms；③C3 为子程序号数（000～049BCD）或为子程序号数所在的通道。 C1＝003 启动重复中断模式：C2 为定时设定值，C2＋1 为时间间隔，C3 为子程序号或子程序号所在通道号，与①、②、③同，区别在于中断发生时，调用子程序，同时定时器当前值恢复为设定值并重新开始减 1 计数，间隔一定的时间就再发生一次中断，直到定时器停止工作。 C1＝006 读出定时器当前值：读出递减计数器减 1 次数、时间间隔、及从上次减 1 到当前时刻的时间存放在 C2、C2＋1、C3 中，可以计算出从定时开始到执行本指令的时间。 C1＝010 停止定时：停止定时器的工作，C2、C3 固定为 000	C1：000、003、006、010 C2（当 C1＝006 时）： 000～018、200～251 （当 C1＝010 时）：000 （当 C1＝000、003 时）： 000～018、200～254 HR00～15、AR00～14、 LR00～14 T/C000～126 DM0000～1022（C＝006） DM0000～1022、6144～6654 （C＝000、003） ＊DM0000～1024、 6144～6655 ＃0000～9999 （BCDC＝000、003） C3：000～019、 200～252（C1＝006） 000（C1＝010） 000～019、200～255 （C1＝000、003） HR00～19、AR00～15、 LR00～15 T/C000～127 DM0000～1023 （C＝006） DM0000～1023、 6144～6655（C1＝000、003） DM0000～1023、 6144～6655 ＃0000～0049 （BCD C1＝000、003）

18. 步进指令

步进指令见表 11.63。

表 11.63 步 进 指 令

FUN NO	指令	符号	助记符 操作数	功能/相关标志	操作数
08	单步指令	STEP	STEP（08）S	表示步进梯形图执行的工序 S 开始，在各个工序前面必须插入此指令	S：000～019、200～252 HR00～19、AR00～15、LR00～15
		STEP	STEP（08）	步进控制（工程步进流程）的终了。该指令之后是常规梯形图程序	
09	步进指令	SNXT	SNXT（09）S	表示步进工程、步进流程启动或上步步进工序复位，下一个步进工序开始	S：000～019、200～252 HR00～19、AR00～15、LR00～15

第5篇 综合工程应用篇

第12章 分布式控制系统实训

分布式控制系统（Distributed Control System）在国内自控行业又称之为集散控制系统，即分布式控制系统或在有些资料中称之为集散系统，是相对于集中式控制系统而言的一种新型计算机控制系统，它是在集中式控制系统的基础上发展、演变而来的。它是一个由过程控制级和过程监控级组成的以通信网络为纽带的多级计算机系统，综合了计算机，通信、显示和控制等4C技术，其基本思想是分散控制、集中操作、分级管理、配置灵活以及组态方便。在化工、电力、冶金等流程自动化领域的应用已经十分普及。

首先，DCS的骨架是系统网络，它是DCS的基础和核心。由于网络对于DCS整个系统的实时性、可靠性和扩充性起着决定性的作用，因此各厂家都在这方面进行了精心的设计。对于DCS的系统网络来说，它必须满足实时性的要求，即在确定的时间限度内完成信息的传送。这里所说的"确定"的时间限度，是指在无论何种情况下，信息传送都能在这个时间限度内完成，而这个时间限度则是根据被控过程的实时性要求确定的。因此，衡量系统网络性能的指标并不是网络的速率，即通常所说的每秒比特数（bit/s），而是系统网络的实时性，即能在多长的时间内确保所需信息的传输完成。系统网络还必须非常可靠，无论在任何情况下，网络通信都不能中断，因此多数厂家的DCS均采用双总线、环形或双重星形的网络拓扑结构。为了满足系统扩充性的要求，系统网络上可接入的最大节点数量应比实际使用的节点数量大若干倍。这样，一方面可以随时增加新的节点，另一方面也可以使系统网络运行于较轻的通信负荷状态，以确保系统的实时性和可靠性。在系统实际运行过程中，各个节点的上网和下网是随时可能发生的，特别是操作员站，这样，网络重构会经常进行，而这种操作绝对不能影响系统的正常运行，因此，系统网络应该具有很强在线网络重构功能。

其次，这是一种完全对现场I/O处理并实现直接数字控制（DDC）功能的网络节点。一般一套DCS中要设置现场I/O控制站，用以分担整个系统的I/O和控制功能。这样既可以避免由于一个站点失效造成整个系统的失效，从而提高系统的可靠性，也可以使各站点分担数据采集和控制功能，有利于提高整个系统的性能。

DCS的工程师站是对DCS进行离线的配置、组态工作和在线的系统监督、控制、维护的网络节点，其主要功能是提供对DCS进行组态，配置工作的工具软件（即组态软件），并在 DCS 在线运行时实时地监视 DCS 网络上各个节点的运行情况，使系统工程师可以通过工程师站及时调整系统配置及一些系统参数的设定，使 DCS 随时处在最佳的工作状态之下。与集中式控制系统不同，所有的 DCS 都要求有系统组态功能，可以说，没有系统组态功能的系统就不能称其为 DCS。

DCS 的操作员站是处理一切与运行操作有关的人机界面（Human Machine Interface，HMI）功能的网络节点。也就是说，操作站是一种人机接口，由微处理器、CRT/LCD 显示器、键盘和打印机等组成，用于生产工艺的控制操作、过程状态显示、报警状态显示以及实时数据和历史数据显示打印等。

DCS 系统示意图如图 12.1 所示。

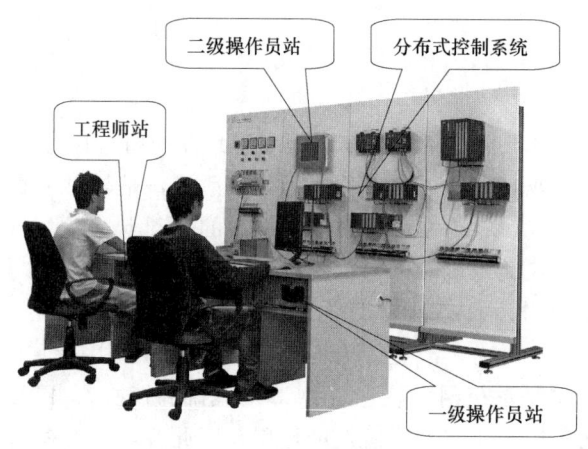

图 12.1 DCS 系统示意图

集散控制系统要解决一个最突出的问题是通信问题。管理层要把管理决策、控制任务、控制参数和调度命令通过通信电缆传送给控制层。控制层也要通过通信电缆把控制过程的参数、控制的进程和控制的数据传送给管理层。保障通信的正常运行对集散控制系统尤为重要。以下的实训项目以具有监控管理层和控制执行层的两层集散系统为例，训练 S7—200 在集散控制中的通信设计。

12.1 由 PLC—PLC 网络构成的集散控制系统

由 PLC—PLC 网络构成的集散控制系统是指管理层的计算机和执行层的计算机均由 PLC 组成。这样的系统可以采用同一系列的 PLC 组成。网络上的各结点机型一致，连接方便。由于均采用 PLC，使得整个系统的可靠性、稳定性提高。网络的安装和维护也十分方便。

图 12.2 给出了由 4 台 SIMATIC S7—224 CPU 构成的 PLC—PLC 网络。工作站 0 为主工作站（Master）。工作站 1、工作站 2 和工作站 3 为从工作站（Slave）。主工作站轮流发送 4 个字节的输出数据到每个从工作站。随之每个从工作站响应产生 4 个字节的输入数据。采用自由通信口模式（Freeport Mode）进行数据的传输。

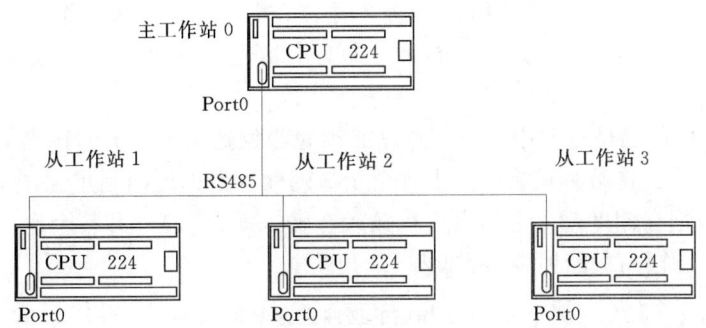

图 12.2　4 台 SIMATIC S7—224 CPU 构成的 PLC—PLC 网络示意图

1. 硬件要求

本控制系统要求有 4 台 PLC。现选 S7—224 PLC4 台，其中一台作为主工作站 0、另外 3 台分别为从工作站 1、从工作站 2 和从工作站 3。准备一根 9 芯电缆连接线和网络连接器。一台编程器或装有 S7—200 编程软件的计算机。

2. 主工作站程序结构

(1) 本程序中共有 1 个主程序 OB1、1 个子程序 SBR0 和 7 个中断程序。

OB1 的主要功能是调用 SBR0 和执行通信以外的任务。限于篇幅，本项目只考虑通信程序的设计。

SBR0 的主要功能是初始化自由通信口、发送数据、处理指针。

(2) 启动发送定时中断程序 INT1 和发送完成中断程序 INT10。

INT0 的主要功能是禁止接收中断和接收定时中断，修整指针，发送数据。待全部发送完毕置结束标志。启动发送定时中断程序 INT1 和发送完成中断程序 INT10。

INT1 的主要功能是禁止发送结束中断和定时中断，置 PLC 为 STOP 方式。

INT10 的主要功能是禁止发送结束中断和定时中断。

(3) 启动接收定时中断程序 INT0 和接收数据中断程序 INT11。

INT11 的主要功能是接收从站地址，验证从站地址。

(4) 启动接收数据字节中断程序 INT12。

INT12 的主要功能是接收从站返回的 4 个字节的数据。

(5) 启动接收数据中断程序 INT13。

INT13 的主要功能是接收 FCS 码，验证 FCS 码，把接收到的数据传送到输入缓冲区。

(6) 启动定时中断程序 INT0。

INT14 的主要功能是重新启动定时中断程序 INT0。

3. 通信格式

(1) 传输数据格式为：偶校验、每个字符占 8 位（bit）、传送速率为 9600bit/s。

(2) 传输信息格式为：B0 B1 B2 B3 FCS。

4. 内存分配

(1) 在 PLC 网络通信中，主工作站的站号为 0。从工作站的站号为 1、2、3。通信顺序为：主工作站从 1 号从站开始，然后 2 号、3 号。因而，从工作站的数目必须提供给主工作站，存于主工作站的 VB0 单元。从工作站也将自身站号（地址）存于从站的 VB0 中。

（2）在整个网络通信过程中，主工作站必须轮流发送 4 个字节的输出数据到每个从工作站，随之每个从工作站必须响应产生 4 个字节的输入数据返回到主工作站。为此主工作站要留有两个数据存储区，一个作为远程输入（输入缓冲区），另一个作为远程输出（输出缓冲区）。主工作站的缓冲区分配见表 12.1。

表 12.1　　　　　　　　　　　　　主工作站的缓冲区分配表

工作站	1		2		3	
输入缓冲区	VB500	字节 0	VB504	字节 0	VB508	字节 0
	VB501	字节 1	VB505	字节 1	VB509	字节 1
	VB502	字节 2	VB506	字节 2	VB510	字节 2
	VB503	字节 3	VB507	字节 3	VB511	字节 3
输出缓冲区	VB540	字节 0	VB544	字节 0	VB548	字节 0
	VB541	字节 1	VB545	字节 1	VB549	字节 1
	VB542	字节 2	VB546	字节 2	VB550	字节 2
	VB543	字节 3	VB547	字节 3	VB551	字节 3

（3）当主工作站向从工作站发送数据和接收从工作站返回的数据时，在主工作站存储区开辟了发送缓冲区和接收缓冲区。主工作站向从工作站发送数据时，先把对应的从工作站输出缓冲区的数据传送到发送缓冲区，然后再由发送指令发出。主工作站在接收从工作站的返回信息时，先把返回信息输入到接收缓冲区，再把接收缓冲区的数据传送到输入缓冲区。主工作站的发送缓冲区和接收缓冲区见表 12.2。

表 12.2　　　　　　　　　　主工作站的发送缓冲区和接收缓冲区

发送缓冲区	定义	接收缓冲区	定义
VB600	字符长度	VB608	接收字节 0
VB601	从站地址	VB609	接收字节 1
VB602	发送字节 0	VB610	接收字节 2
VB603	发送字节 1	VB611	接收字节 3
VB604	发送字节 2		
VB605	发送字节 3		
VB606	校验码 FCS		
VB607	×××		

5. 主工作站程序

OB1（MAIN）
NETWORK 1　　　　　　　//调用子程序 0 处理通信协议。
LD　SM0.0　　　　　　　//总是 1

| CALL SBR _ 0 | //调用子程序 0 |

SBR0

//初始化自由通信口，发送数据，更新输出缓冲区的数据。

NETWORK 1	//当开关处于 TERM 位置时，保持 PPI 协议。
LDN SM0. 7	//当开关处于 TERM 位置时，
MOVB 16＃48，SMB30	//使自由口通信协议无效。
DTCH 8	//使接收中断无效。
DTCH 9	//使发送中断无效。
DTCH 10	//使定时中断无效。
CRET	//条件返回。

NETWORK 2	//当开关不在 TERM 位置时，执行自由口协议。
LDN SM30.0	//开关不在 TERM 位置时，不是自由口通信模式。
MOVB 16＃49，SMB30	//自由口通信有效；偶校验，每个字符 8 位，波特率为 9600bit/s
ENI	//开中断。
MOVB VB1，SMB34	//设置定时中断 0 的时间间隔由 VB1 的内容确定。
CRET	//条件返回。

NETWORK 3	
LD SM0.0	//总是 1。
R M0.0，1	//M0.0＝1 表示主站在向从站发送数据，M0.0＝1 表示发收结束。
MOVD ＆VB540，VD630	//指针指向输出数据缓冲区。
MOVD ＆VB500，VD634	//指针指向输入数据缓冲区。
MOVB 6，VB600	//发送缓冲区长度为 6 个字节。
MOVB 1，VB601	//工作站的地址为 1。
MOVD ＊VD630，VD602	//置入发送区的数据。
MOVW VW602，AC0	//计算校验码 FCS。
XORW VW604，AC0	//
MOVB AC0，VB606	//校验码 FCS 送 VB600。
XORW AC0，VW606	//存储校验码 FCS。
ATCH INT _ 1，10	//使 INT1 与送定时中断 0 建立连接。
ATCH INT _ 10，9	//使 INT10 与通信口 0 建立连接。
XMT VB600，0	//从 VB600 开始，发送数据。

| NETWORK 4 | //远程 I/O 没有更新完，循环等待完成。 |
| LBL 0 | //跳转（JMP 0）入口。 |

NETWORK 5	
LDN M0.0	//如果远程 I/O 更新还没有完成。
JMP 0	//等待它完成。

NETWORK 6	//下一循环的准备。
LD SM0.0	//SM0.0 总是 1。
MOVD VD100，VD540	//更新输出缓冲区 1。
MOVD VD104，VD544	//更新输出缓冲区 2。
MOVD VD108，VD548	//更新输出缓冲区 3。

INT0

NETWORK 1   //禁止接收中断和接收定时中断，送远程 I/O 循环结束符。

LD SM0.0   //总是 1。

DTCH 8   //关闭接收字符中断。

DTCH 10   //关闭定时中断 0 中断

NETWORK 2

LDB>= VB601，VB0   //如果这是网络中的最后一个从工作站号，VB601＝VB0。

＝ M0.0   //指示远程 I/O 循环结束。

CRETI   //有条件中断返回。

NETWORK 3

LD SM0.0   //总是 1。

INCW VW600   //从工作站地址加 1。

＋D ＋4，VD630   //增大指针，指向下一个工作站的输出数据缓冲区。

＋D ＋4，VD634   //增大指针，指向下一个工作站的输入数据缓冲区。

MOVD ＊VD630，VD602   //计算 FCS。

MOVW VW620，AC0   //

XORW VW604，AC0   //

MOVB AC0，VB606   //

XORW AC0，VW606   //存储 FCS。

ATCH INT_1，10   //发送定时中断 1 有效（定时到，调 INT1）。

ATCH INT_10，9   //发送完中断有效（发送完调 INT10）。

XMT VB600，0   //发送数据，TBL＝VB600，通信口 0。

INT1

NETWORK 1   //处理 XTM 的发送定时中断 0 时间到。

LD SM0.0   //总是 1。

DTCH 10   //终止中断定时 0 中断事件。

DTCH 9   //终止发送结束中断事件。

STOP   //使 PLC 运行模式转为 STOP。

INT10

NETWORK 1   //用以启动接收数据中断。

LD SM0.0   //总是 1。

DTCH 9   //停止发送结束中断。

ATCH INT_0，10   //启动接收定时中断 0 的定时中断。

ATCH INT_11，8   //启动接收字符中断。

INT11

NETWORK 1   //接收信息的第 l 个字符。

LDN SM3.0   //如果没有奇偶校验错误，SM3.0＝0。

AB= SMB2，VB601   //如果第 l 字符为从工作站的站号，SMB2＝VB601。

MOVW ＋4，AC1   //置入接收字符总数于 AC1。

MOVD &VB608，VD638   //VD638 指针指向接收缓冲区。

ATCH INT_12，8   //使接收字符中断有效（调 INT12）。

CRETI   //有条件中断返回。

NETWORK 2

LD SM0.0	//总为 1。
ATCH INT _ 0，10	//启动接收定时中断 0（调 INT0）。
ATCH INT _ 14，8	//启动接收字符中断（调 INT14）。

INT12
NETWORK 1	//接收字符。
LDN SM3.0	//如果没有奇偶校验错误，SM3.0＝0。
MOVB SMB2，＊VD638	//将接收的数据存入接收缓冲区。
INCD VD638	//指向下 1 个接收缓冲区的地址。
DECW AC1	//接收的字符数减 1。

NETWORK 2	//收到全部字符，启动接收 FCS 中断。
LD SM1.0	//如果收到四个字符，AC1＝0。
ATCH INT _ 13，8	//启动接收 FCS 字符中断（调 INT13）。
CRETI	//有条件中断返回。

NETWORK 3	
LD SM3.0	//如果出现奇偶校验错误，SM3.0＝1。
ATCH INT _ 0，10	//启动接收定时中断 0（调 INT0）。
ATCH INT _ 14，8	//启动接收字符中断（调 INT14）。

INT13
NETWORK 1	//接收 FCS 字符。
LD SM0.0	//总是 1。
ATCH INT _ 0，10	//启动接收定时中断 0（调 INT0）。

NETWORK 2	
LD SM3.0	//如果奇偶校验错误，SM3.0＝1。
CRETI	//有条件中断返回

NETWORK 3	//存储数据。
LD SM0.0	//总是 1。
MOVD VD608，＊VD634	//存储收到的数据。

INT14
NETWORK 1	//重新启动接收定时中断。
LD SM0.0	//总是 1。
ATCH INT _ 0，10	//启动接收定时中断 0（调用 INT0）。

6. 从工作站程序结构

（1）本程序中共有 1 个主程序、2 个子程序和 8 个中断程序。

OB1 的功能是当工作方式开关在 RUN 位置时，调子程序 SBR0。

（2）当工作方式开关在 TERM 位置时，调子程序 SBR1。

SBR0 的主要功能是设置自由口通信模式。

（3）启动定时中断 0 的中断程序 INT0 和接收字符中断程序 INT14。

SBR1 的主要功能是停止自由口通信模式，启动 PPI 模式。

INT0 的主要功能是使接收输入数据有效。

（4）启动接收字符中断 INT11。

INT1 的主要功能是停止定时中断和发送完成中断，PLC 为 STOP 模式。

INT2 的主要功能是当接收到信息的首个字符时，启动定时中断程序 INT0 和接收字符中断程序 INT14。

INT10 的主要功能是使发送完成中断无效。

（5）启动定时中断 INT0 和接收字符中断 INT14。

INT11 的主要功能是接收到首个字符时，设置接收定时有效，设置接收数据准备。

（6）启动接收定时中断 INT2 和接收数据中断 INT12。

INT12 的主要功能是如果接收无错误，接收信息；功能之二是启动接收校验码 FCS 中断程序 INT13。

INT13 的主要功能之一是检查 FCS；功能之二是向主站发送返回数据。

INT14 的主要功能是启动发送定时中断程序 INT0。

7. 通信格式

（1）传输数据格式为：偶校验、每个字符用 8 位（bit）、传送速率为 9600bit/s。

（2）传输信息格式为：B0 B1 B2 B3 FCS。

8. 内存分配

（1）在 PLC 网络通信中，从工作站则将自身站号（地址）存于从站的 VB0 中。

（2）在整个网络通信过程中，从工作站一方面接收从主工作站发来的数据，同时也要把对主工作站的响应发回主工作站。为此，从工作站也要留有两个数据存储区：一个作为远程输入（输入缓冲区）；另一个作为远程输出（输出缓冲区）。从工作站的缓冲区分配见表 12.3。

表 12.3　　　　　　　　　　　　　从工作站的缓冲区分配表

缓冲区	内存分配	定义
输入缓冲区	VB500	字节 0
	VB501	字节 1
	VB502	字节 2
	VB503	字节 3
输出缓冲区	VB540	字节 0
	VB541	字节 1
	VB542	字节 2
	VB543	字节 3

（3）当从工作站向主工作站发送数据和接收主工作站返回的数据时，在从工作站存储区开辟了发送缓冲区和接收缓冲区。从工作站向主工作站发送数据时，先把从工作站输出缓冲区的数据传送到发送缓冲区，然后再由发送指令发出。从工作站在接收主工作站的返回信息时，先把返回信息输入到接收缓冲区，再把接收缓冲区的数据传送到输入缓冲区。从工作站的发送缓冲区和接收缓冲区见表 12.4。

表 12.4　　　　　　　　　　　从工作站的发送缓冲区和接收缓冲区表

发送缓冲区	定义	接收缓冲区	定义
VB600	字符长度	VB608	接收字节 0
VB601	从站地址	VB609	接收字节 1
VB602	发送字节 0	VB610	接收字节 2
VB603	发送字节 1	VB611	接收字节 3
VB604	发送字节 2		
VB605	发送字节 3		
VB606	校验码 FCS		
VB607	×××		

9. 从工作站程序

OB1（MAIN）

NETWORK 1　　　　　　　　　　//调用子程序 0，启动通信。

LD SM0.7　　　　　　　　　　//工作方式开关在 RUN 位置，SM0.7＝1。

A SM0.1　　　　　　　　　　//PLC 第一次扫描 SM0.1＝1。

LD SM0.7　　　　　　　　　　//工作方式开关在 RUN 位置，SM0.7＝1。

EU　　　　　　　　　　//SM0.7 出现上升沿有效。

OLD　　　　　　　　　　//上述两逻辑块的或。

CALL SBR ＿ 0　　　　　　　　　　//调用子程序 0，启动通信。

NETWORK 2　　　　　　　　　　//调用子程序 1。

LDN SM0.7　　　　　　　　　　//工作方式开关在 TERM 位置，SM0.7＝0。

CALL SBR ＿ 1　　　　　　　　　　//调用子程序 1，停止通信。

SBR0

//初始化从工作站。

NETWORK 1　　　　　　　　　　//设置自由口通信格式。

LD SM0.0　　　　　　　　　　//总是 1。

MOVB 16＃49, SMB30　　　　　　　　　　//自由口通信有效；偶校验，每个字符 8 位，波特率为 9600bit/s。

ENI　　　　　　　　　　//允许中断。

MOVB VB1, SMB34　　　　　　　　　　//设置定时中断 0 的时间间隔由 VB1 的内容确定。

ATCH INT ＿ 0, 10　　　　　　　　　　//启动接收定时中断事件的中断程序 INT0。

ATCH INT ＿ 14, 8　　　　　　　　　　//启动接收字符中断事件的中断程序 INT14。

SBR1

//使自由口通信模式无效。

NETWORK 1　　　　　　　　　　//使自由口通信模式无效，禁止接收、发送和定时中断。

LD SM0.0　　　　　　　　　　//总是 1。

MOVB 16＃48, SMB30　　　　　　　　　　//使自由口无效，设置 PPI 方式。

DTCH 8　　　　　　　　　　//关闭接收字符中断。

DTCH 9　　　　　　　　　　//关闭发送完成中断。

DTCH 10　　　　　　　　　　//关闭定时中断 0 的中断。

INT 0

//启动接收输入数据

NETWORK 1　　　　　　　　　　　//启动接收输入数据。

LD SM0.0　　　　　　　　　　　//总是 1。

ATCH INT _ 11，8　　　　　　　//启动接收字符中断程序 INT11。

INT 1　　　　　　　　　　　　//中断程序 1

//禁止定时中断和发送完成中断，转换工作方式为 STOP 方式。

NETWORK 1　　　　　　　　　　　//禁止定时中断和发送完成中断。

LD SM0.0　　　　　　　　　　　//总是 1。

DTCH 10　　　　　　　　　　　//终止中断定时 0 中断事件。

DTCH 9　　　　　　　　　　　//终止发送结束中断事件。

STOP　　　　　　　　　　　　//使 PLC 运行模式转为 STOP。

INT 2

//启动接收字符中断和定时中断。

NETWORK 1　　　　　　　　　　　//启动定时中断和接收中断。

LD SM0.0　　　　　　　　　　　//总是 1。

ATCH INT _ 0，10　　　　　　　//启动接收定时中断 INT0。

ATCH INT _ 14，8　　　　　　　//启动接收字符中断 INT14。

INT 10

//使发送完成中断无效，启动定时中断和接收字符中断。

NETWORK 1　　　　　　　　　　　//用以启动接收数据中断。

LD SM0.0　　　　　　　　　　　//总是 1。

DTCH 9　　　　　　　　　　　//停止发送完成中断。

ATCH INT _ 0，10　　　　　　　//启动接收定时中断 0 的定时中断。

ATCH INT _ 14，8　　　　　　　//启动重新接收字符中断。

INT 11

//当收到首个字符时，设置接收指针，启动接收中断程序和定时中断程序。

NETWORK 1　　　　　　　　　　　//接收信息的第 1 个字符，设置接收指针，启动接收中断。

LDN SM3.0　　　　　　　　　　　//如果没有奇偶校验错误，SM3.0＝0。

AB= SMB2，VB0　　　　　　　　//如果第 l 个字符为从工作站的站号，SMB2＝VB601。

MOVW ＋4，AC1　　　　　　　　//置接收字符总数于 AC1。

MOVD ＆VB608，VD638　　　　　//VD638 指针指向接收缓冲区。

ATCH INT _ 2，10　　　　　　　//使接收定时有效调 INT2。

ATCH INT _ 12，8　　　　　　　//使接收字符中断有效调 INT12

CRETI　　　　　　　　　　　　//有条件中断返回。

NETWORK 2

LD SM0.0　　　　　　　　　　　//总为 1。

ATCH INT _ 0，10　　　　　　　//启动接收定时中断 INT0。

ATCH INT _ 14，8　　　　　　　//启动重新接收中断 INT14。

INT 12

//接收字符。

NETWORK 1　　　　　　　　　　　//接收字符。

LDN SM3.0　　　　　　　　　　　//如果没有奇偶校验错误，SM3.0＝0。

```
MOVB SMB2，* VD638          //将接收的数据存入接收缓冲区。
INCD VD638                  //指向下 1 个接收缓冲区的地址。
DECW AC1                    //接收的字符数减 1。

NETWORK 2                   //收到 4 个字符，启动接收 FCS 中断。
LD SM1.0                    //如果收到 4 个字符，AC1＝0。
ATCH INT _ 13，8            //启动接收 FCS 字符中断 INT13。
CRETI                       //有条件中断返回。

NETWORK 3
LD SM3.0                    //如果出现奇偶校验错误，SM3.0＝1。
ATCH INT _ 0，10            //启动接收定时中断 INT0。
ATCH INT _ 14，8            //启动 4 个接收字符中断 INT14。

INT 13
//接收 FCS 字符，并启动发送数据。
NETWORK 1                   //关闭接收字符中断和定时中断。
LD SM0.0                    //总是 1。
DTCH 8                      //关闭接收中断。
DTCH 10                     //关闭定时中断 0 中断。

NETWORK 2                   //接收主站的输出数据，并发送返回主站的输入数据。
LDN SM3.0                   //如果无奇偶校验错误，SM3.0＝0。
MOVD VD608，QD0             //存储主站的输出数据（该数据送到从站输出端输出）。
MOVB 6，VB600               //送字符长度。
MOVB VB0，VB601             //送从站的地址。
MOVD ID0，VD602             //送返回主站的数据（该数据送到从站输入端信息）。
MOVW VW602，AC0             //形成 FCS 字节。
XORW VW604，AC0             //
MOVB AC0，VB606             //
XORW AC0，VW606             //存储 FCS 字节。
ATCH INT _ 1，10            //启动发送定时中断程序 INT0。
ATCH INT _ 10，9            //启动发送完成中断 INI10。
XMT VB600，0                //发送向主站返回数据。
CRETI                       //有条件中断返回。

NETWORK 3                   //启动定时中断和接收中断。
LD SM0.0                    //总是 1。
ATCH INT _ 0，10            //启动接收定时中断 INT0。
ATCH INT _ 14，8            //启动接收字符中断 INT14。

INT 14
//启动定时中断。
NETWORK 1                   //重新启动接收定时中断。
LD SM0.0                    //总是 1。
ATCH INT _ 0，10            //启动接收定时中断 INT0。
```

12.2 由微机—PLC 网络构成的监控系统

由微机—PLC 网络构成的监控系统可以分为两层。指管理层由工业控制计算机组成，执行层由 PLC 组成。由于管理层采用工控机，其输入/输出数据的处理十分方便，人机界面友好，管理水平高。执行层采用 PLC，使得过程控制可靠、稳定、安全。

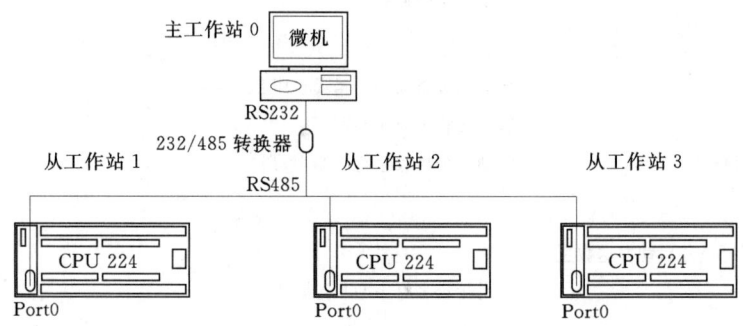

图 12.3 一台微机和三台 SIMATIC S7—224 CPU 构成网络示意图

本实训连接了一台微机和三台 SIMATIC S7—224 CPU，如图 12.3 所示。微机为工作站 0 是主工作站 (Master)，与工作站 1、工作站 2 和工作站 3 相连。工作站 1、工作站 2 和工作站 3 为从工作站 (Slave)。主工作站轮流向 3 个从工作站发送 2 个字节的输出命令。每发出一个命令，随后要接收其中一个从工作站的响应数据。主工作站要根据接收到的数据对从工作站的控制给予描述。这样就可以在主工作站上，十分方便地监视从工作站的控制状态。本系统也可以是无线的。

采用自由通信口模式 (Freeport Mode) 进行数据的传输。

1. 硬件要求

本控制系统要求有 1 台工控机和 3 台 PLC。现选 S7—224 共 3 台分别为从工作站 1、从工作站 2 和从工作站 3。准备一根 9 芯电缆连接线和网络连接器。一台装有 S7—200 编程软件的工业控制计算机作为主工作站 0，一个总线转换模块 (RS—232/RS—485 转换器)。

2. 主工作站程序结构

主工作站程序的程序可以用高级语言编写，本章例子中的程序是用 VB6.0 编制的，系统的功能是由工控机（主工作站）监视 3 台 PLC（从工作站）的温度控制过程。主工作站程序具体构成如下。

(1) 控件构成。

有一个窗体 Form 1。窗体上有 7 个控件。图片控件 Picture1 用于显示各个从工作站的温度控制曲线；文本控件 Text1 用于显示各个从工作站的温度控制参数；按钮控件 Command1 控制启动过程；按钮控件 Command2 控制停止过程；定时器控件 Timer1 用于定时发送数据和接收数据；定时器控件 Timer 2 用于定时显示各个从工作站的温度控制曲线和参数；通信控件 MSComm1 用于设置网络通信参数。

（2）代码构成（即 VB 程序）。

Sub Form _ Load（）子程序用于初始化。

Sub Command1 _ Click（）子程序用于控制启动过程。

Sub Command2 _ Click（）子程序用于控制停止过程。

Sub Timer1 _ Timer（）子程序用于定时发送数据和接收数据。

Sub Timer2 _ Timer（）子程序用于定时显示各个从工作站的温度控制曲线和参数。

3. 主工作站程序

```
Dim x1, k1, k2, k3, k4, i, j                        '声明模块级变量。
Dim p11, p12, p21, p22, p31, p33
Dim aa（）As Byte
Private Sub Command1 _ Click（）                      '点击按钮 1，启动定时接收和发送数据，
Timer1. Enabled = True                              '定时器 1 有效。
End Sub                                             '子程序的结束 。


Private Sub Command2 _ Click（）                      '点击按钮 2，停止定时接收和发送数据，并退出程序。
Timer1. Enabled = False                             '定时器 1 无效。
Unload Me                                           '卸载 VB 程序。
End Sub                                             '子程序的结束。

Private Sub Form _ Load（）                           '初始化，确定显示屏（Picture1）尺寸、分度、标题。
Cls                                                 '清屏。
Timer1. Enabled = False                             '设计定时器 1 无效。
Timer1. Interval = 100                              '设计定时器 1 的定时时间（0.1s）。
Timer2. Enabled = True                              '设计定时器 2 有效。
Timer2. Interval = 1000                             '设计定时器 2 的定时时间（1s）。
Picture1. ScaleMode = 0                             '为显示屏设计横坐标和纵坐标的分度线。
MSComm1. CommPort = 1                               '设定通信口（COM1）。
MSComm1. Settings = " 9600, n, 8, 1"                '设定波特率 9600bit/s，无校验，8 位数据，1 个停止位。
MSComm1. InputLen = 4                               '设定通信口输入缓冲区为 4 个字符。
Form1. WindowState = 2                              '设计运行窗体为最大化。
MSComm1. PortOpen = False                           '关闭定通信口。
End Sub                                             '子程序结束。

Private Sub Timer1 _ Timer（）                        '定时向 PLC 发送数据，接收 PLC 的响应的返回数据。
MSComm1. PortOpen = True                            '打开通信口。
ReDim aa（3）                                         '声明过程级随机变量（aa）。
If k1 = 0 Then MSComm1. Output = " 1" + Chr（10）+ Chr（13）    'k1=0，向 PLC1 发送数据。
If k1 = 1 Then MSComm1. Output = " 2" + Chr（10）+ Chr（13）    'k1=1，向 PLC2 发送数据。
If k1 = 2 Then MSComm1. Output = " 3" + Chr（10）+ Chr（13）    'k1=2，向 PLC3 发送数据。
Do While MSComm1. InBufferCount = 0                 '等待接收数据。
Loop
aa = MSComm1. Input                                 '接收一个 PLC 的返回数据，并把数据送到 aa。
If aa（2）> 20 Or aa（0）> 64 Then GoTo xxx;          '滤波（检测温度大于 1500 度，从工作站编号大于 64 滤掉）。
k2 = Int（aa（0）* 255 + aa（1）* 1）                   '分离 k2 为从站编号。
```

Select Case k2　　　　　　　　　　　　　'识别从站号，传送数据到对应变量。

Case 1　　　　　　　　　　　　　　　　'如果是 1 号从站。

p12 = Int（aa（2）* 255 + aa（3）* 1）　　'数据送到 p12。

Case 2　　　　　　　　　　　　　　　　'如果是 2 号从站。

p22 = Int（aa（2）* 255 + aa（3）* 1）　　'数据送到 p22。

Case 3　　　　　　　　　　　　　　　　'如果是 3 号从站。

p32 = Int（aa（2）* 255 + aa（3）* 1）　　'数据送到 p32。

Case Else

End Select　　　　　　　　　　　　　　'识别结束。

k1 = k1 + 1　　　　　　　　　　　　　'指针指向下一台 PLC。

If k1 > 2 Then k1 = 0

xxx：

MSComm1. PortOpen = False　　　　　　'关闭通信口。

End Sub　　　　　　　　　　　　　　　'子程序结束。

Private Sub Timer2 _ Timer ()　　　　　　'绘制各 PLC 的温控曲线。

x1 = x1 + 1　　　　　　　　　　　　　'设置时间坐标增量为 1s。

Picture1. PSet (x1, 2000 − 10 * p12), vbRed　　'绘制 1 号 PLC 的温度曲线（红色）。

Picture1. PSet (x1, 2000 − 10 * p22), vbYellow　'绘制 2 号 PLC 的温度曲线（黄色）。

Picture1. PSet (x1, 2000 − 10 * p32), vbBlue　'绘制 3 号 PLC 的温度曲线（蓝色）。

Text1. Text = " 温度 1:" & Str (p12) & "" 温度 2:" & Str (p22) & "" 温度 3:" & Str (p32) & " 时间:" & Str (x1) "

End Sub　　　　　　　　　　　　　　　'子程序结束。

说明："'" VB 中，表示其后面是注释。

4. 从工作站程序结构

从工作站程序用 STL 语言编写。

（1）OB1 的功能是设置通信参数，检测温度，执行乒乓控制策略和发送返回数据。

（2）INT0 的功能是接收数据，并存入输入缓冲区。

（3）输入数据区：VB400。

（4）输出数据区：VD300。

（5）接收缓冲区：VB200。

（6）发送缓冲区：VD100。

（7）从工作站用乒乓控制算法，对前面所述的温度进行恒温控制，输出为开关量。

5. 从工作站程序

OB1（MAIN）

NETWORK 1　　　　　　　//设置 100 度恒温控制的自由口通信方式，启动接收字符中断。

LD SM0. 1　　　　　　　　//PLC 首次扫描。

MOVB 9，SMB30　　　　　//自由口 0 通信，波特率 9600bit/s，数据 8 位，1 个停止位，无校验。

MOVB 16♯B0，SMB87　　//初始化 RCV，允许 RCV，有结束符，检查空闲时间。

MOVB 16♯0A，SMB89　　//结束符为 "A"（回车符）。

MOVB 5，SMB90　　　　　//空闲时间为 5ms。

MOVB 6，SMB94　　　　　//一次接收最大字符为 6 个。

```
ATCH INT _ 0，23          //启动通信口 0 接收完成中断。
ENI                       //全局允许中断。
RCV VB199，0              //接收数据（数据表首地址为 VB199）。


NETWORK 2                 //检测温度 AIW0，实测温度存于 VW0。
LD SM0.0                  //总是 1。
MOVW AIW0，VW0            //检测温度送 VW0。
−I +6552，VW0             //VW0−6552 送入 VW0。
/I +131，VW0              //VW0/131 送入 VW0，完成了检测值到实际温度刻度的转换。
MOVW 1，VW300             //从站编号送输出缓冲区。
MOVW VW0，VW302           //检测温度送输出缓冲区。


NETWORK 3                 //设置 VW4 为温度控制上限，VW2 为温度控制上限。
LD SM0.0                  //总为 1。
MOVW +98，VW2             //控温下限为 98 度送 VW2。
MOVW +102，VW4            //控温上限为 102 度送 VW4。


NETWORK 4                 //控制策略：检测温度低于下限，加温（Q0.0=1）。
LDW< VW0，VW2             //加温条件。
A SM0.5                   //加温触发脉冲。
S Q0.0，1                 //加温输出。


NETWORK 5                 //控制策略：检测温度高于上限，停止加温（Q0.0=1）。
LDW> VW0，VW4             //停止加温条件。
A SM0.5                   //停止加温触发脉冲。
R Q0.0，1                 //停止加温输出。


NETWORK 6                 //准备传送参数（PLC 响应码，实测温度）。
LD SM0.0                  //总是 1。
MOVB 4，VB99              //发送字节数送 VB99。
MOVW VW300，VW100         //发送检测温数据送 VW100。
MOVW VW302，VW102         //发送从站编号数据送 VW102。


NETWORK 7                 //传送数据（VW0，VW10）。
LD SM0.5                  //发送能发脉冲。
XMT VB99，0               //通过端口 0 发送数据。


INT0
NETWORK 1                 //通信口接收数据完成后的中断。
LDB= SMB86，16#20         //SMB86 等于 16#28，表示 PLC 收到法束符。
MOVD VB200，VB400         //收到结束符，把收到数据传到 VB400。
CRETI                     //中断有条件返回。
NOT                       //
RCV VB199，0              //否则继续接收。
```

附　　录

附录 A　S7—200 标准型多功能控制系统平台实物图

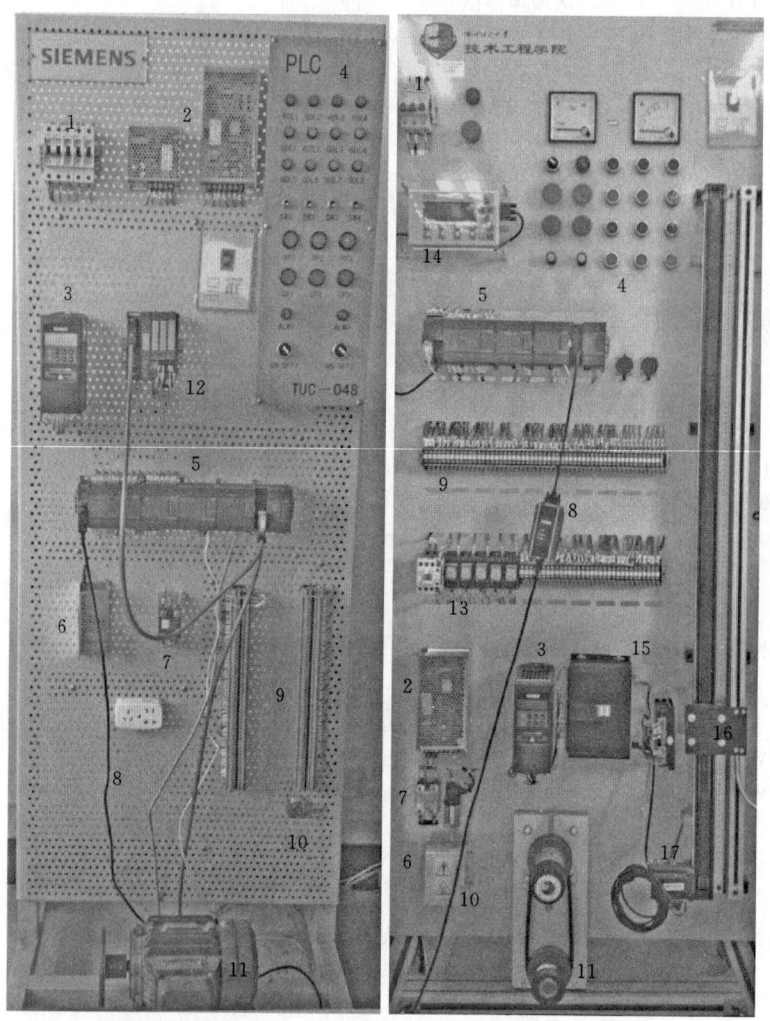

标准型多功能控制系统 I　　　　　标准型多功能控制系统 II

1—断路器；2—开关电源；3—变频器；4—操作面板（含按钮、开关、信号灯等）；5—PLC（含 CPU224/
CPU224 XP 及其扩展模块）；6—加热器；7—固态继电器；8—通信电缆；9—接线端子；
10—温度变送器（II 型在 6 内）；11—电动机；12—远程 I/O；13—接触器及继电器；
14—文本显示器；15—步进电机驱动器；16—滑块；17—步进电机

附录 B　S7—200 标准型多功能控制系统平台 I 接线端子

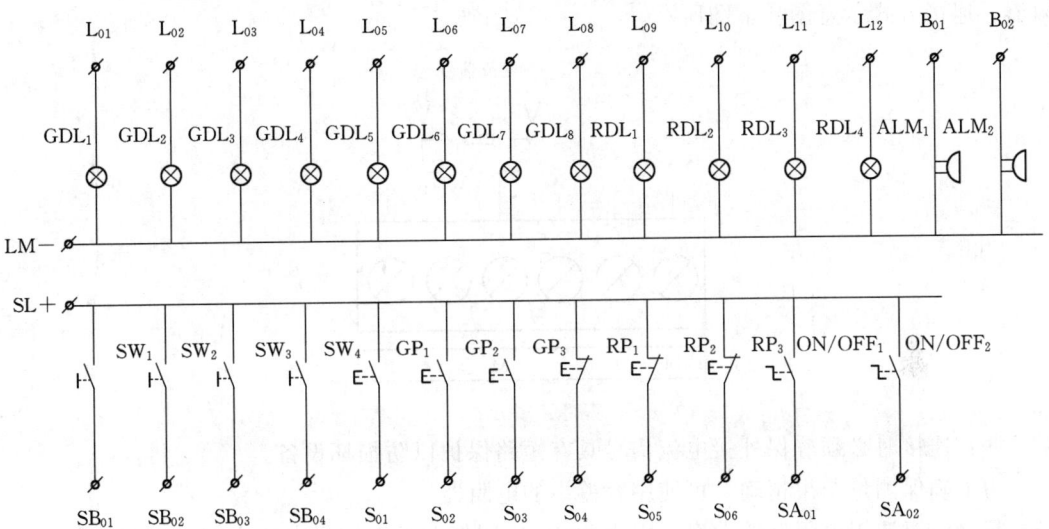

附录 C CPU 224XP /224XPsi 模拟量 I/O 使用简介

　　CPU 224XP/224XPsi 的两路模拟量输入通道出厂设置为电压输入信号（0～10V）。为了能够输入电流信号，必须在 A＋与 M 端（或 B＋与 M 端）之间并入一个 500Ω 的电阻器。连接方式示意图如下图所示。

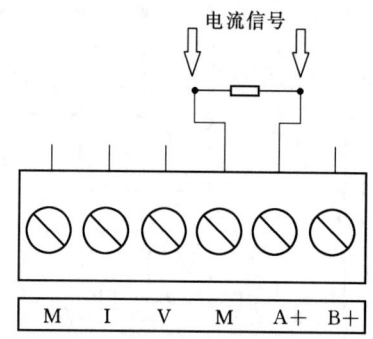

　　注：连接时必须确保外接电流信号具有短路保护以防损坏设备。

　　为了确保测量结果精确，可使用容差小的电阻器。

　　需要注意选用电阻器的功率，因为 500Ω 电阻器两端电压最大值为 28.8V 时，输出功率为 1.66W，但常用电阻功率一般为 0.25～0.5W。

附录 D 水池温度的 PID 控制程序

1. 参考程序

参考程序如下图所示。

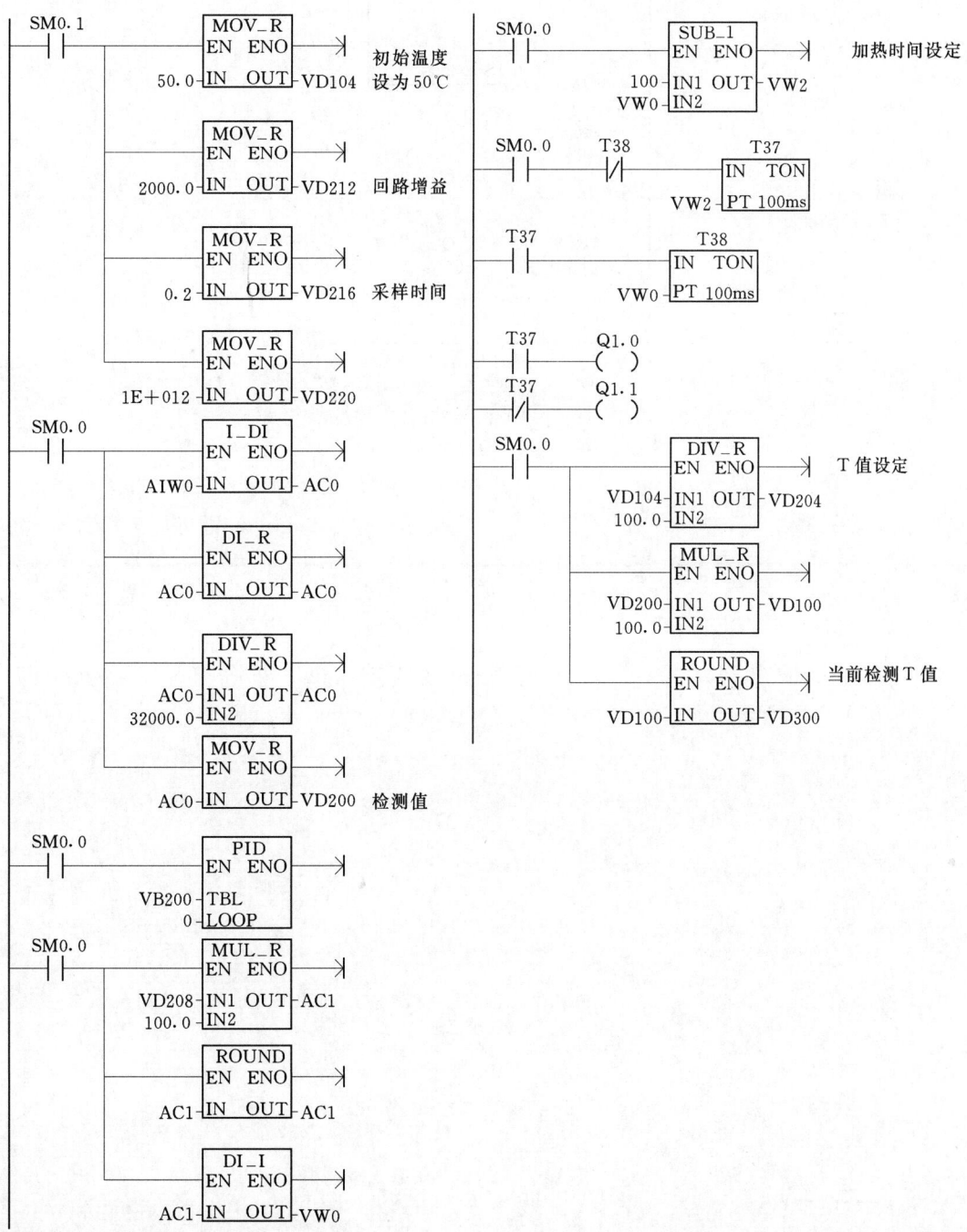

2. 使用指令向导

改变比例增益可改变系统调节时间 (推荐设为 20, 但设为该值时系统调节时间较长), 改变积分时间可改变稳态误差 e_{ss} (积分时间推荐设为 20 或 30), 输出类型设为数字量, 占空比周期设为 10s。参考程序如下图所示。

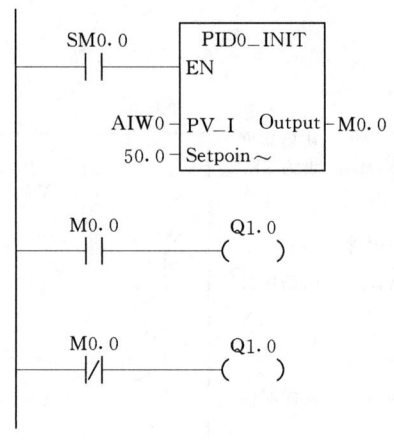

附录 E MM440 变频器开关量输入、输出功能表

1. 开关量输入功能表

MM440 包含了 6 个数字开关量的输入端子，每个端子都有一个对应的参数用来设定该端子的功能。

数字输入	端子编号	参数编号	出厂设置	功能说明
DIN1	5	P0701	1	
DIN2	6	P0702	12	=1 接通正转/断开停车
DIN3	7	P0703	9	=2 接通反转/断开停车
DIN4	8	P0704	15	=3 断开按惯性自由停车
DIN5	16	P0705	15	=4 断开按第二降速时间快速停车
DIN6	17	P0706	15	=9 故障复位
	9	公共端		=10 正向点动

说明：
1. 开关量的输入逻辑可以通过 P0725 改变
2. 开关量输入状态由参数 r0722 监控，开关闭合时相应笔划点亮

=11 反向点动
=12 反转（与正转命令配合使用）
=13 电动电位计升速
=14 电动电位计降速
=15 固定频率直接选择
=16 固定频率选择＋ON 命令
=17 固定频率编码选择＋ON 命令
=25 使能直流制动
=29 外部故障信号触发跳闸
=33 禁止附加频率设定值
=99 使能 BICO 参数化

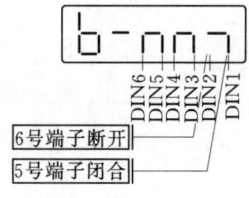

2. 开关量输入功能表

可以将变频器当前的状态以开关量的形式用继电器输出，方便用户通过输出继电器的状态来监控变频器的内部状态量。而且每个输出逻辑是可以进行取反操作，即通过操作 P0748 的每一位更改。

继电器编号	对应参数	默认值	功能解释	输出状态
继电器 1	P0731	＝52.3	故障监控	继电器失电
继电器 2	P0732	＝52.7	报警监控	继电器得电
继电器 3	P0733	＝52.2	变频器运行中	继电器得电

参 考 文 献

［1］ SIEMENS. SIMATIC S7—200 可编程程序控制器，2001.

［2］ 邹金慧. 电气控制与 PLC 实训教程［M］. 北京：清华大学出版社，2012.

［3］ 何献忠. 可编程控制器应用技术（西门子 S7—200 系列）［M］. 北京：清华大学出版社，2012.

［4］ 金龙国. 可编程控制器原理及应用［M］. 北京：中国水利水电出版社，2006.

［5］ 宫淑贞. 可编程控制器原理及应用［M］. 北京：人民邮电出版社，2009.

［6］ 廖常初. S7—200PLC 基础教程［M］. 北京：机械工业出版社，2006.

［7］ 田淑珍. 可编程序控制器原理及应用［M］. 北京：机械工业出版社，2005.

［8］ 吴作明. PLC 开发与应用实例详解［M］. 北京：航空航天大学出版社，2007.

［9］ 王本轶. 机电设备控制基础［M］. 北京：机械工业出版社，2005.

［10］ 郑凤翼. 图解 PLC 控制系统梯形图和语句表［M］. 北京：人民邮电出版社，2006.

［11］ 施利春. PLC 操作实训［M］. 北京：机械工业出版社，2007.

［12］ 吴作明. PLC 开发与应用实例详解［M］. 北京：航空航天大学出版社，2007.

［13］ （德）塞兹. 可编程控制器应用教程［M］. 北京：机械工业出版社，2009.

［14］ 龙志文. SIMATIC S7 PLC 原理及应用［M］. 北京：机械工业出版社，2007.

［15］ FrankD. Petruzella. PLC 教程［M］. 北京：人民邮电出版社，2007.